はじめに

　我が国においては、科学技術創造立国の理念の下、産業競争力の強化を図るべく「知的創造サイクル」の活性化を基本としたプロパテント政策が推進されております。

　「知的創造サイクル」を活性化させるためには、技術開発や技術移転において特許情報を有効に活用することが必要であることから、平成９年度より特許庁の特許流通促進事業において「技術分野別特許マップ」が作成されてまいりました。

　平成１３年度からは、独立行政法人工業所有権総合情報館が特許流通促進事業を実施することとなり、特許情報をより一層戦略的かつ効果的にご活用いただくという観点から、「企業が新規事業創出時の技術導入・技術移転を図る上で指標となりえる国内特許の動向を分析」した「特許流通支援チャート」を作成することとなりました。

　具体的には、技術テーマ毎に、特許公報やインターネット等による公開情報をもとに以下のような分析を加えたものとなっております。
　・体系化された技術説明
　・主要出願人の出願動向
　・出願人数と出願件数の関係からみた出願活動状況
　・関連製品情報
　・課題と解決手段の対応関係
　・発明者情報に基づく研究開発拠点や研究者数情報　など

　この「特許流通支援チャート」は、特に、異業種分野へ進出・事業展開を考えておられる中小・ベンチャー企業の皆様にとって、当該分野の技術シーズやその保有企業を探す際の有効な指標となるだけでなく、その後の研究開発の方向性を決めたり特許化を図る上でも参考となるものと考えております。

　最後に、「特許流通支援チャート」の作成にあたり、たくさんの企業をはじめ大学や公的研究機関の方々にご協力をいただき大変有り難うございました。

　今後とも、内容のより一層の充実に努めてまいりたいと考えておりますので、何とぞご指導、ご鞭撻のほど、宜しくお願いいたします。

独立行政法人工業所有権総合情報館

理事長　藤原　譲

気体膜分離装置　エグゼクティブサマリー

21世紀の気体分離の主役を果たす気体膜分離装置

■ 省エネ型、コンパクトな気体分離装置

　気体膜分離装置は、省エネルギー、省力化タイプの分離装置であり、膜法による気体分離においては相変化は殆ど伴わず、駆動エネルギーとして圧力差により膜中を通過するガスの速度差によって分離を行う。深冷分離法、PSA法、吸収法に比べて取扱いも容易でありメンテナンスフリーな装置である。装置体積の大半を膜モジュールが占めており、他の気体分離装置に比べてはるかにコンパクトである。

　この技術では、耐熱性、耐薬品性、耐汚染性、透過選択性などの特性がより高い膜が現在開発されつつあり、諸操作（蒸留、抽出、吸収、分離、反応など）で使用されている装置に替わり、同時に二つ以上の複合操作を行える可能性をもつ膜モジュールを用いた装置が主流を占めるようになり、その応用分野は拡大の一途をたどっている。

■ 気体膜分離装置の主要技術

　気体膜分離装置の主要技術は、分離膜製造、モジュール化およびシステム（装置）化である。分離膜製造技術は、膜素材の開発技術と薄膜製造技術からなり、膜素材開発技術は、膜素材に求められる条件、すなわち、①膜素材の分離性能と透過速度、②薄膜製造のための加工性、③使用環境下での耐久性を満足する膜素材を開発することである。薄膜製造技術は再現性のある実用薄膜製造プロセスの開発である。モジュールとは膜に気体分離の機能をさせるため膜を集積化してコンパクトに充填した容器であり、①モジュール内の気体流れの均一性、②モジュール通過時の気体の低圧損性、③モジュールの機密性と耐圧性がモジュールに要求される特性であり、使用条件下で、これらの特性を満足するモジュールの製造がモジュール化技術である。システム化技術とは、膜モジュールと他の機器を組み合わせて、使用目的に応じて、使用条件に合う装置を組み上げる技術であり、この技術により水素、酸素、窒素製造装置、炭化水素分離装置など各種のガス精製、製造分野に使用される。

気体膜分離装置　　　　　　　　　エグゼクティブサマリー

２１世紀の気体分離の主役を果たす気体膜分離装置

■ 気体分離膜装置の適用分野

気体の分離装置の主な実用例を示す。

水素分離装置	石油精製工業及び化学工業の各種工程からの水素回収・製造
酸素分離装置	空気からの酸素富化ガスの製造
窒素分離装置	空気からの窒素富化ガスの製造
脱湿装置	各種ガスからの水分除去
炭酸ガス分離装置	各種ガスからの炭酸ガスの分離
溶存ガスの分離装置	水、有機液体からの脱気
有機ガスの分離装置	石油精製　各種工程からの有機ガス回収・製造

この他にも、各種の気体分離装置、たとえば有機ガスと硫化水素の分離装置などにも使用されている。近い将来、各種の蒸留装置、脱硫装置などにも気体膜分離装置が適用されるであろう。

■ 技術開発の拠点は関東と関西にやや集中

製膜関係出願上位５社、モジュール化関係上位 10 社、システム・保守関係上位５社の開発拠点を発明者の住所・居所でみると、東京都、栃木県、茨城県、千葉県など関東地方に 16 拠点、静岡県、愛知県など中部地方に７拠点、大阪府、兵庫県、滋賀県など関西地方に 13 拠点、広島県、山口県など中国地方に７拠点、長崎県、鹿児島県など九州地方に２拠点である。

■ 技術開発の課題

気体膜分離装置はシンプルで省エネルギーでかつコンパクトな気体分離装置を提供できるため、気体分離技術の重要な手段となってきた。しかし、技術の成長度を年令にたとえれば深冷分離法 80 才、PSA20 才、膜分離法 10 才といったところで、成長期の技術であるので課題も多い。課題の①分離性能の更なる向上に対しては、分離性能の高い膜素材の開発や、膜素材への機能性物質の添加、薄膜技術と複合膜技術の開発、②膜全体にわたる分圧差の有効保持と低圧損に対しては、使用条件に適したモジュールの開発、③再現性があり、低コストの膜製造に対しては、実用向き薄膜製造プロセスの開発が行われている。

| 気体膜分離装置 | 主要構成技術 |

３分の２を占めるモジュール化技術

1991年1月～2001年8月までに公開された製膜、モジュール化、システム化・保守に関する出願件数はそれぞれ395件、1,480件、355件である。これを取扱いガス別に分類すると、水蒸気に関するものが最も多く343件であり、酸素205件、有機ガス175件、水素133件、溶存ガス132件、二酸化炭素109件、窒素106件と続いている。

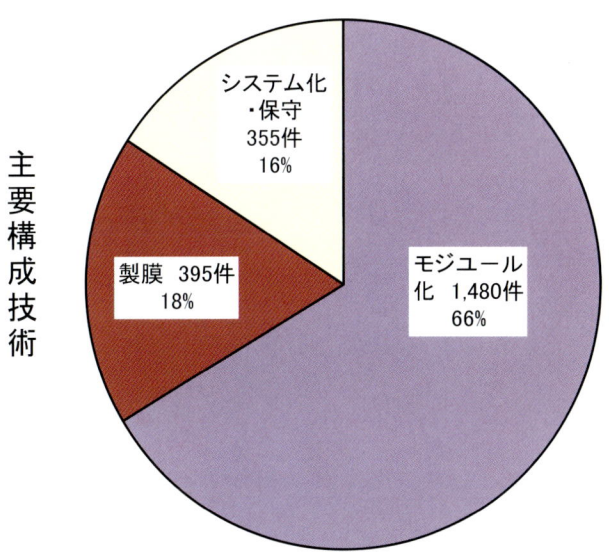

1991年1月～2001年8月までに公開の出願

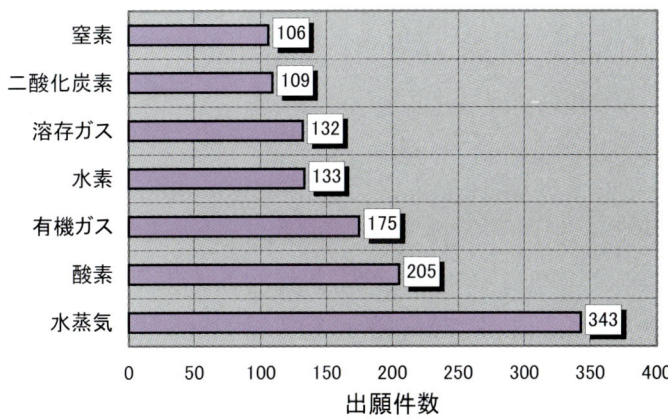

気体膜分離装置 — 技術の動向

参入企業と特許出願

製膜技術、モジュール化技術の出願件数については 1991 年から 1994 年までは減少している。この期間は、1980 年代からの高分子非多孔質膜の開発の延長で、基礎的な開発が終わったことを意味する。1995 年以後はゆるやかな上昇傾向にある。これは新しい無機多孔質膜の開発が始められたことを反映している。

システム化・保守技術については、1993 年から減少している。

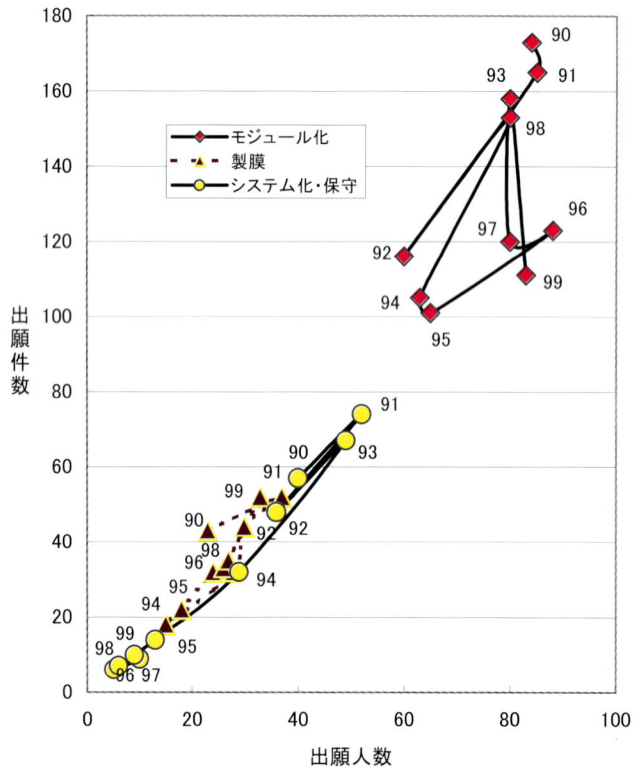

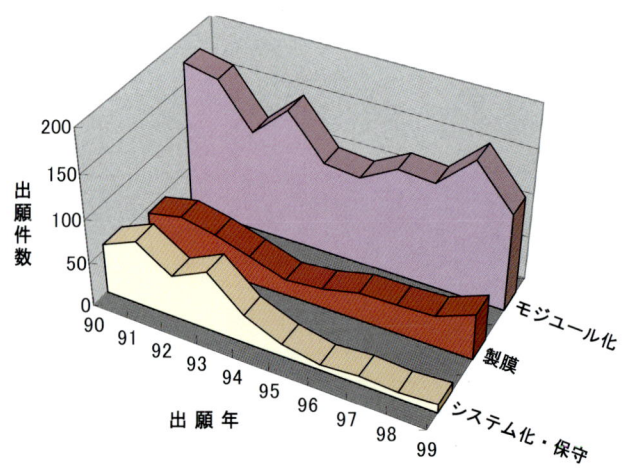

1991 年～2001 年 8 月までに公開の出願

気体膜分離装置

課題・解決手段対応

膜の分離特性、モジュール製造法とシステム機能の向上が課題

気体分離膜装置の技術開発は膜の分離特性（機能強化、膜製造法開発）、モジュール製造法とシステム機能（機能強化、機能付加）の向上に関するものが多い。膜の分離特性とモジュール製造法分野は膜製造メーカーが保有するものが多く、システム機能分野はエンジニアリング部門を有する企業が保有するものが多い。

解決手段	製膜方法					モジュール化					システム化・保守		
課題	膜材質	膜に機能物質添加	膜形状	製膜技術	製孔技術	複合化	結束・集束・固定・接着方法	モジュール構造	モジュール製造方法	多段・集積化	システム・装置化	他の単位操作との組合せ	補助機能・構成機器の改良	運転制御方法	洗浄・乾燥方法	膜の検査方法	保守方法

利用目的
- 分離性能向上: 55, 30, -, 48, -, 18, 58, 69, 56, -, 58, 47, 18, 19, -, -, -
- 脱気性能向上: -, -, -, -, -, -, 17, 34, 22, -, 48, -, -, -, -, -, -
- 調湿性能向上: 17, -, -, 19, -, -, 15, 22, 17, -, 102, 24, 25, 17, -, -, -
- 蒸発・蒸留性能向上: 15, -, -, 9, -, -, -, -, -, -, 45, -, -, 16, -, -, -
- 製造能力向上: 65, 34, -, 73, -, 19, 33, 31, 35, -, 72, -, 35, 16, -, -, -
- 除去能力向上: 33, 17, -, 27, -, -, 15, 28, 22, -, 97, 19, 20, 27, -, -, 6
- 回収能力向上: 13, -, -, -, -, -, -, -, -, -, 43, 23, -, 26, -, -, -

機能向上
- 機能強化: 111, 65, -, 94, -, -, 33, 28, 45, -, 79, 15, -, 39, -, -, -
- 機能付加: 32, 21, -, 22, -, -, -, 29, -, -, 209, 74, 41, 56, -, -, -
- 機能安定

装置化
- 膜製造法開発: 151, 79, -, 157, 15, 48, -, -, -, -, -, -, -, -, -, -, -
- モジュール製造法開発: 19, 10, -, -, -, -, 155, 196, 182, -, 16, 17, 16, 17, -, -, -
- 運転保守性向上: -, -, -, -, -, -, -, -, -, -, -, -, -, 19, 24, 2, 21
- 膜の耐久性向上: 43, 13, -, 36, -, 16, 28, 29, 27, -, 21, -, -, -, -, -, -
- 膜の検査性向上
- 小型化: -, -, -, -, -, -, 12, 30, 15, -, 63, 17, -, 13, -, -, -
- 大型化: -, -, -, -, -, -, -, 7, -, -, -, -, -, -, -, -, -
- 処理能力向上: -, -, -, -, -, -, -, 14, -, -, 17, -, -, -, -, -, -
- 低コスト化: -, -, -, -, -, -, -, 15, -, -, 59, -, 24, -, -, -, -

1991年～2001年8月までに公開の出願

気体膜分離装置　技術開発の拠点の分布

技術開発の拠点は関東と関西にやや集中

製膜関係出願上位5社、モジュール化関係上位10社、システム・保守関係上位5社の開発拠点を発明者の住所・居所でみると、東京都、神奈川県、茨城県、千葉県など関東地方に17拠点、静岡県、愛知県など中部地方に7拠点、大阪府、兵庫県、滋賀県など関西地方に13拠点、広島県、山口県など中国地方に7拠点、愛媛県など四国地方に1拠点、長崎県、鹿児島県など九州地方に2拠点である。

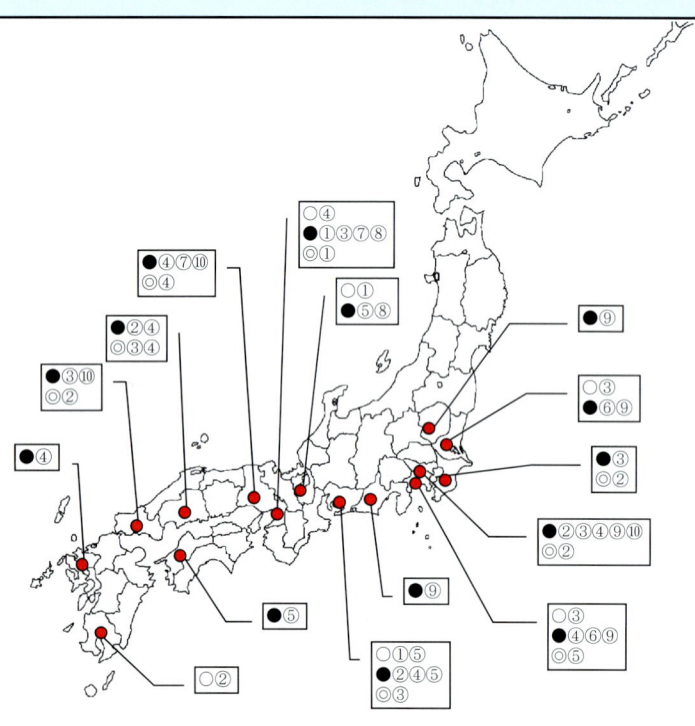

技術要素	No.	企業名	事業所名	事業所住所
製膜 ○	1	東レ	滋賀事業場　名古屋事業場	滋賀県　愛知県
	2	京セラ	総合研究所	鹿児島県
	3	エヌオーケー	筑波技術研究所　藤沢事業場	茨城県　神奈川県
	4	日東電工	本社	大阪府
	5	日本碍子	本社	愛知県
モジュール化 ●	1	日東電工	本社	大阪府
	2	三菱レイヨン	本社　中央技術研究所　商品開発研究所	東京都　広島　愛知
	3	宇部興産	東京本社　枚方研究所　千葉研究所　高分子研究所　化学・樹脂事業本部開発部　宇部ケミカル工場	東京都　大阪府　千葉県　山口県
	4	三菱重工業	本社　高砂研究所　神戸造船所　長崎研究所　横浜製作所　広島製作所　名古屋機器製作所	東京都　兵庫　長崎　神奈川　広島　愛知
	5	東レ	滋賀事業場　愛媛工場　岡崎工場　名古屋事業場	滋賀　愛媛　愛知
	6	エヌオーケー	藤沢事業場　筑波技術研究所	神奈川　茨城
	7	ダイセル化学工業	大阪本社　総合研究所	大阪府　兵庫
	8	ダイキン工業	堺製作所　淀川製作所　滋賀製作所	大阪府　滋賀
	9	日立製作所	中央研究所　リビング機器事業部　空調システム事業部　戸塚工場　土浦工場　エネルギー研究所　日立研究所　電力・電機開発本部　国分工場　原子力事業部	東京都　栃木県　静岡県　神奈川県　茨城県
	10	三菱電機	本社　伊丹製作所　岩国機能膜工場	東京都　兵庫　山口
システム化・保守 ◎	1	日東電工	本社	大阪府
	2	宇部興産	本社　宇部ケミカル工場　千葉研究所	東京都　山口　千葉
	3	三菱レイヨン	中央技術研究所　商品開発研究所	広島県　愛知県
	4	三菱重工業	広島研究所　高砂研究所	広島県　兵庫県
	5	エヌオーケー	藤沢事業場	神奈川県

気体膜分離装置 — 主要企業の状況

主要企業20社で4割の出願件数

出願件数の多い企業は
日東電工、三菱レイヨン、東レ、三菱重工業、宇部興産である。また、上位20社の出願の占める割合は42%である。

NO	出願人	合計	89	90	91	92	93	94	95	96	97	98	99	00
1	日東電工	129	13	17	21	15	12	2	7	9	10	15	6	2
2	三菱レイヨン	103	8	9	8	9	14	11	9	8	5	10	9	3
3	東レ	85	7	10	6	10	13	11	4	8	0	5	10	1
4	三菱重工業	64	5	9	13	3	10	4	6	3	5	4	2	0
5	宇部興産	56	6	18	9	2	5	1	2	1	1	4	4	3
6	エヌオーケー	54	7	10	6	5	3	3	4	4	4	3	3	2
7	日立製作所	46	8	8	7	7	1	3	4	1	2	2	3	0
8	ダイセル化学工業	43	11	6	8	7	6	3	0	0	0	2	0	0
9	京セラ	42	3	0	4	6	9	4	4	3	7	2	0	0
10	ダイキン工業	34	1	3	7	7	1	2	1	0	5	2	3	2
11	日本碍子	33	0	0	1	1	2	7	4	0	9	4	4	1
12	旭化成工業	31	2	4	8	5	1	1	0	4	1	3	2	0
13	東芝	26	1	2	3	2	3	1	0	3	4	4	2	1
14	東洋紡績	25	0	2	6	2	4	3	1	2	1	1	2	1
15	大日本インキ化学工業	22	0	0	0	0	0	0	0	0	1	8	11	2
16	栗田工業	18	0	0	0	4	1	3	1	2	1	4	1	1
17	富士写真フイルム	18	0	1	4	0	0	0	0	0	2	7	3	1
18	テルモ	17	4	7	2	0	0	1	1	1	0	0	1	0
19	オリオン機械	16	0	1	0	1	1	1	1	2	3	5	1	0
20	トキコ	8	1	0	0	0	0	1	0	1	0	4	1	0

出願件数の割合

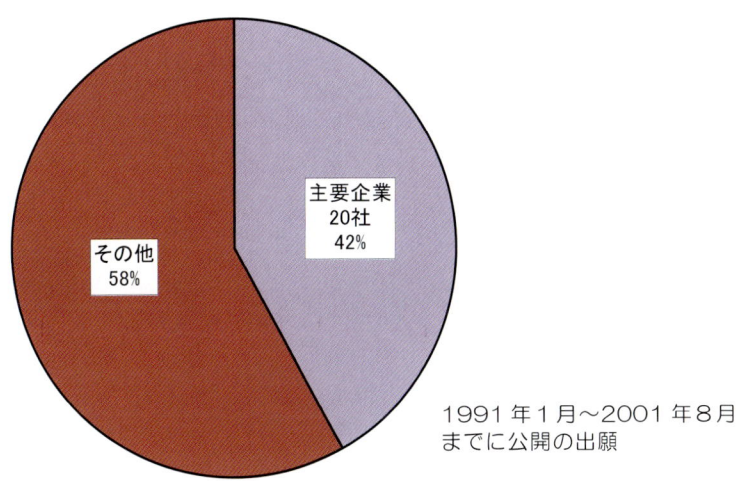

1991年1月～2001年8月
までに公開の出願

気体膜分離装置　主要企業

日東電工　株式会社

出願状況

日東電工（株）の保有する出願は 129 件である。
そのうち登録になった特許が 35 件あり、係属中の特許が 65 件ある。

各種ガス分離膜の製法、各種モジュールに関する特許を多く保有している。また、酸素、窒素、水素、二酸化炭素、溶存ガス、有機ガス分離装置に関する特許を保有している。

課題・解決手段対応出願特許の分布

解決手段：
- 膜材質
- 膜形状
- 膜に機能物質添加
- 製膜技術全般（製膜方法）
- モジュール製造全般（モジュール化）
- システム・装置化全般
- 補助機能全般
- 保守方法全般

課題：
- 利用目的：分離性能向上、脱気性能向上、調湿性能向上、蒸発・蒸留性能向上、製造能力向上、除去能力向上、回収能力向上
- 装置化：膜製造法開発、モジュール製造法開発、運転保守全般向上、小型化、大型化、処理能力向上、低コスト化

保有特許リスト例

技術要素	課題	特許番号 特許分類	発明の名称、概要
製膜	膜製造法開発	特開平 10-337405　B01D 19/00	フツ素樹脂チューブ及びこのチューブの製造方法及びこのチューブを用いた脱気方法及び脱気装置 酸素透過係数が 10^{-7} （$cm^3 \cdot cm/cm^2 \cdot sec \cdot atm25℃$）以上である多孔質構造層と、酸素透過係数が 10^{-8} （$cm^3 \cdot cm/cm^2 \cdot sec \cdot atm25℃$）以下である非多孔質構造層とが厚み方向に一体化され、厚み方向の中心から外表面側と内表面側とで異なった非対称の構造を有し、液体浸透性がなく且つ気体透過性を有するフツ素樹脂チューブを使用する。
モジュール化	分離性能向上	特開 2000-42379　B01D 63/14	プリーツ型気液接触用膜モジュール プリーツ型膜エレメントの内部には、充填物を内部に有する内側円筒部材を挿入し、外周部には外側円筒部材を装着する。さらにプリーツ型膜エレメントの両端部にはトップキャップおよびボトムキャップが液密に装着される。トップハウジングは、液体供給口およびガス排出口を有し、ボトムハウジングは、ガス溶解液排出口およびガス供給口を有する。

気体膜分離装置

主要企業

三菱レイヨン 株式会社

出願状況

　三菱レイヨン（株）の保有する出願は103件である。
そのうち登録になった特許が15件あり、係属中の特許が55件ある。

各種ガス分離膜の製法、各種モジュールに関する特許を多く保有している。システムとして、酸素、窒素、水蒸気、二酸化炭素、溶存ガス、有機ガス分離装置に関する特許を保有している。

課題・解決手段対応出願特許の分布

解決手段	製膜方法				モジュール化		
課題	膜材質	膜に機能物質添加	膜形状	製膜技術全般	モジュール製造全般	システム・装置化全般	補助機能全般	保守方法全般

利用目的：分離性能向上／脱気性能向上／調湿性能向上／蒸発・蒸留性能向上／製造能力向上／除去能力向上／回収能力向上

装置化：膜製造法開発／モジュール製造法開発／運転保守全般向上／小型化／大型化／処理能力向上／低コスト化

保有特許リスト例

技術要素	課題	特許番号 特許分類	発明の名称、概要
製膜	膜製造法開発	特開 2000-288366 B01D 69/12	**複合平膜** 均質薄膜を多孔質支持体層で挟み込んだ複合構造の平膜であって、平膜の酸素透過流量／窒素透過流量の透過流量比が1.1以上であり、JISK7114に準じて平膜を薬液に浸漬した後の透過流量比の変化率が±10％以内。脱気到達水準を満足しうるに十分な窒素透過流量、酸素透過流量を有している。
モジュール化	分離性能向上	特許2974999 B01D 69/08	**膜型人工肺** 均質膜層をその両側から多孔質膜層で挟み込んだ三層構造の複合中空糸膜において、少なくとも一方の多孔質膜層の厚みが1〜5μmであり、かつ均質膜層を構成する素材の酸素ガス透過係数P（cm^3(STP)・cm/cm^2・sec・cmHg）と均質膜層の厚みL（cm）とが、$P/L \geq 8.0 \times 10^{-6}$（$cm^3$(STP)/$cm^2$・sec・cmHg）なる関係を有する人工肺用複合中空糸膜。

気体膜分離装置　主要企業

東レ　株式会社

出願状況

東レ（株）の保有する出願は85件である。そのうち登録になった特許が9件あり、係属中の特許が38件ある。

各種ガス分離膜、各種モジュールに関する特許を多く保有している。

課題・解決手段対応出願特許の分布

解決手段	製膜方法				モジュール化			
課題	膜材質	膜に機能性物質添加	膜形状	製膜技術全般	モジュール製造全般	システム・装置化全般	補助機能全般	保守方法全般
利用目的 - 分離性能向上		6	7		8		②	
脱気性能向上						①		
調湿性能向上								
蒸発・蒸留性能向上	②			4	6		①	
製造能力向上				①	3			
除去能力向上								
回収能力向上								
装置化 - 膜製造法開発	8	9		12				
モジュール製造法開発	②	①		②	3			
運転保守全般向上				①	3		②	
小型化								
大型化								
処理能力向上						4		
低コスト化			①			3		

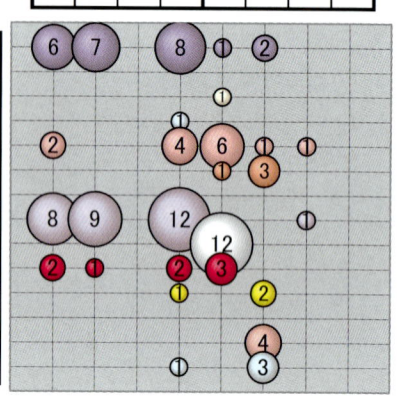

保有特許リスト例

技術要素	課題	特許番号 特許分類	発明の名称、概要
製膜	膜製造法開発	特開2001-38155 B01D 61/36	**有機液体混合物用分離膜** 分離膜が多孔質支持膜上に非多孔層を積層させた複合膜であり、該非多孔層表面上の最低点と最高点の間の高さが1μm以下であり、かつ、該非多孔層表面上を平面フィットした全ての点の平均偏差が0.1μm以下である有機液体混合物用分離膜、およびそれを用いた膜分離方法。
モジュール化	除去能力向上	特開平8-281060 B01D 53/56	**NOx吸収体およびその製造方法** 平均細孔径および細孔ピーク径が5ないし30nmの範囲で、細孔容積が少なくとも0.25cc/g以上、BET法による比表面積値が100 m²/g以上300 m²/g以下である多孔質アルミナ、チタニアおよびジルコニアのうちから選ばれた少なくとも1種以上の無機化合物を主成分とするNOx（x＝1～2）吸収体。

試料名	DEA添加量（モル）	平均細孔径（nm）	細孔容積（cm³/g）	NO飽和吸収量（重量％）	NO₂飽和吸収量（重量％）
実施例1	0.5	38	0.35	7.2	9.4
実施例2	1.0	38	0.48	9.1	13.2
実施例3	2.0	38	0.63	11.5	16.1
比較例1	0	38	0.14	2.8	3.6

気体膜分離装置　主要企業

三菱重工業　株式会社

出願状況

三菱重工業（株）の保有する出願は64件である。
そのうち登録になった特許が18件あり、係属中の特許が24件ある。

モジュールおよびシステム（水素、水蒸気、二酸化炭素、その他のガス分離装置）に関する特許を多く保有している。

課題・解決手段対応出願特許の分布

	製膜方法			モジュール化		
解決手段	膜材質	膜に機能物質添加	膜形状	製膜技術全般	モジュール製造全般	システム・装置化全般	補助機能全般	保守方法全般

（課題×解決手段の散布図：利用目的 — 分離性能向上、脱気性能向上、調湿性能向上、蒸発・蒸留性能向上、製造能力向上、除去能力向上、回収能力向上／装置化 — 膜製造法開発、モジュール製造法開発、運転保守全般向上、小型化、大型化、処理能力向上、低コスト化）

保有特許リスト例

技術要素	課題	特許番号 特許分類	発明の名称、概要
モジュール化	製造能力向上	特開平 10-259148 C07C 31/04	**合成ガスからのメタノール製造方法** 水蒸気改質工程とメタノール合成工程との間に水素分離膜を用いた水素分離工程を設け、合成ガス中の一酸化炭素と水素との比率をメタノール合成反応に適した比率に調整した後、メタノール合成反応器に導く合成ガスからのメタノール製造方法。
モジュール化	製造能力向上	特開平 5-317708 B01J 23/755	**脱水素反応用メンブレンリアクタ** 原料供給口、生成物出口を有し、内部に触媒が充填され、外部に加熱手段を備えた反応器の触媒充填層に、金属多孔体の表面に耐熱性酸化薄膜及びPd含有薄膜を形成させた水素分離膜を設けて、反応温度を低くし、安定した性能を維持可能にする。

気体膜分離装置　主要企業

宇部興産 株式会社

出願状況

宇部興産（株）の保有する出願は56件である。そのうち登録になった特許が28件あり、係属中の特許が16件ある。

各種気体分離膜、各種モジュールに関する特許を多く保有している。また、システムとして酸素、窒素、水素、水蒸気、二酸化炭素の分離装置に関する特許を保有している。

課題・解決手段対応出願特許の分布

	解決手段	膜材質	膜に機能性物質添加	膜形状	製膜技術全般	モジュール製造全般	システム・装置化全般	補助機能全般	保守方法全般
利用目的	分離性能向上		3	2		1	2	3	
	脱気性能向上						6	3	
	調湿性能向上		3			1	2	8	1
	蒸発・蒸留性能向上		3			2		1	
	製造能力向上								
	除去能力向上						2	7	
	回収能力向上		4	2		4	8		
装置化	膜製造法開発		7 1			1			
	モジュール製造法開発		5			1	2	2 7	
	運転保守全般向上					2		2 1	
	小型化								
	大型化							1	
	処理能力向上								
	低コスト化							4	

保有特許リスト例

技術要素	課題	特許番号 特許分類	発明の名称、概要
製膜	膜製造法開発	特公平 7-121343　B01D 71/64	**ガス分離中空糸膜及びその製法**　特定の反復単位を有する可溶性の芳香族ポリイミドを用いることにより、紡糸性能に優れ、高い物性、優れたガス選択性、透過速度を有する膜を容易に得る。
モジュール化	調湿性能向上	特開2000-189743　B01D 53/26	**乾燥気体供給作動方法およびシステム**　加圧気体を除湿装置の中空糸膜の内側へ供給して該気体中の水分を選択的に該中空糸膜の外側へ透過させて水分を除去すると共に、該中空糸膜の内側に乾燥された気体を生成させて除湿装置から乾燥気体を取り出し、気体作動機器で使用した乾燥気体の全部または一部を上記除湿装置の中空糸膜の外側に供給する。

目次

気体膜分離装置

1. 気体膜分離装置の概要
1.1 気体膜分離装置技術 3
1.1.1 気体膜分離装置技術 3
(1) 膜分離の原理 3
(2) 分離膜の主要特性 5
1.1.2 モジュール化技術 9
(1) モジュールに要求される特性 9
(2) 現在多用されているモジュール 10
1.1.3 システム（装置）化 11
(1) 運転圧力の設定 11
(2) 化工機器の装備 12
(3) 電気計装機器の装備による自動運転・省力化 12
(4) モジュールの多段化および還流循環による高性能化 . 13
(5) 従来プロセスの改良 13
(6) 保守 14
1.2 気体膜分離装置の技術体系 15
1.3 気体膜分離装置の特許情報へのアクセス 19
1.4 技術開発活動の状況 22
1.4.1 気体膜分離装置技術全般 22
1.4.2 製膜技術 25
1.4.3 モジュール化技術 27
1.4.4 システム化・保守技術 28
1.4.5 酸素分離技術 30
1.4.6 窒素分離技術 32
1.4.7 水素分離技術 33
1.4.8 水蒸気分離（脱湿）技術 35
1.4.9 二酸化炭素分離技術 37
1.4.10 溶存ガス分離技術 39
1.4.11 有機ガス分離技術 41
1.5 技術開発の課題と解決手段 43
1.5.1 気体膜分離技術全体の課題別解決手段について ... 44
1.5.2 製膜技術 46

目次

- 1.5.3 モジュール化技術 47
- 1.5.4 システム化・保守技術 49
- 1.5.5 酸素分離技術 51
- 1.5.6 窒素分離技術 53
- 1.5.7 水素分離技術 54
- 1.5.8 水蒸気分離（脱湿）技術 56
- 1.5.9 二酸化炭素分離技術 57
- 1.5.10 溶存ガス分離技術 59
- 1.5.11 有機ガス分離技術 60

2．主要企業等の特許活動

- 2.1 日東電工 64
  - 2.1.1 企業の概要 64
  - 2.1.2 気体膜分離装置に関連する製品・技術 64
  - 2.1.3 技術開発課題対応保有特許の概要 65
  - 2.1.4 技術開発拠点 72
  - 2.1.5 研究開発者 72
- 2.2 三菱レイヨン 73
  - 2.2.1 企業の概要 73
  - 2.2.2 気体膜分離装置に関連する製品・技術 74
  - 2.2.3 技術開発課題対応保有特許の概要 74
  - 2.2.4 技術開発拠点 81
  - 2.2.5 研究開発者 81
- 2.3 東レ 82
  - 2.3.1 企業の概要 82
  - 2.3.2 気体膜分離装置に関連する製品・技術 83
  - 2.3.3 技術開発課題対応保有特許の概要 83
  - 2.3.4 技術開発拠点 88
  - 2.3.5 研究開発者 88
- 2.4 宇部興産 89
  - 2.4.1 企業の概要 89
  - 2.4.2 気体膜分離装置に関連する製品・技術 89
  - 2.4.3 技術開発課題対応保有特許の概要 90
  - 2.4.4 技術開発拠点 97
  - 2.4.5 研究開発者 98
- 2.5 三菱重工業 99
  - 2.5.1 企業の概要 99

目次

  2.5.2 気体膜分離装置に関連する製品・技術 100
  2.5.3 技術開発課題対応保有特許の概要 100
  2.5.4 技術開発拠点 109
  2.5.5 研究開発者 110
 2.6 エヌオーケー 111
  2.6.1 企業の概要 111
  2.6.2 気体膜分離装置に関連する製品・技術 112
  2.6.3 技術開発課題対応保有特許の概要 112
  2.6.4 技術開発拠点 116
  2.6.5 研究開発者 117
 2.7 日本碍子 118
  2.7.1 企業の概要 118
  2.7.2 気体膜分離装置に関連する製品・技術 119
  2.7.3 技術開発課題対応保有特許の概要 119
  2.7.4 技術開発拠点 126
  2.7.5 研究開発者 126
 2.8 ダイセル化学工業 127
  2.8.1 企業の概要 127
  2.8.2 気体膜分離装置に関連する製品・技術 128
  2.8.3 技術開発課題対応保有特許の概要 128
  2.8.4 技術開発拠点 131
  2.8.5 研究開発者 132
 2.9 日立製作所 133
  2.9.1 企業の概要 133
  2.9.2 気体膜分離装置に関連する製品・技術 134
  2.9.3 技術開発課題対応保有特許の概要 134
  2.9.4 技術開発拠点 136
  2.9.5 研究開発者 137
 2.10 ダイキン工業 138
  2.10.1 企業の概要 138
  2.10.2 気体膜分離装置に関連する製品・技術 138
  2.10.3 技術開発課題対応保有特許の概要 139
  2.10.4 技術開発拠点 141
  2.10.5 研究開発者 141
 2.11 京セラ 142
  2.11.1 企業の概要 142
  2.11.2 気体膜分離装置に関連する製品・技術 143

目次

  2.11.3 技術開発課題対応保有特許の概要 143
  2.11.4 技術開発拠点 150
  2.11.5 研究開発者 150
 2.12 大日本インキ化学工業 151
  2.12.1 企業の概要 151
  2.12.2 気体膜分離装置に関連する製品・技術 152
  2.12.3 技術開発課題対応保有特許の概要 152
  2.12.4 技術開発拠点 155
  2.12.5 研究開発者 156
 2.13 東芝 157
  2.13.1 企業の概要 157
  2.13.2 気体膜分離装置に関連する製品・技術 158
  2.13.3 技術開発課題対応保有特許の概要 159
  2.13.4 技術開発拠点 161
  2.13.5 研究開発者 161
 2.14 旭化成 162
  2.14.1 企業の概要 162
  2.14.2 気体膜分離装置に関連する製品・技術 163
  2.14.3 技術開発課題対応保有特許の概要 163
  2.14.4 技術開発拠点 166
  2.14.5 研究開発者 166
 2.15 東洋紡績 167
  2.15.1 企業の概要 167
  2.15.2 気体膜分離装置に関連する製品・技術 168
  2.15.3 技術開発課題対応保有特許の概要 168
  2.15.4 技術開発拠点 170
  2.15.5 研究開発者 171
 2.16 オリオン機械 172
  2.16.1 企業の概要 172
  2.16.2 気体膜分離装置に関連する製品・技術 172
  2.16.3 技術開発課題対応保有特許の概要 173
  2.16.4 技術開発拠点 174
  2.16.5 研究開発者 175
 2.17 栗田工業 176
  2.17.1 企業の概要 176
  2.17.2 気体膜分離装置に関連する製品・技術 177
  2.17.3 技術開発課題対応保有特許の概要 177

目次

  2.17.4 技術開発拠点 179
  2.17.5 研究開発者 179
 2.18 富士写真フイルム 180
  2.18.1 企業の概要 180
  2.18.2 気体膜分離装置に関連する製品・技術 181
  2.18.3 技術開発課題対応保有特許の概要 181
  2.18.4 技術開発拠点 183
  2.18.5 研究開発者 184
 2.19 テルモ 185
  2.19.1 企業の概要 185
  2.19.2 気体膜分離装置に関連する製品・技術 186
  2.19.3 技術開発課題対応保有特許の概要 186
  2.19.4 技術開発拠点 187
  2.19.5 研究開発者 188
 2.20 トキコ 189
  2.20.1 企業の概要 189
  2.20.2 気体膜分離装置に関連する製品・技術 190
  2.20.3 技術開発課題対応保有特許の概要 190
  2.20.4 技術開発拠点 191
  2.20.5 研究開発者 191

3．主要企業の技術開発拠点

 3.1 製膜、モジュール化、システム化・保守 196
 3.2 応用技術－酸素・窒素、水素、水蒸気分離 198
 3.3 応用技術－二酸化炭素、溶存ガス、有機ガス分離 199

資料

 1．工業所有権総合情報館と特許流通促進事業 203
 2．特許流通アドバイザー一覧 206
 3．特許電子図書館情報検索指導アドバイザー一覧 209
 4．知的所有権センター一覧 211
 5．平成13年度25技術テーマの特許流通の概要 213
 6．特許番号一覧 229
 7．開放可能な特許一覧 249

1. 気体膜分離装置の概要

1.1 気体膜分離装置技術
1.2 気体膜分離装置の技術体系
1.3 気体膜分離装置の特許情報へのアクセス
1.4 技術開発活動の状況
1.5 技術開発の課題と解決手段

> 特許流通
> 支援チャート
>
> # 1．気体膜分離装置の概要
>
> 気体膜分離装置は、省エネルギーで環境調和型の
> 21 世紀の気体分離装置の主役として期待されている。

1．1　気体膜分離装置技術

1.1.1 気体膜分離装置技術

　気体膜分離装置は、駆動エネルギーとして、単に膜の両面に圧力差をつけて原料を膜に通すことにより、含まれている成分を分離する省エネルギー、省力化タイプの装置であり、深冷分離法、吸収法、PSA（圧力スイング式吸着法）などの分離装置に比べ、取り扱いが容易でありメンテナンスフリーな装置である。装置体積の大半を膜モジュールが占めており、他の分離装置に比べはるかにコンパクトである。これらの特長と膜性能の向上により気体膜分離は広く用いられつつある 21 世紀の分離装置である。

　気体分離の分野においてその用途は石油精製、石油化学、化学、精密機械、食品、環境分野など多岐にわたり利用され、その重要度は増している。気体膜分離装置の要素技術は、製膜、モジュール化、システム化・保守の三つからなり、ニーズに応じ、これらの開発が一体となって達成される。本書では、これらの三つの要素技術とその応用技術である現在実用化されている主要ガス分離技術を解析対象とし、その技術概要について以下に説明する。

(1) 膜分離の原理

　膜を用いて混合ガスを分離する原理は膜における個々の気体透過速度の違いを利用して分離するものである。膜における気体の透過の速さを表すものとして、透過係数 Q（mol/(m・s・Pa)）もしくは透過速度 R（mol/(m^2・s・Pa)）が用いられる。これら2つの量は次のように定義される。

$$F_t = A_t Q (P_h - P_l) / \delta \quad (1)$$
$$F_t = A_t R (P_h - P_l) \quad (2)$$
$$R = Q / \delta \quad (3)$$

　ここで、F_t (mol/s) は単位時間に膜を透過する気体のモル数、A_t は膜の面積、δ (m) は膜の厚さ、そして P_h (Pa)、P_l (Pa) はそれぞれ膜の高圧側（気体の供給側）および低圧

側（気体の透過側）の圧力である。式(1)および(2)より圧力差（= P_h-P_l）が大きいほど透過流量が大きい。

同一の条件下、同一の膜でn成分からなる混合気体中の気体成分iと気体成分jの透過係数をそれぞれQ_iとQ_j、透過速度をそれぞれR_iおよびR_jとすると式(1)、(2)および(3)より、次式となる。

$$R_i/R_j = (Q_i/\delta)/(Q_j/\delta) = Q_i/Q_j \equiv \alpha_{i,j} \quad (4)$$

上式の$\alpha_{i,j}$を気体i成分の気体j成分に対する分離係数という。

今、分かり易くするために、同一の条件下、同一の膜でA気体とB気体の2成分からなる混合気体からA気体を製品として得るには、$Q_A/\delta \to$大（$Q_A \to$大、$\delta \to$小）である膜素材がよい。すなわち、$Q_A/\delta \to$大は同一の膜面積でA気体の透過量が大となる。式(1)および(2)より、運転条件としては、圧力差（= P_h-P_l）を大きくすることにより透過気体流量を比例的に増大することができる。

膜分離において、$P_h/P_l=\gamma$とし、膜に供給されるA気体とB気体の2成分からなる混合気体中のA気体のモル％をx_A％とすると、透過気体中のA気体のモル％のy_A％は次式で表され、膜の分離係数（$\alpha_{A,B}$）が高ければ当然高くなるが、運転条件として、圧力比（γ）を小さくすることによっても高くできる。

$$y_A = 50 [C - \{C^2 - 4(x_A/100)\alpha_{A,B}/\gamma/(\alpha_{A,B}-1)\}^{0.5}] \quad (5)$$

$$C = [1 + \{(x_A/100) + \gamma\}(\alpha_{A,B}-1)]/\gamma/(\alpha_{A,B}-1) \quad (6)$$

これらのことを空気から酸素富化空気製造の例について説明する。空気の組成は厳密にはモル％で窒素78％、酸素21％、その他1％からなる混合気体であるが、空気の組成は、モル分率でほぼ窒素79％と酸素21％の2成分からなる混合気体とみなすことができる。したがって、式(5)と式(6)において、酸素をA気体、窒素をB気体とすると、x_Aは膜に供給される空気中の酸素のモル％で(x_A=79％)、P_hは膜に供給する空気の圧力、P_lは膜を透過した酸素富化空気の圧力、γはP_h/P_l、α_{AB}は酸素の窒素に対する分離係数、y_Aは膜を透過した酸素富化空気中の酸素のモル％である。式(5)と式(6)を使用して酸素富化空気の製造における酸素の酸素の窒素に対する分離係数($\alpha_{A,B}$)、空気の膜への供給圧力の透過した酸素富化空気圧力に対する比(γ)から得られる製品の酸素富化空気中の酸素モル濃度の関係を計算し、その結果をグラフ化すると図1.1.1-1のようになり、前述のように得られる製品の酸素富化空気中の酸素モル濃度は酸素の窒素に対する分離係数（$\alpha_{A,B}$）が高ければ高くなり、また、運転条件として、空気の膜への供給圧力の透過した酸素富化空気圧力に対する比（γ）を小さくすることによっても高くできることがわかる。

図1.1.1-1 酸素富化空気製造における分離係数（α）と圧力比（γ）
と酸素富化空気（透過気体）の酸素モル濃度の関係

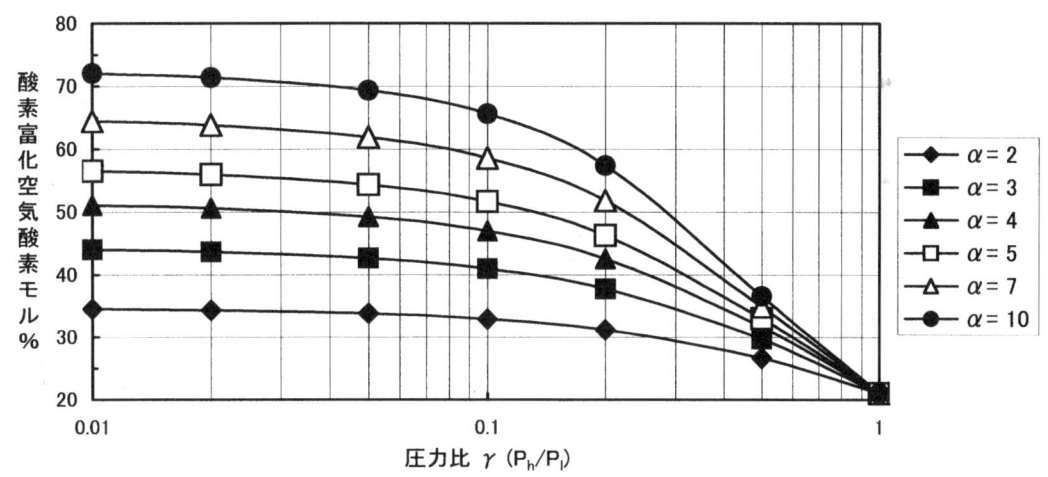

(2) 分離膜の主要特性

 前述したように、膜による気体分離装置技術は分離膜、膜モジュール、効率的な分離システムの構築であるが、分離性能は膜の性能に大きく依存し、新しい高性能の膜の出現で大きく変わりうる。

 分離膜の開発は、膜素材の開発と薄膜化技術の開発からなる。膜素材の開発は表1.1.1-1に示す膜素材に求められる要件を満足することであり、これは、a）膜素材の透過特性は化学構造と物性に関係があり、これに合う素材の選択と改質が必要である。b）膜構造形成性、すなわち、薄膜化技術は工業的用途に幅広く用いられるために、薄膜化が容易で再現性のある製造工程の開発が不可欠である。c）耐久性は、使用条件と寿命に関係する。

表1.1.1-1 膜材料に求められる要件

特　性	関連実用性能
(a) 膜素材の透過特性	分離性能（分離係数）、処理能力（透過速度）
(b) 膜構造形成性	薄膜化技術に対応する加工性
(c) 耐久性	使用可能場面、条件範囲、寿命

 気体分離膜は主に高分子材料からなる非多孔質膜と、無機材料からなる多孔質膜の2種類に大別され、表1.1.1-2および図1.1.1-2のように分類される。夫々の気体分離機構は図1.1.1-3のようになる。

表1.1.1-2 気体分離膜の分類

```
                    ┌ 分子流
           ┌ 多孔質膜 ┤ 表面拡散流
           │        │ 毛管凝縮作用
           │        └ 分子ふるい作用
気体分離膜 ┤
           │        ┌ 高分子膜
           └ 非多孔質膜 ┤
                    └ 金属パラジウム膜、ジルコニア膜
```

図1.1.1-2 多孔質膜の細孔内の気体の移動

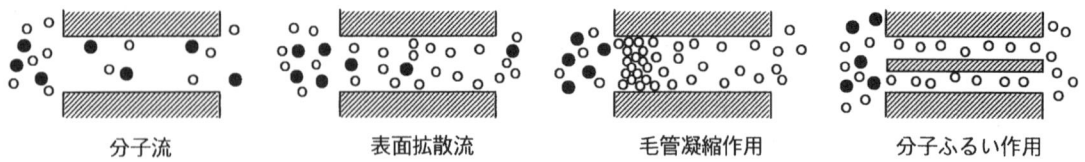

分子流　　　　　表面拡散流　　　　毛管凝縮作用　　　分子ふるい作用

図1.1.1-3 多孔質膜、非多孔質膜による気体分離機構

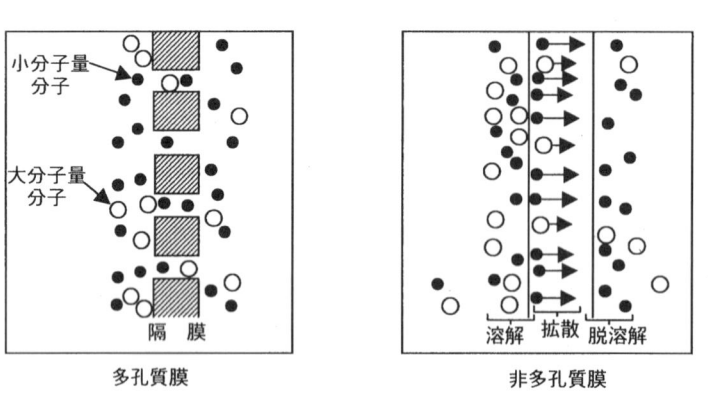

a.多孔質膜

多孔質膜は、膜に開いた細孔に対する気体の透過性の差を利用して分離するもので、気体の種類、条件、孔の径などにより前述の表1.1.1-2のように4つに分類される。以下細孔径の大きい順に説明する。

a.1 分子流

数十Å～数百Åの細孔内を複数種類の気体が分子流として流れるとき、分子と分子の衝突のほかに、分子と細孔内壁との衝突も生じて抵抗となる。この場合、細孔径(r)の気体分子の平均自由行程(λ)に対する比$r/\lambda > 5$のように細孔が相対的に大きい場合には分子と分子の衝突が中心となり、粘性流れが支配的なポアズイユ流れとなって混合気体全体が一定方向に流れて分離作用は生じない。一方、$r/\lambda < 1$のように細孔径が相対的に小さくなると、気体分子は細孔内壁と衝突をくり返しながら透過するので、気体分子と細孔内壁との衝突が気体分子通過抵抗となる。分子流における多孔質膜中の気体の透過係数は次式で表される。

$$Q = K/(MT)^{1/2} \qquad (7)$$

ここでMは透過気体の分子量、Tは絶対温度、Kは多孔質膜の細孔構造など幾何学的因子により決定される定数である。Kの値は多孔質材料の細孔径、空隙率に比例する。多孔質膜における気体の透過係数は式(7)に示されるように、気体の分子量に反比例するのが特徴である。

a.2 表面拡散流

　細孔の壁面に気体分子が吸着されると、細孔の入口から出口までの細孔内壁に被吸着気体の濃度勾配が生じ、この濃度勾配による濃度差によって細孔内壁表面を被吸着気体が移動する場合がある。この場合、吸着によって細孔径は小さくなるが、濃度勾配による被吸着気体の移動による分離作用に、前述の分子流による分離作用も加わった表面拡散流による分離作用が生じる。この場合の透過係数は、高分子非多孔質膜の透過係数よりも2〜4桁程大きく、低級炭化水素や二酸化炭素などの沸点の高い気体が30〜300Å程度の細孔を透過する際に生じる。

a.3 毛管凝縮作用

　細孔径が次に述べる分子ふるい作用の生じる細孔径よりもやや大きい数Å〜十数Åで凝縮性気体が存在する場合には、細孔の表面に凝縮性気体が凝縮して、凝縮液が他成分気体の透過を妨げ、凝縮性気体が選択的に透過する現象である。空気の脱湿、アルコールの脱水濃縮などはこの作用による分離である。

a.4 分子ふるい作用

　水素のように分子径の小さい（2.3Å）ものと、イソブタンのように分子径の大きい（5Å）ものとの混合ガスの場合には、中間の孔径の多孔質膜でふるいのごとく分離することができる。実際には数Åに孔径の制御された理想的な多孔質膜は得難いが、ゼオライト膜には各種孔径のものが薄膜化可能となっている。

b. 非多孔質膜

　高分子材料からなる非多孔質膜における気体の透過は、前述の図1.1.1-3に示すように、気体分子の膜への溶解、膜中の拡散そして脱溶解という過程で進行する。したがって、非多孔質膜における気体の透過係数は次式のように、気体の膜中の拡散係数Dと溶解度係数Sとの積で表される。

$$Q = D \cdot S \qquad (8)$$

　Dは温度の上昇と共に大きくなり、Sは小さくなるが、気体の透過性能を左右するものはQであり、DとSの積で表されるQは温度の関数として複雑に変化する。

　非多孔質膜は、表1.1.1-2に示すように高分子膜と金属パラジウム膜、ジルコニア膜とに分類される。高分子膜は対称膜（均質膜）と非対称膜（不均質膜）とがあり、対称膜（均質膜）は表面から裏面まで物理的、化学的に均質な膜である。非対称膜（不均質膜）は表面から裏面まで物理的、化学的に不均質な膜であり、複合膜と非複合膜がある。

　複合膜は、多孔質状の支持膜上に別組成の均質膜を形成したもので、機能の異なった膜の組合わせが可能となり、最終目的に合った高性能分離膜が得られやすいことから実用上平膜ではこの複合膜が圧倒的に多い。

　金属パラジウム膜は、水素分子のみ透過する。すなわち、水素分子が膜表面で原子化してプロトン（H^+）とエレクトロン（e）となり、これが膜中を拡散して膜の裏面で再結合し原子、分子化する。この膜は、高純度の水素製造に使用される。

　ジルコニア膜は、固体電解質膜である。固体電解質とは、特定のイオンが容易に動くイオン伝導性固体で、一般にこの固体電解質中を動くイオンは一種類に限られているので、特定のガスを分離することができる。ジルコニア膜は、酸素イオン伝導体であり、酸素以

外の気体を透過しないので高純度の酸素製造用膜として期待されている。

c．製膜方法

これまで実用化された膜はガラス転移温度の高いガラス状高分子材料からなり、その例として酢酸セルロース、ポリスルフォン、ポリカーボネート、ポリアミド、ポリイミドなどがあげられる。実用化膜は透過流量を大きくするために、膜面積を一定とすると、式(1)に示されるように、①透過係数の大きい素材を用いる、②膜厚をできるだけ薄くすることが必要とされ、製膜の条件としては、分離に寄与する緻密層（スキン層）をできるだけ薄くする工夫がなされている。表1.1.1-3に現在実用化されている膜の製造法を、表1.1.1-4は膜の実用化例を示す。

表1.1.1-3 実用化された膜の製造法

分類	製膜法		膜厚	膜材料例
高分子膜 (非多孔質膜)	ポリマーの薄膜化	乾湿式製膜	0.25〜0.05μの緻密層を有する非対称膜	酢酸セルロース、セルロースアセテート、ポリスルフォン、ポリアミド、ポリイミド、ポリアクリロニトリル
		液面製膜	0.1〜0.03μ	変成シリコン、ポリメチルペンテン
		ポリマー溶液コーテング	〜0.1μ	シリコンコートポリスルフォン
	In Situ 重合	モノマー塗布重合、界面重合	〜0.01μ	テレフタル酸-m-フェニレンジアミン共重合体
		プラズマ重合、CVD	〜0.1μ	ジシロキサン-4,4'ジフェニルエーテル重合体
無機膜 (多孔質膜)		水熱合成		ゼオライト
		気相輸送法		ゼオライト
		CVD		シリカ
		熱分解法		炭素
特殊膜 (非多孔質膜)		CVD		金属パラジウム

表1.1.1-4 気体分離膜の実用化例

用途	膜材料	膜構造	分離層	分離機構
水素、ヘリウム、酸素、窒素、炭酸ガスなどの無機ガスの分離	ポリイミド、酢酸セルロース、ポリスルフォン、ポリアミド、ポリエーテルイミドなど	中空糸	非多孔質	溶解拡散
高純度水素製造	金属パラジウム	均質または複合膜	非多孔質	溶解拡散
除湿	ポリイミド、酢酸セルロース、フッ素系イオン交換膜など	中空糸	非多孔質	溶解拡散
揮発性有機物の分離	シリコンゴム	複合膜	非多孔質	溶解拡散
炭化水素、硫化水素、水素の混合ガスからの水素分離	炭素	複合膜	ミクロ多孔質	表面拡散
炭化水素、無機ガスなどの分離	炭素	中空糸	ミクロ多孔質	分子ふるい
ウランの濃縮	多孔質アルミナ	管状	多孔質	分子流

1.1.2 モジュール化技術

　気体分離を機能させるには、前述の 1.1.1 の式(1)および(2)に示すように平膜にせよ中空糸膜にせよ、分離膜そのままでは膜の表側と裏側の間に圧力差をつけることができない。実際に膜の表側と裏側の間に圧力差をつける方法としては、圧縮機あるいは真空ポンプ等が使用され、これらの機器と膜とは配管で接続されるが、分離膜のままでは機械的な接続ができないので、膜を容器に収納する必要がある。実用上は大きな膜面積をコンパクトに装填した容器、すなわち、モジュールとすることが必要であり種々の形状のものが考案されている。

　このモジュール技術は、歴史的には、液体の膜分離分野で先行し、気体分離用モジュールもこれらの技術の延長線上にあるが、液体に比べて気体は粘度が液体の 10^{-5} 程度と非常に小さいために、モジュールの中での流れや漏れの点で液体とは別の配慮が必要である。以下、モジュールに要求される特性、具体的な現在多用されているモジュールについて説明する。

(1) モジュールに要求される特性

a．流れの均一性　（偏流、濃度分極）

　膜の性能を最大限に発揮させるには、膜表面に新鮮な供給ガスが均一に且つある程度の流速以上で流れていることが重要である。もしも偏流、すなわち流れの悪い部分があると、その部分では供給気体中の透過しやすい成分が膜を透過し、透過しにくい成分が残った搾の状態（透過すべき成分の分圧が小さい状態）となって、部分的に分離が止まった領域が生じてしまう。

　また、流速が遅いと、上流では新鮮な供給気体も透過しにくい成分が残った状態となり、膜の下流部分が気体分離に使用されていないことになり分離機能が低下する。したがって、モジュール内の流れの均一性と流速は、膜性能をフルに発揮させ得るかどうかを左右する極めて重要な技術である。

b．低圧損性

　供給気体も透過気体もモジュール内の狭い通路を流れるために流動抵抗が生じるのは止むを得ない。しかし、この流動抵抗が大きいと、加圧式にしろ減圧式にしろ、流動抵抗によって圧損が生じ、上流と下流とで圧力差ができ、膜分離の基本である所定の表裏の差圧が得られなくなる。また、差圧付与手段としての圧縮機あるいは真空ポンプから見れば、流動抵抗が大きければそれだけ運転負荷が大きく、運転動力費が高くなる問題がある。この運転動力費は、膜による気体分離の経済性と省エネルギーを左右する大きな要因である。従って、出来る限り流動抵抗の小さい、すなわち圧損の小さいモジュールとすることも非常に重要な技術である。

c．気密性

　膜分離の基本として、せっかく膜で分離した透過気体側に供給気体が漏れ込んでは意味がないので、実用上はシール技術もモジュール技術の重要な技術の一つである。前述のように、気体は粘度が液体の 10^{-5} 程度と小さいので漏れやすく、また、肉眼で見えないので、実際のモジュール製造工程では、シール技術とともに注意深い作業が要求される。このシール技術のポイントは、平膜の場合には膜の縁の部分のモジュールに取り付け部分、中空

糸膜や管状膜の場合にはその両端のモジュールに取り付け部分の気密性付与であり、夫々の構造に応じて種々の工夫がなされている。

d．耐圧性

膜の形状（平膜か中空糸膜か）、モジュールの形状（平膜の場合のプレート型かスパイラル型か）、運転方式（加圧式か減圧式か、更に、中空糸膜の場合は内圧式か外圧式か）などの組合わせにより、モジュール容器にかかる圧力が異なるので、夫々に適した形状、材質を選定する必要がある。

この中で、減圧式の場合は、供給気体側が酸素富化膜のように大気圧の場合、減圧側は如何に真空にしても分離膜の表側と裏側の圧力差は最大1気圧であり、モジュール容器の耐圧性はさほど問題にならない。また、加圧式でも中空糸膜を内圧式で使用する場合は、圧力を中空糸膜が受け止めるので、減圧式と同様にモジュール容器の耐圧性はさほど問題にならない。しかし、平膜または中空糸膜を加圧式、外圧式で使用する場合には、数気圧の圧力がモジュールにかかるので、十分な耐圧設計か必要であり、通常は金属製パイプあるいはFRPパイプなどがモジュール容器に使用される。

e．コンパクト性

実用モジュールとしては、一般に設置スペースの制約があるので、出来る限り小さな容積に大きな膜面積を充填すること、すなわち、コンパクトなモジュールとすることが重要である。また、モジュールがコンパクトであれば、部材、特に高価なモジュール容器が小型で済み、コストダウンとなる利点もあるので、コンパクトであることは経済性の点でも非常に重要である。このコンパクト性を達成するために、平膜でも中空糸膜でも高密度で充填することになるが、逆に供給気体や透過気体の流動抵抗が大きくなって圧損や、偏流、濃度分極などの問題が派生するのでむやみに高密度で充填するわけにもいかず、適度のバランスと工夫が必要である。

(2) 現在多用されているモジュール

大きな面積を持つ膜をコンパクトに支持し気体と接触させるために、種々のモジュールが考案されている。多用されている代表的なモジュールとその特徴を図1.1.2-1に示す。

図 1.1.2-1 膜モジュールの種類と特徴

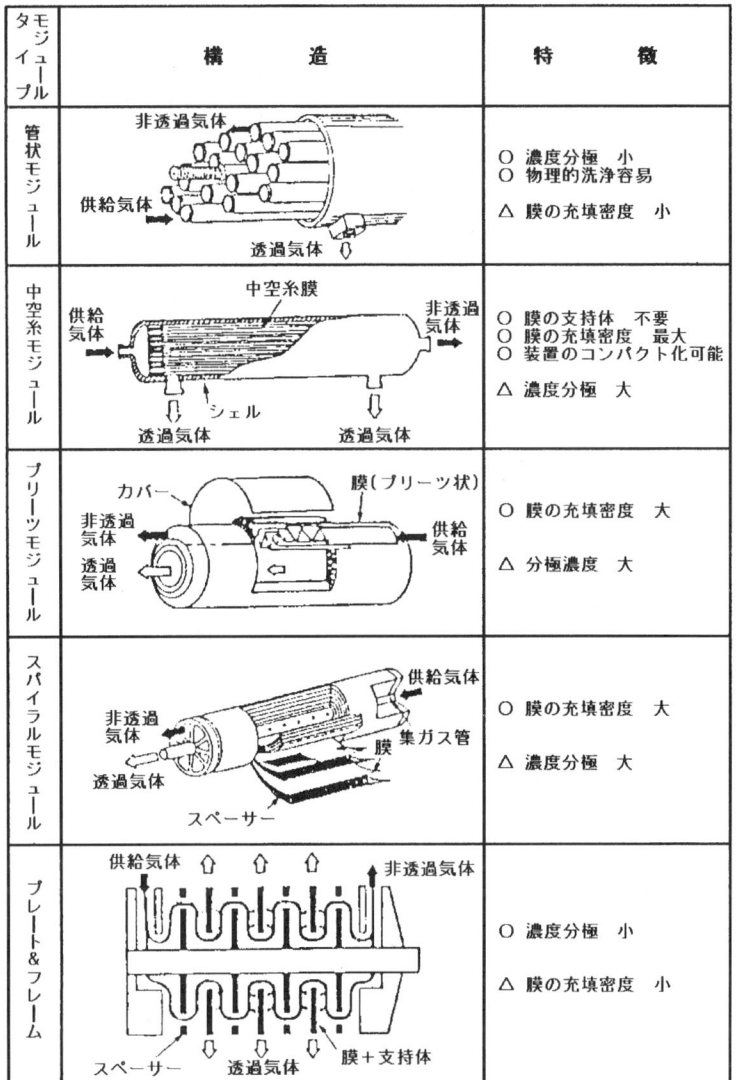

(出典：「ユーザーのための実用膜分離技術」日刊工業新聞(1996))

1.1.3 システム（装置）化

　システム（装置）化とは膜分離モジュールを利用する技術であり、膜分離モジュールを利用目的に応じて使用条件に合う運転条件で装置を構築する技術である。装置化する場合には、膜分離モジュールを利用目的どおりの機能を発揮させる条件にするために、次のようなシステム化技術が必要である。

(1) 運転圧力の設定

　膜モジュールを最適条件で使用するために、膜分離モジュールの利用目的にあった圧力条件を設定することが必要であり、そのために必要に応じて、圧縮機などの回転機器を補助機器として用いる。基本的には図 1.1.3-1 に示すように次の三つの形が考えられる。

図 1.1.3-1 システム化における圧力設定方式

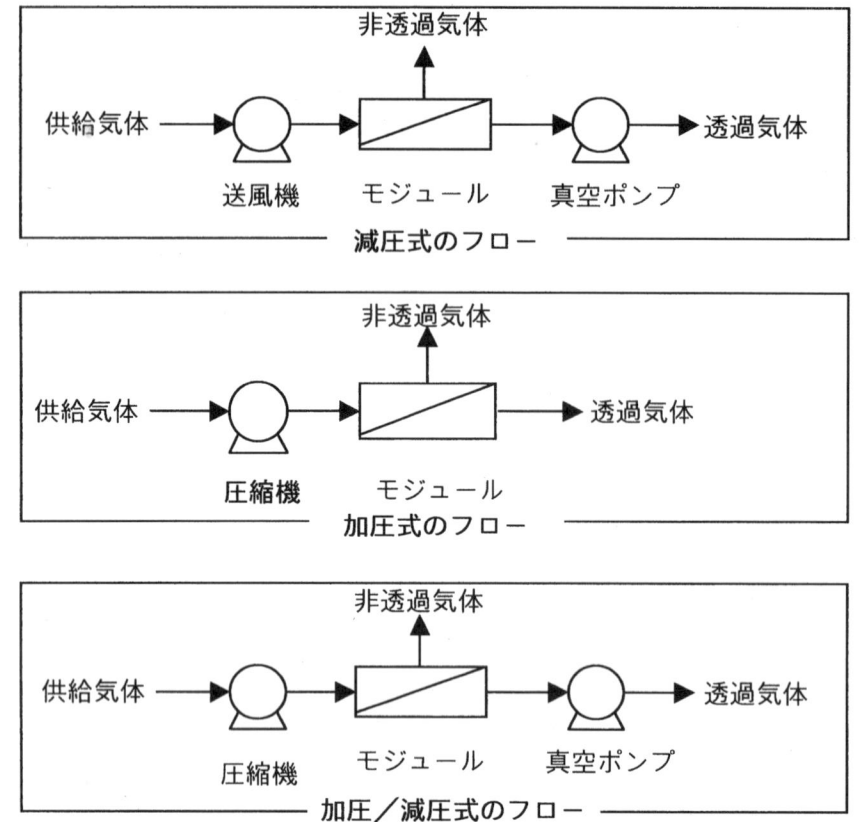

(2) 化工機器の装備

膜分離モジュールの利用目的にあった条件にするために、必要に応じてフィルター、ミストセパレータ、加熱器または熱交換器などを補助機器として膜モジュール前後に装備する。

図 1.1.3-2 にその 1 例として窒素富化ガス製造装置を示す。

図 1.1.3-2 窒素富化ガス製造装置

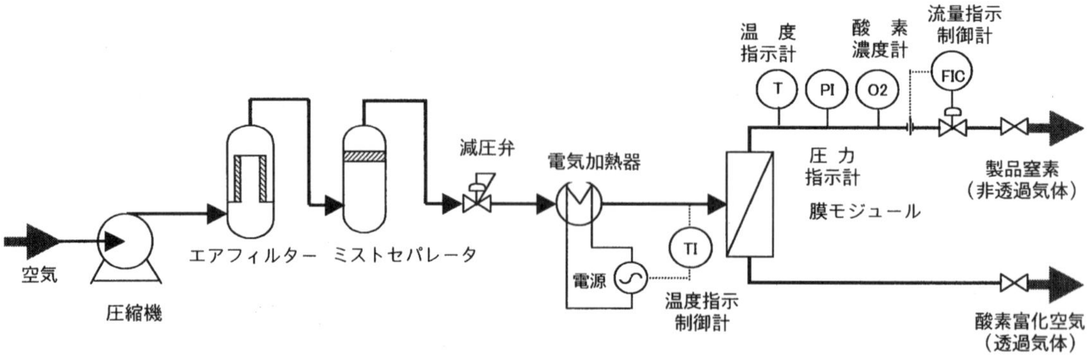

(3) 電気計装機器の装備による自動運転・省力化

膜モジュールを最適条件で使用するための監視と自動制御運転用に、温度指示計、圧力指示計、流量指示計、酸素濃度計、温度指示制御計、圧力指示制御計、流量指示制御計、酸素濃度制御計などを膜モジュール前後に装備する（図 1.1.3-2 参照）。

（4）モジュールの多段化および還流循環による高性能化

　高純度の製品を製造したり、有害物を完全に除去するために、同じ分離特性をもつ膜のモジュールまたは異なる分離特性をもつ膜のモジュールを数段重ねたり、還流循環するシステムを組上げる。この場合はシステム化する前に予め十分なプロセスシミュレーションを行ってその可能性を確認する。多段化および還流循環システムの例をそれぞれ図1.1.3-3および図1.1.3-4に示す。

図 1.1.3-3 天然ガスの二酸化炭素除去装置

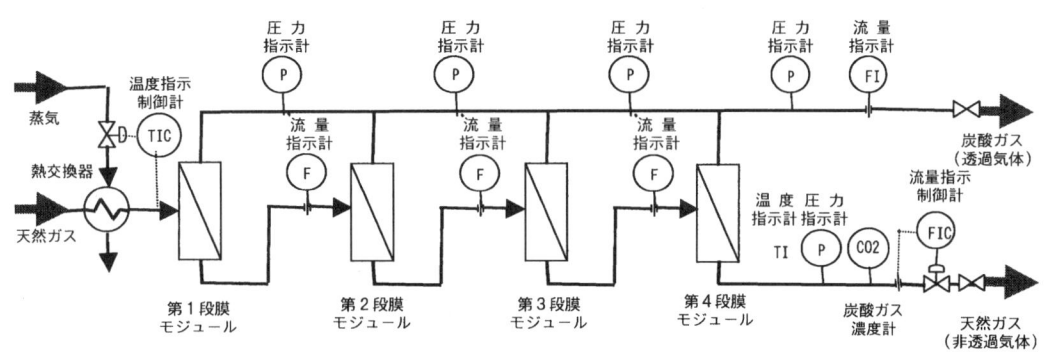

図 1.1.3-4 改質ガスからの水素と合成ガス製造装置

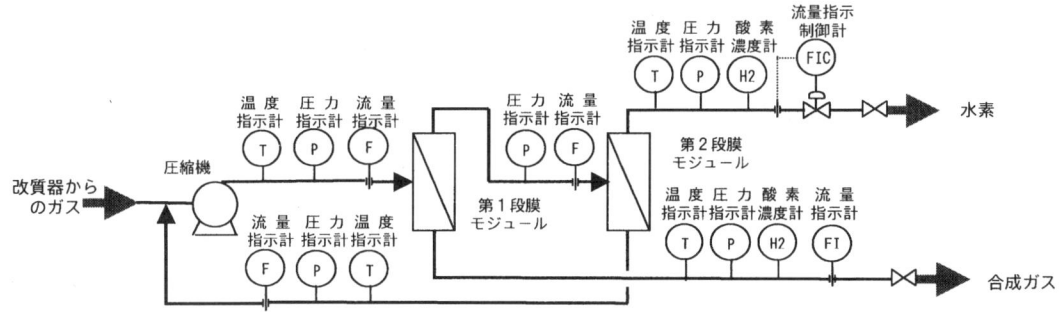

（5）従来プロセスの改良

　従来の気体分離装置を使用している各種のプロセスに気体膜分離装置を採用することにより、省エネルギー化、設備費および運転費の節減が可能になり、従来の気体分離装置が気体膜装置に取り替えられつつある。その1例として、エタノール精製などの有機蒸気からの脱水は共沸現象があり、特殊な蒸留分離が必要であったが、芳香族ポリイミド膜を使用した膜モジュールを使用することにより省エネルギーの分離装置が得られる。その例を図1.1.3-5に示す。この場合には、従来の方法にくらべて、エネルギー消費量が50%、用役費が1/3になったことが報告されている。

図 1.1.3-5 エタノール精製装置

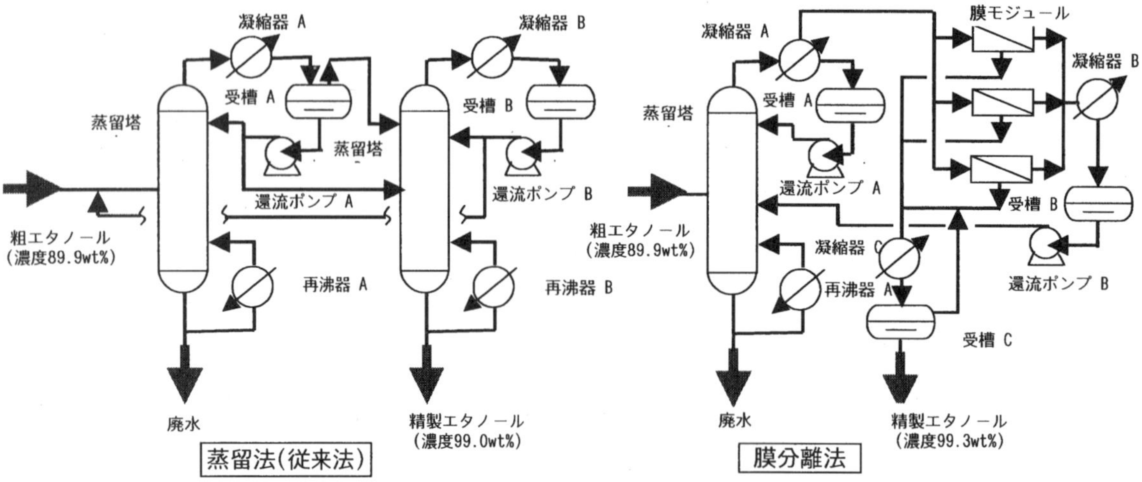

(6)保守

　気体膜分離装置ではモジュール自体に可動部分がなく運転中はモジュールからの処理気体漏洩の発見方法と、運転期間中のモジュール洗浄が重要な保守技術である。運転停止した保守期間においてはモジュール解体、洗浄、損傷部の修復、組立後の気密・耐圧試験方法などが保守技術として重要である。

1.2 気体膜分離装置の技術体系

　気体膜分離装置の技術要素は、前に説明したように、製膜、モジュール化、システム化・保守と、これらの応用技術として目的とするガスを得るための実用ガス分離技術から成り立っている。主な実用ガス分離技術としては①酸素分離技術、②窒素分離技術、③水素分離技術、④水蒸気分離(脱湿)技術、⑤二酸化炭素分離技術、⑥溶存ガス分離技術、⑦有機ガス分離技術がある。以下に、本技術要素に基づいて解析を進めることにする。

表1.2-1 気体膜分離装置の技術体系(1/4)

分類	技術要素		解　説
要素技術	製　膜	膜素材	素材の条件としては、 ①分離能力(分離係数)と透過速度が大きいことであるが、これは素材の化学構造と物性に関係する。 ②薄膜化が可能なもの。 ③使用条件(使用度・圧力、使用環境)下で、耐久性があることである。
		膜の種類	気体分離膜は主に高分子材料からなる非多孔質膜と、無機材料からなる多孔質膜の2種類に大別され、更に、表1.1.1-2のように膜中の物質透過方法により分類される。
		製膜法	製膜法は、表1.1.1-3に示す実用化されている製膜方法をベースとして膜材に応じて改良されている。
		補足説明	膜の分離係数が大きく、透過速度の大きい膜素材の開発が理想的であるが、仮に透過速度が10倍になったとすると、所要膜面積が1/10になり、経済性が非常に改善される。膜分離装置では、新しい高性能膜の出現はそれを応用するシステムを大きく変わりうる。しかし、種々の高分子膜の化学構造と透過選択性の相関についての探索が進むと共に、従来から指摘されていた選択性(分離係数)の高い膜は透過性が小さくなる関係がより明瞭になり、膜の上限が明らかになってきた。このため、高選択かつ高透過性の分離膜を得るための新しい分子設計指針として、これまで吸着分離に開発されてきた活性炭やゼオライトの分子ふるい能を膜に導入した分子ふるい能を膜に導入した分子ふるい膜を創成することが世界各国で急速に進められつつある。
	モジュール化	モジュール化の目的	気体分離膜を機能させるには、膜の表裏を区切って差圧を付与することが原理的に不可欠である。実際の差圧付与手段として、圧縮機あるいは真空ポンプが使用され、これらの機器と配管で接続されるが、膜のままでは機械的な接続ができないので、何等かの容器に装填する必要がある。実用上は大きな膜面積をコンパクトに装填したモジュールにする必要があり、図1.1.2-1に示すような種々のものが考案されている。
		モジュールに要求される特性	①膜の性能を最大限に発揮させるため供給ガスが均一にある程度以上の流速で流れていること。 ②モジュールの内の圧損を小さくし、膜の表裏にかかる差圧を大きくする。 ③ガス側に供給ガスがもれないこと。 ④運転条件に適した耐圧性をもつこと。 ⑤出来る限り小さな容積に大きな膜面積を充填し、膜の集積度を高くすること。 ⑥経済性を考慮してモジュールの構造がコンパクトであること。

表1.2-1 気体膜分離装置の技術体系(2/4)

分類	技術要素		解説
要素技術	モジュール化（続き）	集積度	集積度の目安を次に示す。 | 膜の種類	単位体積当たりの膜面積(m^2/m^3)
---	---
中空糸膜	
外径　50 μm	12,000
100	6,000
200	3,000
300	150〜120
平膜、スパイラル膜	50
管状膜	50
外径　12.7 mm		
		設計・製作	①運転条件およびモジュール特性を考慮したモジュール容器の材質選定および構造設計。 ②製作は保守時の膜エレメントの取替ができるようにするため取り外しを考慮して製作する。 ③気密・耐圧テストは、厳密に実施する(特に水素等の低分子量のガス分離)。
	システム化・保守		システム化および保守技術とは以下の技術を含む。 ①膜モジュールの選定 使用目的にあった分離特性をもつ膜モジュールを選定する。 ②システムの構築(システムの基本設計) システム全体のプロセスを検討し、膜モジュールが十分分離能力を発揮できるようにシステムの膜使用条件(運転圧力、運転温度)、モジュールの多段化・還流循環化、システム機器構成などを構築する(図1.1.3-1〜5参照)。 ③システム構成機器の仕様決定と構造設計(詳細設計) システム構成機器である膜モジュール、化工機器(例えば、回転機器、フィルター、ミストセパレータ、加熱器、熱交換器など)、配管、電気計装機器、防災機器の仕様決定と構造設計 ④システム構成機器の調達・製作と装置化 構成機器を調達または製作し、それらを組み立てて装置化する。 ⑤システムの運転制御および保守 システムの運転制御技術はすでに電気計装機器設計段階で完全自動化され試運転時に調整されているので設計技術に含まれている。保守技術は年一回の保守時に行うシステム全体の洗浄と検査(気密試験、耐圧試験)、モジュールの解体、膜の漏洩試験、部品点検と交換、組立てなどの技術である。
応用技術	酸素分離技術	分離適用分野	①医療用機器における酸素の分離 ②燃焼用酸素富化空気の製造 ③部分酸化用酸素の製造 ④高炉用酸素富化空気の製造
		モジュール	中空糸膜、平膜(小型装置の場合)
		プロセス条件	プロセスフロー：図1.1.3-2型（１段透過法） 膜分離条件：①膜透過ガスは酸素95〜99.9%のガス、非透過ガスは窒素濃度25〜30%の製品ガス、②運転圧力500〜900kPaG(高圧ガス取締法適用外)、運転温度40〜50℃
		対象分離物と使用膜	空気から酸素を分離する場合、使用膜はポリイミド、酢酸セルロース、ポリスルフォン、ポリアミドなどで窒素に対する酸素の分離係数が6前後と小さいため99%までの酸素富化空気の製造に適している。
		補足説明	空気分離において高分子膜の透過係数の大小関係は、 　　　　$H_2O > CO_2 > O_2 > Ar > N_2$ である。

表1.2-1 気体膜分離装置の技術体系(3/4)

分類	技術要素		解　説
応用技術	窒素分離技術	分離適用分野	窒素富化空気による防爆、酸化防止の適用分野の例を以下に示す。 ①防爆：配管、タンクなどのシール、粉体輸送、LNGタンカーの防爆、装置洗浄用 ②酸化防止：樹脂成型、レーザ切断、はんだ化工 ③食品分野：食品の酸化防止、生鮮食品の貯蔵・輸送 ④薬品分野：酸化防止 ⑤金属分野：酸化防止
		モジュール	中空糸膜、平膜(小型装置の場合)
		プロセス条件	プロセスフロー：図1.1.3-2型(１段透過法) 膜分離条件： ①膜透過ガスは酸素25～30%のガス、非透過ガスは窒素濃度95～99.9%の製品ガス ②運転圧力0～900kPaG(高圧ガス取締法適用外)、運転温度40～50℃
		対象分離物と使用膜	①空気から窒素を分離する場合、使用膜はポリイミド、酢酸セルロース、ポリスルフォン、ポリアミドなどで窒素に対する酸素の分離係数が6前後と小さいため99%までの窒素富化空気の製造に適している。
		補足説明	空気からの窒素製造における競合技術の適用性は次のとおりである。 ①深冷分離：大容量(>300Nm^3/h)、高純度(99.999%)、 ②PSA：中容量(50～5,000Nm^3/h)、中純度(99～99.99%) ③膜分離：小容量(<700Nm^3/h)、低純度(<99.9%)
	水素分離技術	分離適用分野	①石油精製工業：各種精製工程からの水素の回収 ②化学工業：各種反応プロセスにおける水素濃度の調整 ③天然ガスからの水素製造 ④各種反応プロセスからの水素の回収 ⑤製鉄工業における水素回収 ⑥高純度水素の製造
		モジュール	中空糸膜、管状膜(大型装置の場合)、スパイラル膜、平膜(小型装置の場合)
		プロセス条件	プロセスフロー：図1.1.3-2型(1段透過法)、図1.1.3-3型(多段直列透過法)、図1.1.3-4型(還流循環型)、図1.1.3-5型(蒸留型)
		対象分離物と使用膜	①水素、一酸化炭素、二酸化炭素、炭化水素等の混合物(石油精製および化学工業の改質ガスと排ガス、製鉄工業の副生ガス、天然ガスなど)からの水素回収・製造には、ポリイミド膜使用。多段透過法または還循環法を使用すれば水素濃度99.9%まで濃縮可能。 ②高純度水素製造(燃料電池用)には、金属パラジウムなどのプロトン(H^+)と電子(e)の移送性膜(１段で水素濃度99.9999999%まで濃縮可能であるが非常に高価)を使用する。
	水蒸気分離(脱湿)技術	分離適用分野	以下の機器等における脱湿 ①精密機械 ②計測機器、自動制御機器、空圧機器 ③オゾン発生器 ④分析、実験用機器
		モジュール	中空糸膜、平膜(小型装置の場合)
		プロセス条件	プロセスフロー：図1.1.3-2型(1段透過法)、図1.1.3-3型(多段直列透過法)、図1.1.3-4型(還流循環型)
		対象分離物と使用膜	①脱湿用ポリイミド(空気に対する分離係数1,750)膜を使用する場合、多段直列透過法では水分含有量１%の空気を水分含有量１ppmまで脱湿可能。 ②酢酸セルロース膜使用の場合は空気に対して分離係数は200～300程度である。

表1.2-1 気体膜分離装置の技術体系(4/4)

分類	技術要素	解 説
応用技術	二酸化炭素分離技術 分離適用分野	①天然ガスからの二酸化炭素の除去 ②ランドフィルガスからの二酸化炭素の除去 ③小規模燃焼排ガスから二酸化炭素の除去
	モジュール	中空糸膜、管状膜(大型装置の場合)、スパイラル膜
	プロセス	プロセスフロー：図1.1.3-2型(1段透過法)、図1.1.3-3型(多段直列透過法)、図1.1.3-4型(還流循環型) 膜分離条件： ①天然ガス運転条件：圧力6,000～12,000kPaG、温度40～60℃ ②ランドフィル運転条件：圧力3,000～6,000kPaG、温度40～60℃ ③燃焼排ガス運転条件：圧力50～100kPaG、温度40～150℃
	対象分離物と使用膜	①天然ガスの発熱量の向上、輸送時のパイプラインの腐食防止のために二酸化炭素を除去する。天然ガスはメタンを主成分とするガスで分離対象は二酸化炭素/メタンの分離である。膜はポリイミド膜を使用する。 ②生活系廃棄物などの有機物を地中に埋立てすると廃棄物は微生物によりメタンと二酸化炭素に分解されるが、発生するガスがランドファイルガスと呼ばれ、廃棄物成分の種類によるが、およそ二酸化炭素40%、メタン50%、窒素、水蒸気、その他微量成分からなる。このガスから二酸化炭素を除去すると良質の燃料が得られる。膜はポリイミド膜を使用する。 ③小規模燃焼排ガスからの二酸化炭素の除去には、膜はポリイミド膜を使用する。
	補足説明	発電所や製鉄所などの大量の排ガスからの二酸化炭素除去は、現在の膜の透過速度では処理できない。
	溶存ガス分離技術 分離適用分野	水、有機液体からの脱気
	モジュール	中空糸膜、平膜(小型装置の場合)
	プロセス条件	プロセスフロー：図1.1.3-2型(1段透過法)
	対象分離物と使用膜	①水中の溶存ガスの脱気用膜：酸素にはポリイミド膜を使用、塩化水素には炭素複合膜を使用、SOxには炭素複合膜を使用 ②有機液中の溶存ガスと使用膜：炭化水素にはポリイミド膜を使用
	有機ガス分離技術 分離適用分野	①石油精製工業および石油化学工業における有機ガス分離 ②化学工業における有機ガス分離 ③醗酵工業における有機ガス分離
	モジュール	中空糸膜、管状膜(大型装置の場合)、スパイラル膜
	プロセス条件	プロセスフロー：図1.1.3-2型(1段透過法) 図1.1.3-3型(多段直列透過法) 図1.1.3-4型(還流循環型) 図1.1.3-5型(蒸留型) 膜分離条件：運転圧力はプロセス条件による、運転温度150℃以下
	対象分離物と使用膜	①有機ガス混合物からの分離(C-数分離、オレフィン-パラフィンの分離)にはゼオライト膜、シリカ膜などの多孔質膜を使用する。ただし、分離係数は75程度で小さい。 ②有機溶剤水溶液の浸透気化による分離・精製にはゼオライト膜などの多孔質膜(分離係数5,001,000)を使用する。多くの無機膜は親水性であり、分子径の比較的大きい有機溶剤水溶液の分離が容易である。また、芳香族ポリイミド膜なども、例えば、エタノール水溶液の脱水に利用される。 ③非水系有機溶剤混合物の浸透気化分離には、無機膜を使用する。無機膜は有機溶剤に対してきわめて安定であり、膜の細孔を適度に調整すると、アルコール/ベンゼン、メタノール/MTBEなどの非水系各種混合物の分離が可能である。分離係数は濃度によって異なるが、数百以上になり、膜自体が親水性であるのでアルコール透過係数も大きい。
	補足説明	有機物の分離については、競争相手のPSAおよび蒸留法と比較すると、装置がコンパクトになり、省エネルギー、設備費および運転費が小さいので有利である。

1．3 気体膜分離装置の特許情報へのアクセス

　気体膜分離装置について特許調査を行う場合のアクセスツールであるIPC、FI、Fタームおよびキーワードを使った検索式を紹介する。
　IPCとは、国際的に統一された特許文献のための分類体系で、全ての技術に階層的分類が付与されており、下の階層になるほど、より細かに分類されている。
　FIとは、ファイルインデックスの略で、IPC第4版をベースとして、これを更に細分化することを目的に作成された日本独自の分類である。
　Fターム（FT）とは、ファイル・フォーミング・タームから命名されたもので、特許庁ペーパーレス計画において開発された、詳細な検索を可能とする検索コード体系である。
　IPC、FI、Fタームの使い方については、調査に利用するデータベースによっても検索方法が違う場合があるので注意が必要である（例えば階層検索が可能かどうか）。
　キーワード（KW）については、IPC、FIやFタームと組み合わせて使用することにより、より漏れのない検索が可能となるが、ノイズ増を考慮する必要がある。
　表1.3-1に、気体膜分離装置について特許調査を行う場合の検索式を紹介する。
　［A］のIPC、FI区分毎に、［A］AND［B：膜］AND［C：気体］AND［D：モジュール］の検索式を作成し、合計したものが気体膜分離装置全体の特許件数となる。

表1.3-1 気体膜分離装置のアクセスツール

［A］IPC、FI (IPC+FI)	［B］膜への限定 (②+③)		［C］気体への限定 (④+⑤)		［D］モジュールへの限定 (⑥+⑦+⑧)		
① IPC, FI	② FT	③ KW	④ FT	⑤ KW	⑥ IPC, FI	⑦ FT	⑧ KW
B01D53/00	4D012CH08	膜KW				4D012CB00 +4D012CC00	モジュールKW
B01D53/22						モジュールFT	モジュールKW
B01D61/00 ～B01D71/00			気体FT	気体KW	B01D63/00	モジュールFT	モジュールKW
B01D71/02,500 +B01D71/70,500						モジュールFT	モジュールKW
B01J38/00,301R			4G069DA01	気体KW			モジュールKW

膜KW	膜*(分離+富化+透過+多孔+繊維+半透+交換+複合+支持+管状+平+中空糸)
気体FT	4D006GA27+4D006GA28+4D006GA33+4D006GA35+4D006GA41+4D006KC14+4D006MA17+4D006MB03+4D006PB17+4D006PB18+4D006PB19+4D006PB63+4D006PB64+4D006PB65+4D006PB66+4D006PB67+4D006PB68+4D006PC05+4D006PC36+4D006PC67+4D006PC69+4D006PC71+4D006PC72+4D006PC73+4D006PC77
気体KW	気体+気相+水蒸気+蒸気+ガス+空気+酸素+窒素+水素+排気+濃ガス+ＣＯ一酸化炭素+ＣＯ２二酸化炭素+炭酸ガス
モジュールFT	4D006HA00+4D006JA00+4D006JB00
モジュールKW	モジュール+カートリッジ+濾過器+装置+エレメント+浄化器

表1.3-2～4に、本検索式で使用する気体膜分離関係のIPC、FI、気体関係のFタームおよびモジュール関係のFターム内容を示す。

表1.3-2 気体膜分離関係のIPC、FI内容

関連特許分類	IPC	FI	IPC、FI内容	関連FT	関連FT名称
B01D53/00	○	○	ガスまたは蒸気の分離：ガスからの揮発性溶剤蒸気の回収：煙、煙霧、または排ガスの化学的浄化	4D012	吸着による気体の分離
B01D53/22	○	○	拡散によるもの	4D006	膜分離
B01D61/00	○	○	半透膜を用いる分離工程（例）透析、浸透、限外ろ過：そのために特に適用される装置：半透膜またはそれらの製造	4D006	膜分離
B01D63/00	○	○	半透膜を用いる分離工程のための装置一般	4D006	膜分離
B01D65/00	○	○	半透膜を用いる分離工程または装置のための付属品または補助操作	4D006	膜分離
B01D67/00	○	○	分離工程または装置のための半透膜の製造に特に適合した工程	4D006	膜分離
B01D69/00	○	○	形状、構造または特性に特徴のある分離工程または装置のための半透膜：そのために特に適合した製造工程	4D006	膜分離
B01D71/00	○	○	材料に特徴のある分離工程または装置のための半透膜：そのために特に適合した製造工程	4D006	膜分離
B01D71/02,500	○	○	気体分離用	4D006	膜分離
B01J38/00	○	○	触媒の再生または活性化一般	4D006	膜分離
B01J38/00,301R		○	膜分離によるもの	4D006	膜分離

表1.3-3 気体関係のFターム内容

関係FT	使用FT	FT内容	関係FT	使用FT	FT内容
4D006		膜分離	4D006PB63	○	窒素
4D006GA00		膜分離単位操作	4D006PB64	○	二酸化炭素
4D006GA27	○	膜蒸留	4D006PB65	○	水蒸気
4D006GA28	○	蒸気透過法	4D006PB66	○	水素
4D006GA33	○	膜デミスター	4D006PB67	○	一酸化炭素
4D006GA35	○	ガス交換（気液接触）	4D006PB68	○	炭化水素
4D006GA41	○	気体分離	4D006PC00		利用分野、用途
4D006KC00		膜の再生、洗浄、殺菌、性能回復	4D006PC05	○	クリーンルーム
4D006KC14	○	気体によるもの	4D006PC36	○	同位体分離、ウランの回収、精製
4D006MA00		膜の形状、構造	4D006PC67	○	バイオリアクタ
4D006MA17	○	分子膜、LB膜	4D006PC69	○	メンブレンリアクタ
4D006MB00		膜の性質	4D006PC71	○	酸素富化
4D006MB03	○	気体の透過性	4D006PC72	○	除湿
4D006PB00		被処理物	4D006PC73	○	空気清浄器
4D006PB17	○	空気	4D006PC77	○	ガソリンペーパー
4D006PB18	○	燃料ガス、天然ガス	4G069DA00		使用形態
4D006PB19	○	排ガス、廃ガス	4G069DA01	○	気体

表1.3-4 モジュール関係のFT内容

関係 FT	使用 FT	FT内容
4D012CH00		他の装置との組合せ
4D012CH08	○	膜分離装置
4D012CB00	○	吸着剤を静置した装置
4D012CC00	○	吸着剤を移動させる装置
4D006HA00	○	膜モジュールの型式
4D006JA00	○	装置の特徴箇所
4D006JB00	○	装置の製法、組立

表1.3-5に、各種分離ガスの分離技術について特許調査を行う場合のアクセスツールであるFタームおよびキーワードを使った検索式を紹介する。表1.3-1で検索した気体膜分離装置全体に、表の（FT+KW）をAND演算して、各分離ガスの特許を検索する。これらの特許調査は、特許庁ホームページ上にある特許電子図書館（IPDL）を利用して行うことができる。

表1.3-5 分離ガス（分離技術）のアクセスツール

分離ガス	FT	KW	概要
酸素	4D006PC71	酸素	酸素富化装置等
窒素	4D006PB63	窒素	窒素富化空気発生システム等
水素	4D006PB66	水素	水素回収装置等
水蒸気	4D006PB65+4D006PC72	水蒸気+蒸気	膜式エア・ドライヤー等
二酸化炭素	4D006PB64	ＣＯ２+二酸化炭素+炭酸ガス	二酸化炭素分離回収技術等
溶存ガス		溶存*ガス+脱気	膜モジュールを用いた真空脱気装置等
有機ガス	4D006PB18+4D006PB68	(有機+燃料+天然)*ガス+アルコール+炭化水素	パーベーパレーション膜分離装置等

注）現在のIPDLではFタームとキーワードの組み合わせは検索できない。

また表1.3-6に、関連技術のアクセスツール（IPC、FI）を紹介する。

表1.3-6 関連技術のアクセスツール

関連分野	関連IPC	関連FI
透析システム、人工腎臓、血液酸素付加装置	A61M 1/14	A61M 1/14
膜を通過させることによる血液からの物質の濾過、すなわち血液濾過、透析濾過	A61M 1/34	A61M 1/34
膜分離による水、廃水、下水または汚泥の処理		C02F1/50,560E C02F9/00,502E C02F11/12E
サンプリング、調査用標本の調整		G01N1/10B G01N1/22J G01N1/22K
電気的、電気化学的、または磁気的手段の利用による材料の調査または分析	G01N27/30,341 G01N27/46,323	G01N27/30,301F G01N27/30,341 G01N27/46,323 G01N27/64M

なお、先行技術調査を完全に漏れなく行うためには、調査目的に応じて上記以外の分類も調査しなければならないこともあり、注意が必要である。

1．4 技術開発活動の状況

　1991年1月1日以降（2001年8月15日まで）に公開された、気体膜分離装置に関する特許、実用新案出願は2,065件である（これは公報の読み込みにより、ノイズを除去した件数である）。

1.4.1 気体膜分離装置技術全般

　図1.4.1-1は、1990年から1999年までの気体膜分離装置技術全般の出願人数と出願件数の推移を示す。出願人数と出願件数共に1990年から1999年では増減を繰返している。出願件数は、1995年以降では増加傾向となっている。

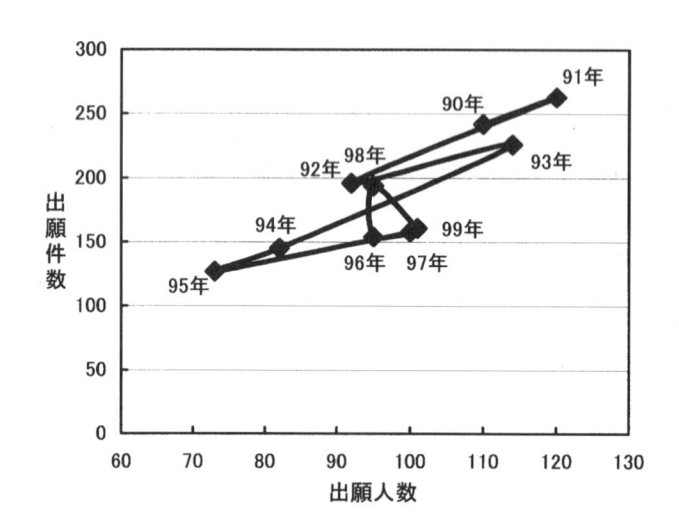

図1.4.1-1 気体膜分離装置技術における出願人数と出願件数の推移

　表1.4.1-1および図1.4.1-2は、気体膜分離装置の技術別出願件数の推移を示す。
　表1.4.1-1および図1.4.1-2に示すように、この中では、モジュール化技術の占める割合は59～81％の範囲にあり、圧倒的に多い。その理由は、1980年代に製膜技術が実用化に供せられる膜の製造が可能になり、実用化のための、モジュール化の開発が活発化したことに起因すると考えられる。

表1.4.1-1 気体膜分離装置の技術別出願状況

技　術	合計	90	91	92	93	94	95	96	97	98	99
モジュール化	1,325	173	165	116	153	105	101	123	120	158	111
製膜	363	43	52	44	32	18	22	32	33	35	52
システム化・保守	324	57	74	48	67	32	14	6	9	7	10

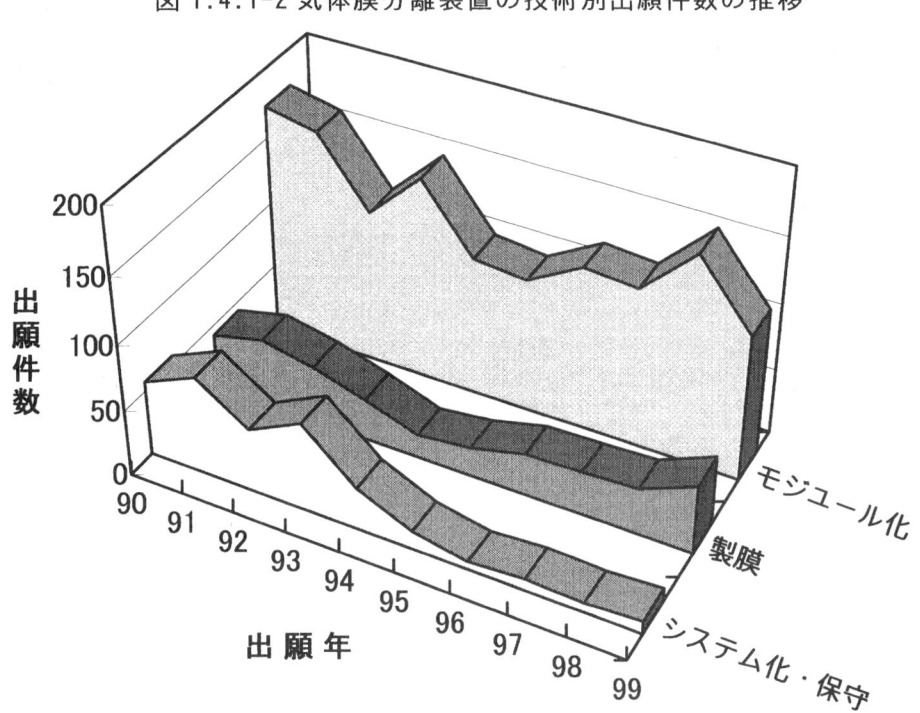

図1.4.1-2 気体膜分離装置の技術別出願件数の推移

表1.4.1-2に主要出願人の出願件数推移を示す。この表によると、そのほとんどが大企業であり、膜の製造・モジュール製造の化学工業企業とそれを利用したシステム化指向の総合エンジニア企業が中心に開発を行っている。

表1.4.1-2 主要出願人の出願状況

出願人	合計	90	91	92	93	94	95	96	97	98	99
日東電工	114	17	21	15	12	2	7	9	10	15	6
三菱レイヨン	92	9	8	9	14	11	9	8	5	10	9
東レ	77	10	6	10	13	11	4	8	0	5	10
三菱重工業	59	9	13	3	10	4	6	3	5	4	2
宇部興産	47	18	9	2	5	1	2	1	1	4	4
エヌオーケー	45	10	6	5	3	3	4	4	4	3	3
大日本インキ化学工業	39	0	4	6	9	4	4	3	7	2	0
日立製作所	38	8	7	7	1	3	4	1	2	2	3
日本碍子	32	0	1	1	2	7	4	0	9	4	4
ダイセル化学工業	32	6	8	7	6	3	0	0	0	2	0
ダイキン工業	31	3	7	7	1	2	1	0	5	2	3
旭化成	29	4	8	5	1	1	0	4	1	3	2
東芝	24	2	3	2	3	1	0	3	4	4	2
東洋紡績	24	2	6	2	4	3	1	2	1	1	2
京セラ	20	0	0	0	0	0	0	0	1	8	11
オリオン機械	17	0	0	4	1	3	1	2	1	4	1
富士写真フイルム	17	1	4	0	0	0	0	0	2	7	3
栗田工業	16	1	0	1	1	1	1	2	3	5	1
テルモ	13	7	2	0	0	1	1	1	0	0	1
トキコ	7	0	0	0	0	1	0	1	0	4	1

出願人の区分別の出願状況については、表1.4.1-3に示すように、大企業の出願が圧倒的に多い。この理由は、①1980年代には単純な膜材料や膜構造の分離膜開発がほぼ終了し、1990年代からは膜の複合化や、特殊な機能基をもつ物質の添加による製膜・モジュール化などの負担が大きい開発が必要になったこと、②大学関係は、そのほとんどが大企業との共同開発であり、開発費は企業が負担していることなどが考えられる。また、大学関係については、90年代後半から出願件数が増加傾向となっており、研究開発が進んでいると考えられる。

表1.4.1-3 出願人区分別の出願状況

出願人区分	合計	90	91	92	93	94	95	96	97	98	99
全出願人	1,866	242	263	196	226	145	127	158	154	194	161
大企業	1,470	184	194	135	166	106	82	111	107	160	125
外国籍出願人	335	49	55	44	49	27	26	31	21	20	13
中小企業	145	8	16	17	15	12	17	10	12	10	18
大学・国研	69	3	5	5	5	0	5	9	15	6	16

　代表的な分離ガス別の出願状況については、表1.4.1-4および図1.4.1-3に示す。全体の分離ガスの出願傾向としては、1994～95年に出願件数が減少した後、増加に転じている。これは、1990年代前半はガス分離膜の透過速度が小さかったため比較的ガス処理量の小さい分離装置に膜分離装置が適用され、90年代後半になり透過速度の大きな膜が開発されるにつれて大きなガス処理量を扱う分離装置に適用されるようになり、それぞれに応じた研究開発が活発に行われたことによるものと考えられる。

表1.4.1-4 分離ガス別の出願状況

分離ガス	合計	90	91	92	93	94	95	96	97	98	99
水蒸気	301	40	29	33	28	27	21	29	33	37	24
酸素	186	35	24	23	11	15	9	11	13	33	12
有機ガス	164	27	25	25	14	13	14	14	13	8	11
水素	126	9	11	9	19	13	12	7	11	18	17
溶存ガス	122	6	12	13	14	3	8	14	16	22	14
二酸化炭素	102	18	9	9	9	9	6	9	7	21	5
窒素	97	9	13	7	16	7	8	2	8	20	7

図 1.4.1.3 分離ガス別の出願状況

1.4.2 製膜技術

図 1.4.2-1 に、製膜技術の出願人数と出願件数の推移を示す。出願人数と出願件数共に 1991 年から 1994 年までは減少し、その後急激に増加している。

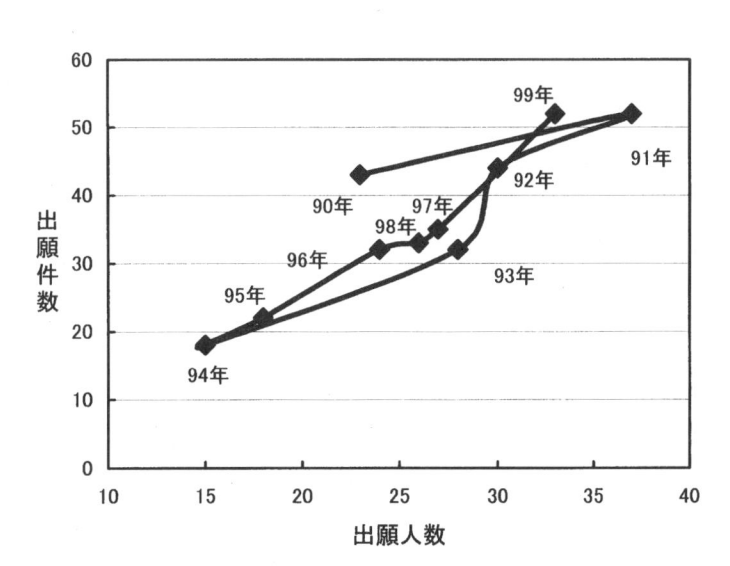

図 1.4.2-1 製膜技術における出願人数と出願件数の推移

90 年代後半の急激な出願件数の増加要因として、膜の分離性能は、透過性（透過速度）と選択性（分離係数で評価される）によるが、種々の高分子膜の化学構造と透過選択性と

の相関についての探索が進み、これに従って、従来から指摘されていた選択性の高い膜は透過性が小さく、透過性が大きくなると選択性が小さくなる相反性の関係がより明確になり、選択性と透過性の最適化を追求した開発が盛んに行われたことなどが考えられる。

その開発内容の経年変化を表1.4.2-1に、製膜技術における主要出願人の出願状況の推移を表1.4.2-2に示す。

表1.4.2-1は、製膜技術の技術開発課題（参照：図1.5.1-1気体膜分離装置全体の課題と解決手段）に対する主要な解決手段を掲載しており、解決手段が開発内容を表している。

具体的には、表1.4.2-1に示すように、①新膜材質の開発、すなわち、活性炭、シリカ、ゼオライトなどの多孔質膜材の開発、②高分子膜や新膜材の多孔質膜に吸着などの機能基をもつ物質の添加による透過選択性の改善、③従来の高分子膜の製膜法と異なる多孔質膜製膜法、例えば、水熱合成法、気相輸送法、CVD法などの新しい製膜法の開発、④多孔質膜の複合技術の開発が盛んに行われている。

表1.4.2-1 製膜技術の解決手段別の出願状況

	解決手段	合計	90	91	92	93	94	95	96	97	98	99
製膜方法	膜材質	227	17	17	7	16	12	5	27	30	41	55
	膜に機能物質添加	108	5	13	6	4	2	13	9	9	20	27
	製膜技術	220	22	19	17	12	9	14	27	23	32	45
	複合化	86	10	7	13	9	12	2	2	4	14	13

表1.4.2-2 製膜技術における主要出願人の出願状況

出願人名	合計	90	91	92	93	94	95	96	97	98	99
東レ	23	6	1	1	1	1	1	4	0	1	7
エヌオーケー	17	2	2	2	0	2	3	0	3	1	2
大日本インキ化学工業	16	0	1	5	5	1	2	0	2	0	0
京セラ	15	0	0	0	0	0	0	0	1	5	9
徳山曹達	15	7	1	3	1	2	0	1	0	0	0
日東電工	14	0	5	3	1	0	2	0	2	1	0
東洋紡績	14	0	5	1	2	0	0	2	1	1	2
三菱レイヨン	13	1	2	2	2	0	0	0	2	2	2
三菱重工業	13	0	5	0	1	1	1	2	1	1	1
日本碍子	12	0	0	0	0	3	2	0	2	2	3

1.4.3 モジュール化技術

図1.4.3-1に、モジュール化技術の出願人数と出願件数の推移を示す。出願人数と出願件数共に増減を繰返しているが、1994年以降は増加傾向となっている。これは、1994年頃から従来の有機膜である非多孔質の高分子膜材に加えて無機膜である多孔質膜の出現により、それに対応したモジュール化方法の開発が活発化したことによると考えられる。

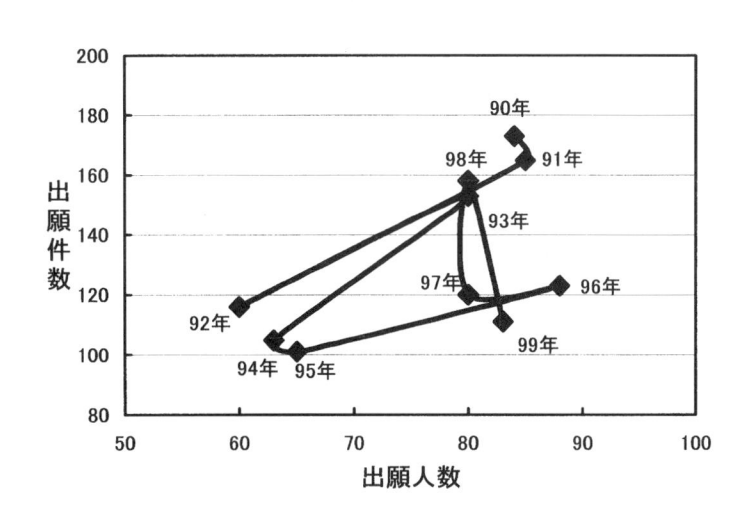

図1.4.3-1 モジュール化技術における出願人数と出願件数の推移

その開発内容の経年変化を表1.4.3-1に、モジュール化技術における主要出願人の出願状況の推移を表1.4.3-2に示す。

表1.4.3-1は、モジュール化技術の技術開発課題（参照：図1.5.1-1気体膜分離装置全体の課題と解決手段）に対する主要な解決手段を掲載しており、解決手段が開発内容を表している。

モジュール化技術の開発は、主に①膜の結束・集束・固定・接着方法、②モジュール構造設計、③モジュールの製作技術、④多段・集積化でなされている。

①の膜の結束・集束・固定・接着方法については、従来の高分子膜では使用されなかった高温（最高550℃）での使用可能な無機多孔質膜に対して、耐熱性の接着材、熱膨張を考慮した膜端部の固定方法の開発、②のモジュール構造については、1994年頃までの従来技術に加えて、高温対応の熱膨張を考慮した部品材質、構造の開発、③のモジュール製造方法については、従来の製作技術に加えて、高温対策用の接着・溶接技術が開発されている。

表1.4.3-1 モジュール化技術の解決手段別の出願状況

	解決手段	合計	90	91	92	93	95	96	97	98	99
モジュール化	結束・集束・固定・接着方法	205	19	18	16	18	21	26	24	33	27
	モジュール構造	356	38	42	42	50	18	28	25	49	28
	モジュール製造方法	241	19	28	14	14	28	38	27	41	24
	多段・集積化	64	3	10	16	10	6	6	3	5	1

表 1.4.3-2 モジュール化技術における主要出願人の出願状況

出願人	合計	出願年									
		90	91	92	93	94	95	96	97	98	99
日東電工	77	12	11	8	4	1	5	9	8	13	6
三菱レイヨン	74	7	6	5	11	10	9	8	3	8	7
東レ	50	5	4	7	10	10	3	4	0	4	3
三菱重工業	44	8	8	3	9	2	5	1	4	3	1
宇部興産	36	16	5	2	2	0	2	1	1	4	3
日立製作所	34	8	6	6	1	2	4	1	2	1	3
ダイキン工業	29	3	7	6	1	1	1	0	5	2	3
三菱電機	26	3	6	1	1	0	0	1	6	6	2
大日本インキ化学工業	24	0	4	1	4	3	2	3	5	2	0
エヌオーケー	23	7	4	1	1	1	1	3	2	2	1
ダイセル化学工業	23	3	6	5	5	2	0	0	0	2	0

1.4.4 システム化・保守技術

図1.4.4-1に、システム化・保守技術の出願人数と出願件数の推移を示す。出願件数は、全体的に減少傾向にある。

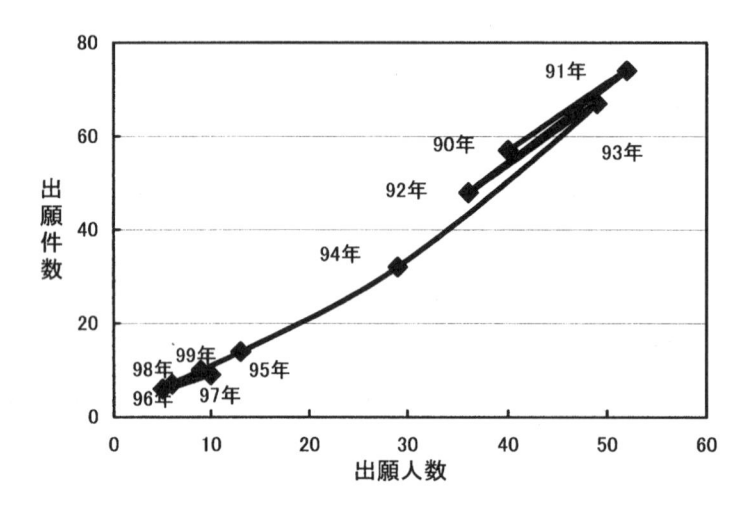

図1.4.4-1 システム化・保守技術における出願人数と出願件数の推移

その開発内容の経年変化を表1.4.4-1に、システム化・保守技術における主要出願人の出願状況を表1.4.4-2に示す。

表1.4.4-1は、システム化・保守技術の技術開発課題（参照：図1.5.1-1気体膜分離装置全体の課題と解決手段）に対する主要な解決手段を掲載しており、解決手段が開発内容を表している。

システム化・保守技術は気体膜分離の実用化技術であるため、システム化・保守技術自体の開発のみならず、モジュール化、製膜化技術とも関連した総合的な技術開発が行われている。その主な開発内容は、①システム・装置化、②他の単位操作との組合せ、③補助機能・構成機器の改良、④システムの保守方法全般である。

①のシステム・装置化については、1990年代前半に出願件数が多く、1990年頃は1980年代に引き続き、高分子非多孔膜の小型装置（例えば医療機器、空調機、乾燥器など）への膜分離の適用であり、1993年以降は、高分子膜非多孔膜の中型装置（例えば酸素、窒素

製造装置など）への適用に関する開発が行われている。一方、1996年頃からは無機多孔膜の出現で高温下でのガスへの適用が可能になったが、システムの複雑化、開発資金の高額化とも関連して、開発件数が減少傾向にある。

②の他の単位操作との組合せについては、従来の膜分離システムをサブシステムとして、加熱、圧縮等の単位操作と組合せたシステム（製油所排ガスからの水素製造装置など）の開発が増加傾向にある。

③の補助機能・構成機器の改良については、分離機能をもつサブシステムを膜分離のサブシステムと取り換えて分離機能の向上、構成機器のコンパクト化をはかるものであるが、出願件数は少ない。

④の保守方法全般については、全体的に開発が減少傾向にあるが、これはモジュールの構造設計の進歩により保守に対する配慮がなされてきたことによるものと思われる。

表1.4.4-1 システム化・保守技術の解決手段別の出願状況

	解決手段	合計	90	91	92	93	94	95	96	97	98	99
モジュール化	システム・装置化	178	44	52	25	36	13	2	1	1	2	2
	他の単位操作との組合せ	22	2	1	1	5	3	3	0	3	0	4
	補助機能・構成機器の改良	9	1	0	0	2	1	3	0	0	1	1
システム化・保守	保守方法全般	78	7	15	15	12	9	4	5	5	3	3

表1.4.4-2 システム化・保守技術における主要出願人の出願状況

出願人	合計	90	91	92	93	94	95	96	97	98	99
日東電工	33	7	9	5	8	1	2	0	0	1	0
宇部興産	13	5	3	0	3	1	1	0	0	0	0
三菱レイヨン	11	1	2	2	2	3	0	0	0	0	1
三菱重工業	10	2	3	1	0	2	1	0	1	0	0
三菱化学	8	0	3	2	2	1	0	0	0	0	0
久保田鉄工	8	0	2	2	2	1	0	0	1	0	0
日立製作所	7	2	2	2	0	1	0	0	0	0	0
エヌオーケー	6	1	0	2	2	0	0	1	0	0	0
旭化成	5	1	2	2	0	0	0	0	0	0	0
東芝	5	1	1	2	1	0	0	0	0	0	0
富士写真フイルム	5	0	3	0	0	0	0	0	0	1	1

1.4.5 酸素分離技術

図1.4.5-1に、酸素分離技術の出願人数と出願件数の推移を示す。出願人数と出願件数は、共に増減を繰り返している。

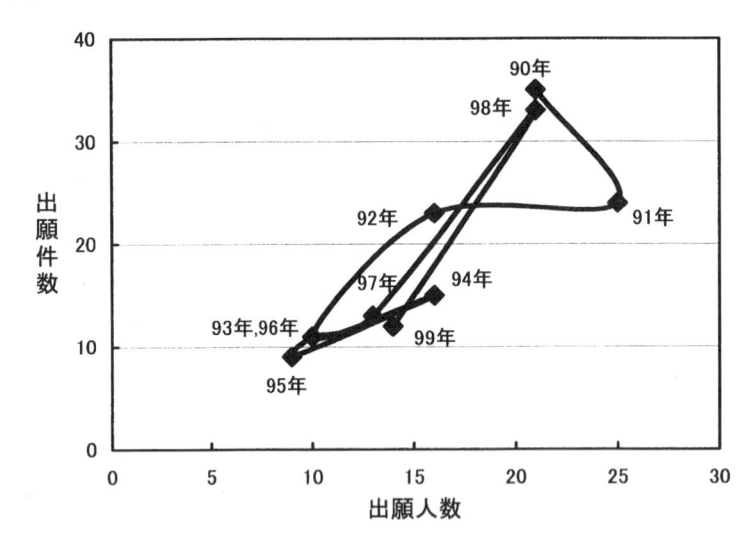

図1.4.5-1 酸素分離技術における出願人数と出願件数の推移

表1.4.5-1および図1.4.5-2に開発内容の経年変化を、表1.4.5-2に主要出願人の出願状況の推移を示す。表1.4.5-1および図1.4.5-2によると、システム・装置化全般の出願が多い。その理由は、1980年代に製膜方法およびモジュール化の開発が一段落し、1990年に入ると、実用化のためのシステム(装置化)に注力していることによる。

また、1995年を転機として製膜方法の出願が増加しているが、このことから無機多孔質膜の出現により、その膜材とそれに伴う製膜技術の開発が盛んになったことがうかがえる。

表1.4.5-1 酸素分離技術の解決手段別の出願状況

	解決手段	合計	90	91	92	93	94	95	96	97	98	99
製膜方法	膜材質	22	2	4	1	1	1	0	2	1	5	5
	膜に機能物質添加	6	1	1	1	0	0	0	0	0	0	3
	製膜技術	20	1	4	1	0	1	2	2	2	3	4
	製孔技術	1	0	0	1	0	0	0	0	0	0	0
	複合化	10	2	0	2	0	0	1	0	0	2	3
モジュール化	モジュール製造全般	9	0	3	0	0	0	1	1	1	2	1
	システム・装置化全般	106	28	16	15	7	11	4	4	7	14	0
	補助機能全般	38	2	0	1	3	3	2	4	3	14	6

図1.4.5-2 酸素分離技術の解決手段別の出願状況

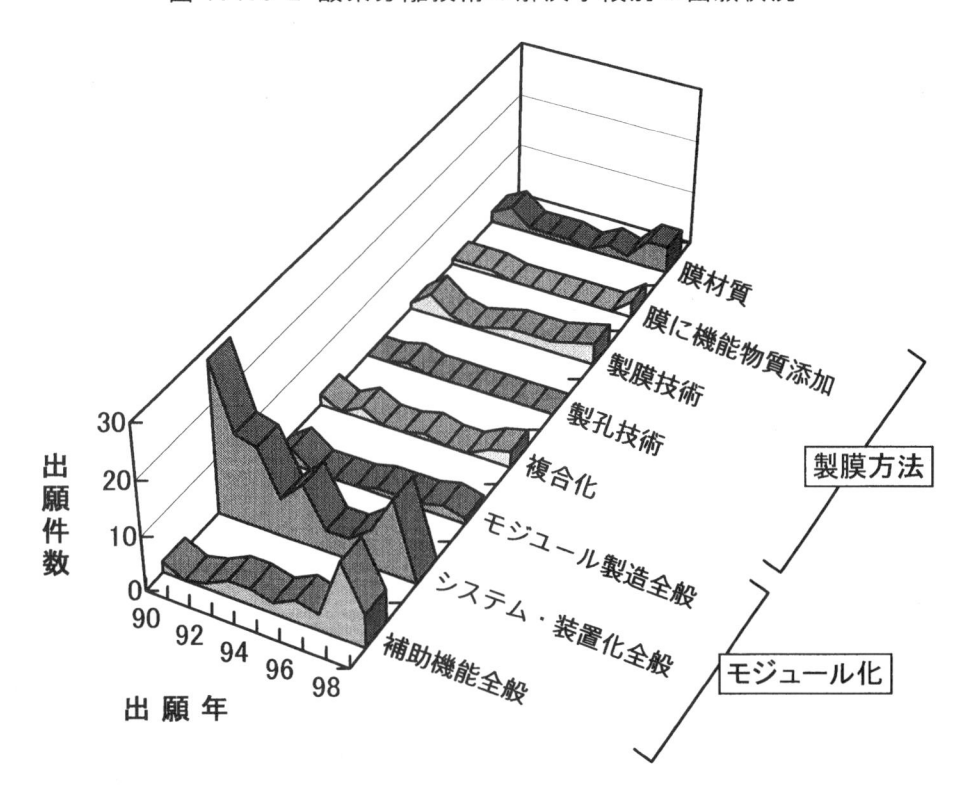

表1.4.5-2 酸素分離技術における主要出願人の出願状況

		出願年									
出願人	合計	90	91	92	93	94	95	96	97	98	99
松下電器産業	14	9	2	1	0	0	0	1	0	0	1
大日本インキ化学工業	9	0	0	3	1	1	0	0	2	2	0
三菱レイヨン	7	1	0	0	1	1	0	0	0	3	1
宇部興産	7	3	0	0	3	0	0	0	0	1	0
栗田工業	5	1	0	1	0	0	0	1	1	0	1
テルモ	5	1	1	0	0	1	0	1	0	0	1
日本酸素	4	0	1	0	0	1	0	1	0	1	0
東レ	4	2	1	0	0	1	0	0	0	0	0
日東電工	3	0	0	0	0	0	1	1	0	1	0
日本碍子	3	0	0	0	0	0	2	0	1	0	0
ダイキン工業	3	3	0	0	0	0	0	0	0	0	0
鈴木総業	3	0	0	3	0	0	0	0	0	0	0
山陽電子工業	3	0	1	1	0	0	1	0	0	0	0

1.4.6 窒素分離技術

図1.4.6-1に、窒素分離技術の出願人数と出願件数の推移を示す。出願人数と出願件数については、共に増減を繰り返している。

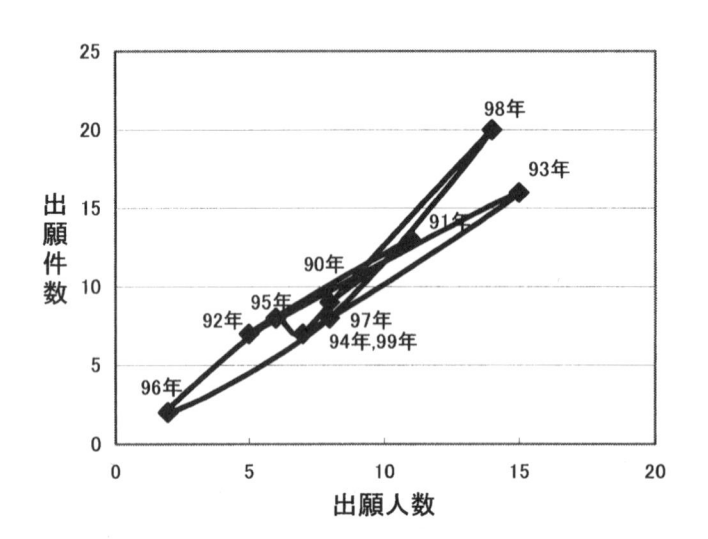

図1.4.6-1 窒素分離技術における出願人数と出願件数の推移

表1.4.6-1および図1.4.6-2に、開発内容の経年変化を、表1.4.6-2に、主要出願人の出願状況の推移を示すが、分離膜の開発については、酸素と窒素は使用する分離膜は同じであり、運転条件(温度、圧力)は異なるが、システム・装置化全般についても同じであることから、酸素分離技術の開発と同じ傾向にある。

表1.4.6-1 窒素分離技術の解決手段別の出願状況

			合計	出願年									
		解決手段	合計	90	91	92	93	94	95	96	97	98	99
製膜方法		膜材質	10	0	2	0	1	0	0	0	1	4	2
		膜に機能物質添加	0	0	0	0	0	0	0	0	0	0	0
		製膜技術	10	2	2	0	0	0	0	0	1	3	2
		製孔技術	0	0	0	0	0	0	0	0	0	0	0
		複合化	5	1	0	1	0	0	0	0	0	2	1
モジュール化		モジュール製造全般	1	0	0	0	0	0	1	0	0	0	0
		システム・装置化全般	58	6	10	6	13	6	3	1	2	10	1
		補助機能全般	26	1	0	0	2	2	4	1	5	7	4

図 1.4.6-2 窒素分離技術の解決手段別の出願状況

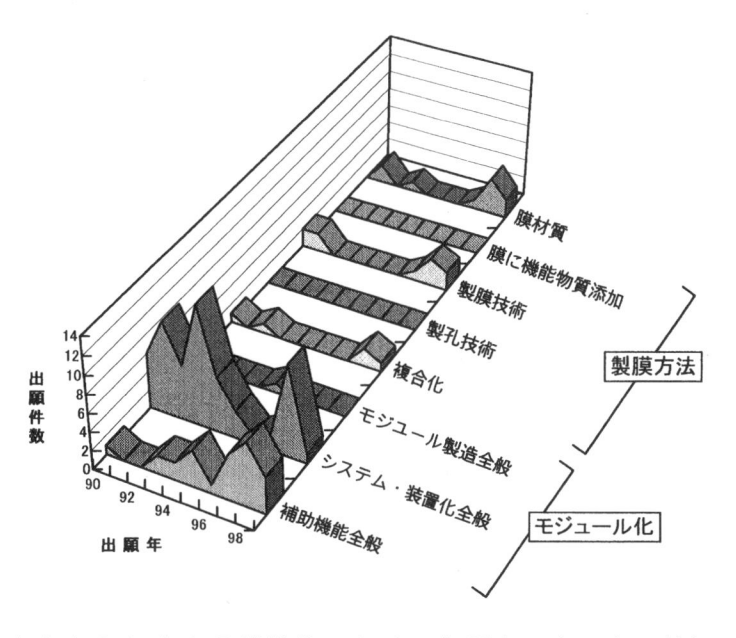

表 1.4.6-2 窒素分離技術における主要出願人の出願状況

出願人	合計	90	91	92	93	94	95	96	97	98	99
トキコ	5	0	0	0	0	0	0	0	0	4	1
三菱レイヨン	5	2	0	0	0	1	0	0	0	1	1
宇部興産	3	0	2	0	1	0	0	0	0	0	0
日東電工	3	1	1	0	0	0	0	0	0	1	0
アネスト岩田	3	0	0	0	0	0	3	0	0	0	0
鈴木総業	3	0	0	3	0	0	0	0	0	0	0
日本酸素	3	0	1	0	1	0	0	0	0	1	0
住友電気工業	2	0	0	0	0	0	0	0	1	1	0
エンシユウ	2	0	0	0	0	0	0	0	0	2	0
テルモ	2	2	0	0	0	0	0	0	0	0	0

1.4.7 水素分離技術

図 1.4.7-1 に、水素分離技術の出願人数と出願件数の推移を示す。

図 1.4.7-1 水素分離技術における出願人数と出願件数の推移

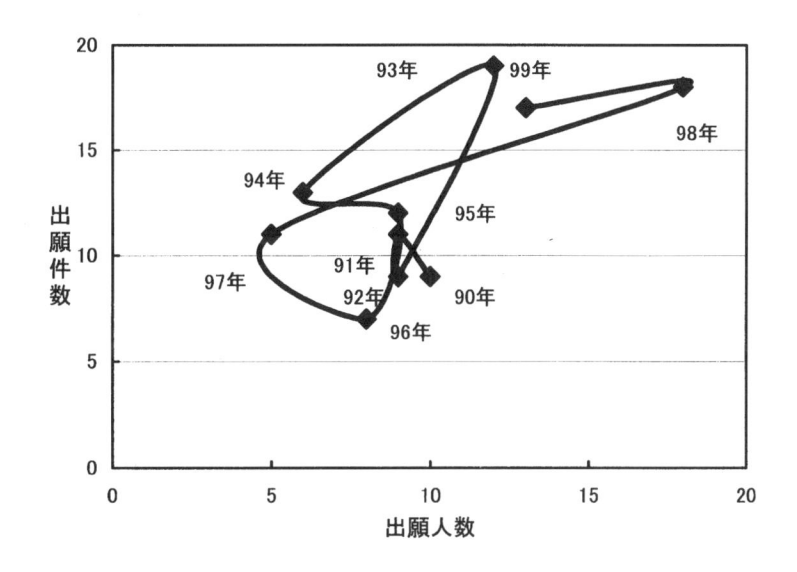

表1.4.7-1および図1.4.7-2に、開発内容の経年変化を、表1.4.7-3に、主要出願人の出願状況の推移を示す。表1.4.7-1および図1.4.7-2に示すように、システム・装置化全般の出願が多い。その理由は、1980年代に製膜方法およびモジュール化の開発が一段落し、1990年に入ると、実用化のためのシステム(装置化)に注力していることによる。

また、1995年を転機として製膜方法およびモジュール製造全般の出願が増加している。これは、表1.4.7-2に示すように高純度（99.9%以上）の水素を必要とする燃料電池用水素の需要が2005年以後に急激に増加することが予想され、これに備えて、対応する燃料電池用水素製造のための新膜材の開発、水素分離に高い透過選択性を示す金属パラジウム添加による複合膜製造法の開発、高温使用に耐える耐熱性の強化方法、さらに、水素の爆発性に対処した気密性の高いモジュールの開発が多くなっていると考えられる。

表1.4.7-1 水素分離技術の解決手段別の出願状況

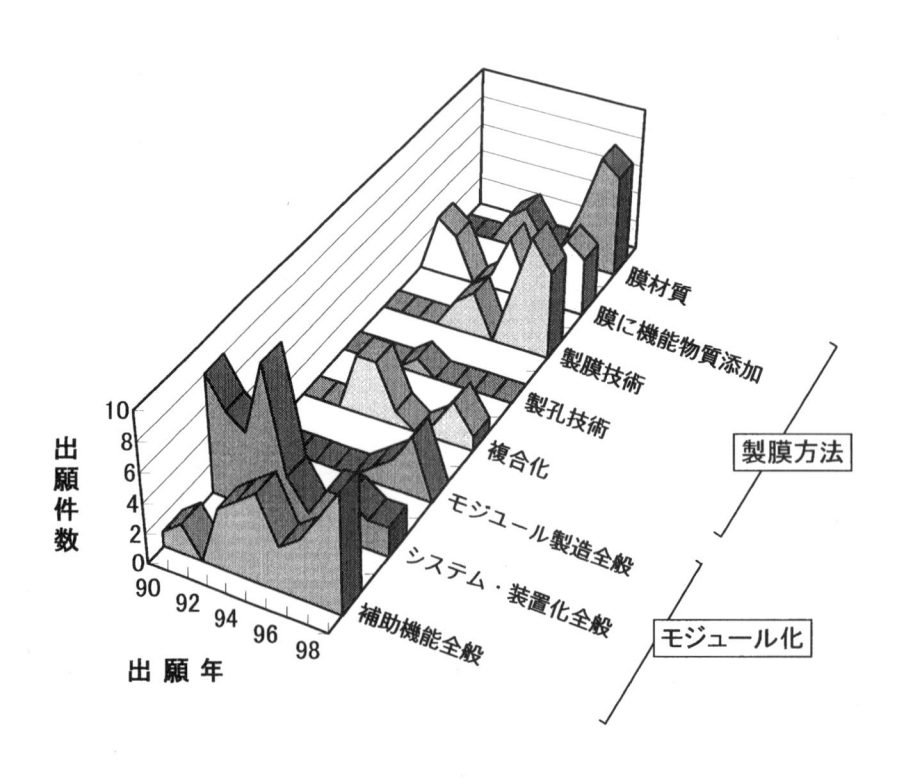

			出願年								
	解決手段	合計	90	91	92	93	94	95	96	97	98	99
製膜方法	膜材質	26	0	0	0	2	3	1	1	4	8	7
	膜に機能物質添加	25	0	4	3	0	1	4	1	3	5	4
	製膜技術	23	0	0	0	0	2	3	0	4	8	6
	製孔技術	1	0	0	0	0	1	0	0	0	0	0
	複合化	14	0	0	0	4	4	1	0	1	3	1
モジュール化	モジュール製造全般	7	0	0	0	0	0	0	1	2	4	0
	システム・装置化全般	43	8	6	5	10	3	1	3	3	2	2
	補助機能全般	39	1	2	0	4	5	6	3	4	6	8

図1.4.7-2 水素分離技術の解決手段別の出願状況

表 1.4.7-2 2000～2050年の日本の水素需要量推定値

単位：億Nm³

年	2000	2005	2010	2020	2040	2050
従来の使用方法による使用量	163.6	171.9	180.7	199.6	220.5	243.6
燃料電池用水素使用量	0	4.9	29.8	139.9	420	699.9
合計	163.6	176.8	210.5	339.5	640.5	943.5

注) 燃料電池用水素使用量は平成12年度NEDO-WE-NET調査書による。

表 1.4.7-3 水素分離技術における主要出願人の出願状況

出願人	合計	90	91	92	93	94	95	96	97	98	99
三菱重工業	26	0	5	1	10	2	2	1	3	1	1
日本碍子	21	0	0	1	1	7	3	0	4	3	2
東京瓦斯	13	0	0	0	8	0	1	0	0	2	2
日本パイオニクス	5	0	0	1	2	1	0	0	0	1	0
川崎重工業	4	1	0	0	2	0	0	1	0	0	0
三菱化工機	4	0	0	1	0	0	0	1	0	1	1
荏原製作所	3	1	1	0	0	0	0	0	0	1	0
京セラ	3	0	0	0	0	0	0	0	0	1	2
松下電器産業	3	1	0	0	0	0	2	0	0	0	0
東燃ゼネラル石油	3	0	0	0	0	0	0	1	2	0	0
石川島播磨重工業	3	0	0	0	0	0	0	1	0	1	1

1.4.8 水蒸気分離(脱湿)技術

図 1.4.8-1 に、水蒸気分離(脱湿)技術の出願人数と出願件数の推移を示す。出願人数と出願件数については、共に増減を繰り返している。

図 1.4.8-1 水蒸気分離技術における出願人数と出願件数の推移

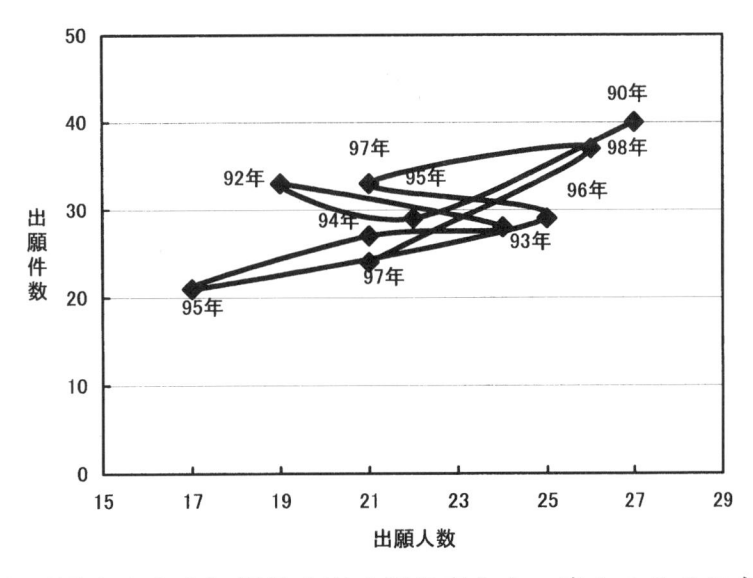

表 1.4.8-1 および図 1.4.8-2 に開発内容の経年変化を、表 1.4.8-2 に主要出願人の出願状況の推移を示す。表 1.4.8-1 および図 1.4.8-2 によると、システム・装置化全般の出願が多い。その理由は、1980年代に製膜方法関係およびモジュール化の開発が一段落し、1990年に入ると、実用化のためのシステム(装置化)に注力していることによる。

また、1995年を転機として製膜方法とモジュール製造全般の出願が増加しているが、こ

のことから無機多孔質膜の出現により、その膜材とそれに伴う製膜技術とモジュール化技術の開発が盛んになったことがうかがえる。

表1.4.8-1 水蒸気分離技術の解決手段別の出願状況

	解決手段	合計	出願年									
			90	91	92	93	94	95	96	97	98	99
製膜方法	膜材質	20	3	2	1	3	1	0	2	3	1	4
	膜に機能物質添加	4	0	0	0	1	0	0	2	0	1	0
	製膜技術	10	0	0	0	2	0	0	2	2	1	3
	製孔技術	2	0	0	0	2	0	0	0	0	0	0
	複合化	6	0	1	2	1	0	0	0	0	1	1
モジュール化	モジュール製造全般	25	2	0	4	0	0	3	7	2	4	3
	システム・装置化全般	175	28	24	21	15	21	10	14	18	18	6
	補助機能全般	71	6	0	5	6	2	9	9	9	13	12

図1.4.8-2 水蒸気分離技術の解決手段別の出願状況

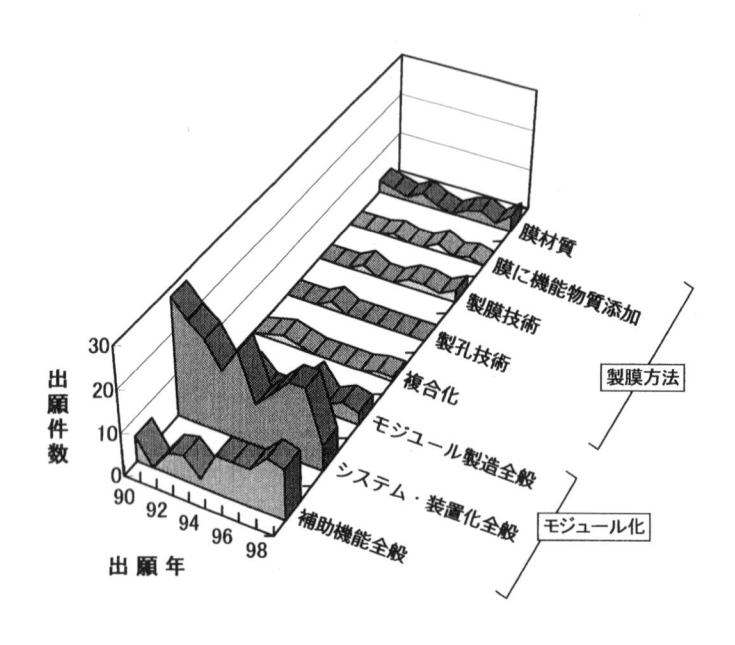

表1.4.8-2 水蒸気分離技術における主要出願人の出願状況

出願人	合計	出願年										
		90	91	92	93	94	95	96	97	98	99
宇部興産	19	8	4	0	4	0	0	1	0	1	1
ダイキン工業	19	0	4	5	1	1	1	0	4	2	1
オリオン機械	17	0	0	4	1	3	1	2	1	4	1
日立製作所	14	4	3	2	1	2	0	0	0	0	2
三菱電機	13	0	2	0	0	0	0	1	4	5	1
溝部都孝	11	0	0	0	0	0	3	2	5	1	0
エスエムシー	9	0	0	4	0	0	2	0	1	2	0
キッツ	8	0	0	0	0	0	2	3	1	2	0
東芝	8	1	0	0	0	0	0	1	3	2	1
コガネイ	7	0	0	0	0	6	0	0	0	1	0
日東電工	7	2	2	1	2	0	0	0	0	0	0

1.4.9 二酸化炭素分離技術

図1.4.9-1に、二酸化炭素分離技術の出願人数と出願件数の推移を示す。出願件数については、1990年と1998年は傑出しているが、他の年度は多少の凸凹はあるがあまり変化していない。

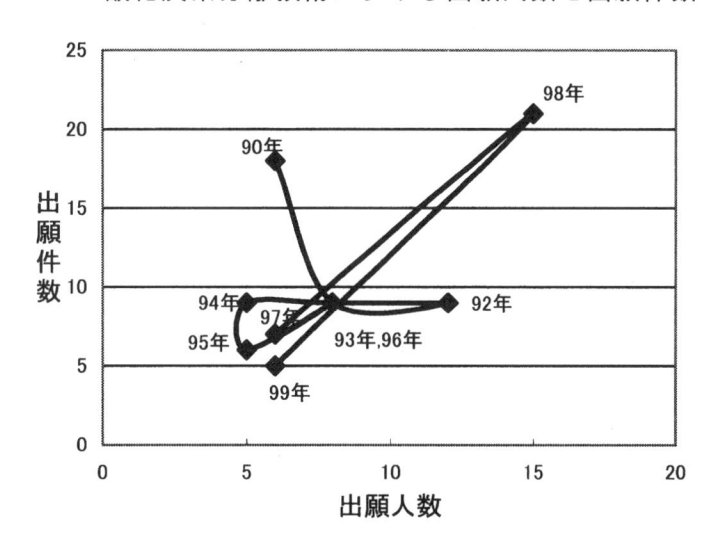

図1.4.9-1 二酸化炭素分離技術における出願人数と出願件数の推移

表1.4.9-1および図1.4.9-2に開発内容の経年変化を、表1.4.9-2に主要出願人の出願状況の推移を示す。表1.4.9-1および図1.4.9-2によると、システム・装置化全般の出願が多い。その理由は、1980年代に製膜方法およびモジュール化の開発が一段落し、1990年に入ると、実用化のためのシステム(装置化)に注力していることによる。

また、1995年を転機として製膜方法とモジュール製造全般の出願が増加している。二酸化炭素の主な分離対象は高温排ガスであるが、近年、高分子非多孔質膜に比べて耐熱性、透過選択性のすぐれた無機多孔質が出現したことにより、その膜材とそれに伴う製膜技術およびモジュール化技術の開発が盛んになったことがうかがえる。

表1.4.9-1 二酸化炭素分離技術の解決手段別の出願状況

							出	願	年				
	解決手段	合計	90	91	92	93	94	95	96	97	98	99
製膜方法	膜材質	14	0	1	1	1	0	0	3	2	6	0
	膜に機能物質添加	7	0	0	1	1	0	3	1	0	1	0
	製膜技術	17	1	3	0	0	1	3	2	2	5	0
	製孔技術	1	0	0	1	0	0	0	0	0	0	0
	複合化	4	1	0	0	0	1	0	0	0	2	0
モジュール化	モジュール製造全般	8	0	1	0	0	0	1	3	0	2	1
	システム・装置化全般	49	15	4	4	6	3	2	1	4	9	1
	補助機能全般	18	2	0	2	2	2	0	3	1	4	2

図 1.4.9-2 二酸化炭素分離技術の解決手段別の出願状況

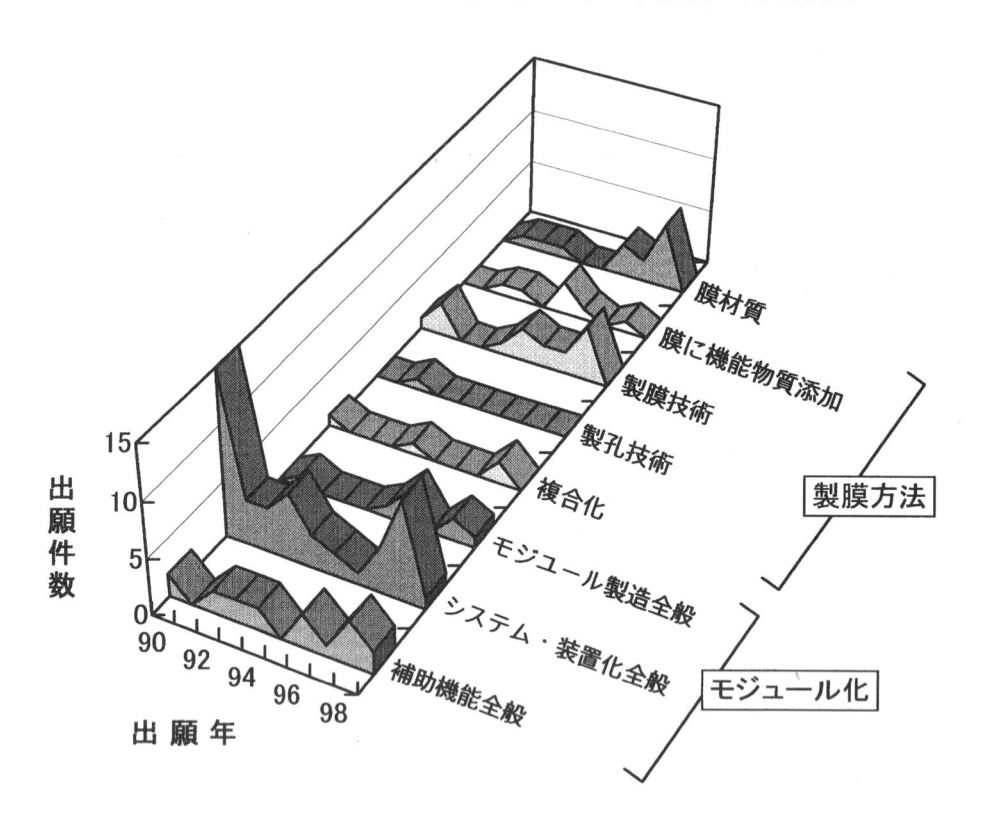

表 1.4.9-2 二酸化炭素分離技術における主要出願人の出願状況

出願人	合計	90	91	92	93	94	95	96	97	98	99
三菱レイヨン	11	0	0	0	2	5	1	0	1	2	0
三菱重工業	8	5	0	1	0	0	1	0	0	1	0
テルモ	6	2	1	0	0	1	0	1	0	0	1
大日本インキ化学工業	6	0	0	1	1	0	0	0	2	2	0
宇部興産	6	6	0	0	0	0	0	0	0	0	0
栗田工業	4	0	0	1	0	0	0	0	0	3	0
日東電工	3	0	0	0	0	0	3	0	0	0	0
京セラ	3	0	0	0	0	0	0	0	1	2	0
住友電気工業	3	0	0	1	0	0	0	0	1	1	0
野村マイクロサイエンス	3	0	0	0	0	0	0	1	1	0	1
東洋紡績	3	0	2	0	0	0	0	0	0	1	0

1.4.10 溶存ガス分離技術

図 1.4.10-1 に、溶存ガス分離技術の出願人数と出願件数の推移を示す。出願人数、出願件数共に増減を繰り返しているが、全体的には増加傾向が認められる。

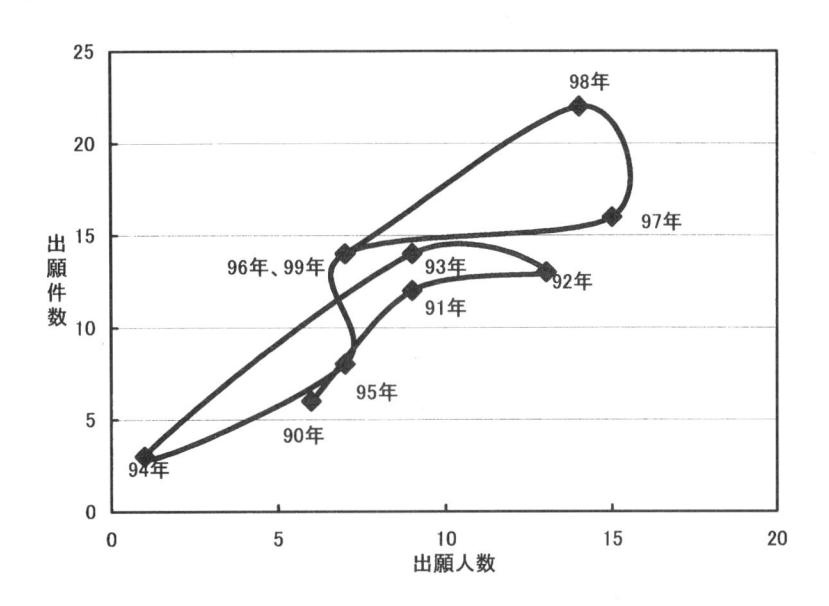

図1.4.10-1 溶存ガス分離技術における出願人数と出願件数の推移

表 1.4.10-1 および図 1.4.10-2 に開発内容の経年変化を、表 1.4.10-2 に主要出願人の出願状況の推移を示す。表 1.4.10-1 および図 1.4.10-2 によると、システム・装置化全般の出願が多い。その理由は、1980 年代に製膜方法およびモジュール化の開発が一段落し、1990 年に入ると、実用化のためのシステム(装置化)に注力していることによる。

また、1995 年を転機として製膜方法とモジュール製造全般の出願が増加している。これは、1993 年以前の分離膜は、孔の孔径が 1～0.01μm の膜であったのに対し、1993 年以降、孔径 10Å 程度の膜材が開発され、溶存ガス分離の適用範囲を拡大するための膜材とそれに伴う製膜技術およびモジュール化技術の開発が盛んに行われたものと思われる。

表1.4.10-1 溶存ガス分離技術の解決手段別の出願状況

	解決手段	合計	90	91	92	93	94	95	96	97	98	99
製膜方法	膜材質	8	0	0	0	1	0	0	1	2	3	1
	膜に機能物質添加	1	0	0	0	0	0	0	0	0	1	0
	製膜技術	5	0	0	1	0	0	0	0	2	1	1
	製孔技術	3	0	0	0	1	0	0	0	0	2	0
	複合化	4	0	0	1	1	1	0	0	0	1	0
モジュール化	モジュール製造全般	17	1	2	1	0	0	1	2	2	6	2
	システム・装置化全般	55	2	4	6	8	0	6	8	8	9	4
	補助機能全般	22	1	1	0	0	1	1	3	4	4	7

図 1.4.10-2 溶存ガス分離技術の解決手段別の出願状況

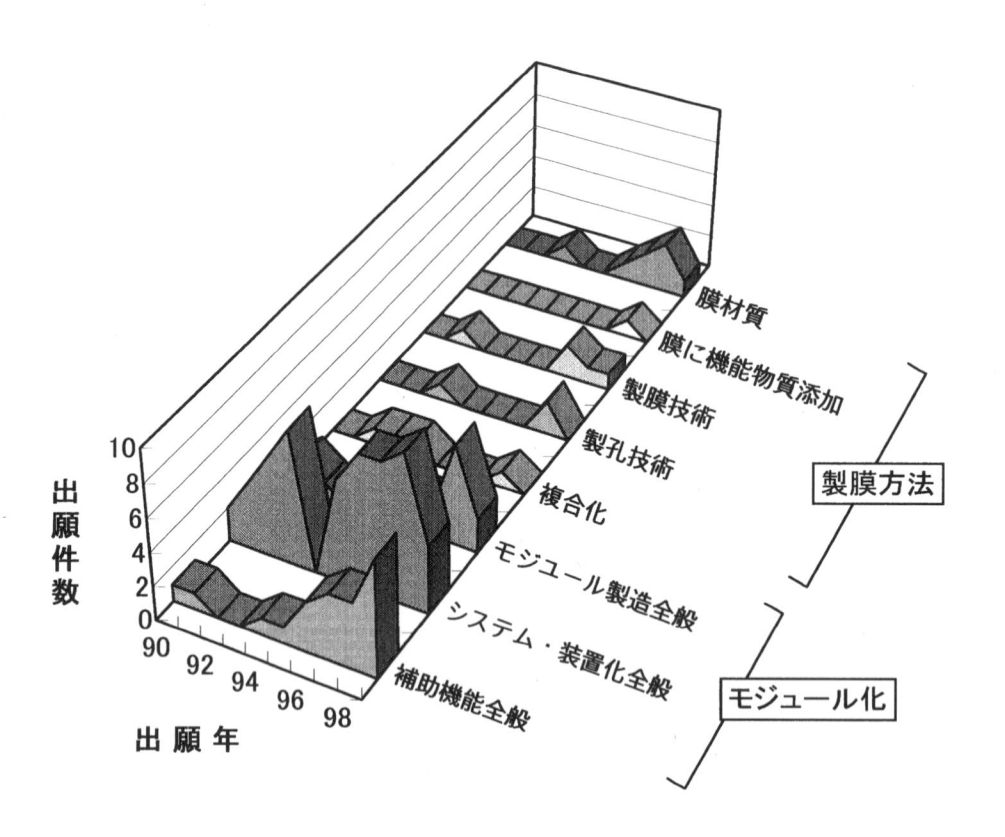

表 1.4.10-2 溶存ガス分離技術における主要出願人の出願状況

出願人	合計	出願年									
		90	91	92	93	94	95	96	97	98	99
三菱レイヨン	15	0	0	0	2	3	2	0	2	2	4
日東電工	15	1	1	1	1	0	1	5	2	1	2
大日本インキ化学工業	10	0	2	1	2	0	1	2	2	0	0
東レ	9	0	2	3	3	0	0	1	0	0	0
富士写真フイルム	8	0	0	0	0	0	0	0	2	3	3
三浦工業	8	0	0	0	2	0	0	2	0	3	1
栗田工業	5	0	0	0	0	0	1	0	1	3	0
ジャパンゴアテックス	5	0	0	0	0	0	0	2	1	2	0
イーアールシー	3	0	0	0	0	0	0	0	0	1	2
オルガノ	3	2	0	0	0	0	0	0	0	0	1

1.4.11 有機ガス分離技術

図 1.4.11-1 に、有機ガス分離技術の出願人数と出願件数の推移を示す。出願人数と出願件数共に減少傾向となっている。

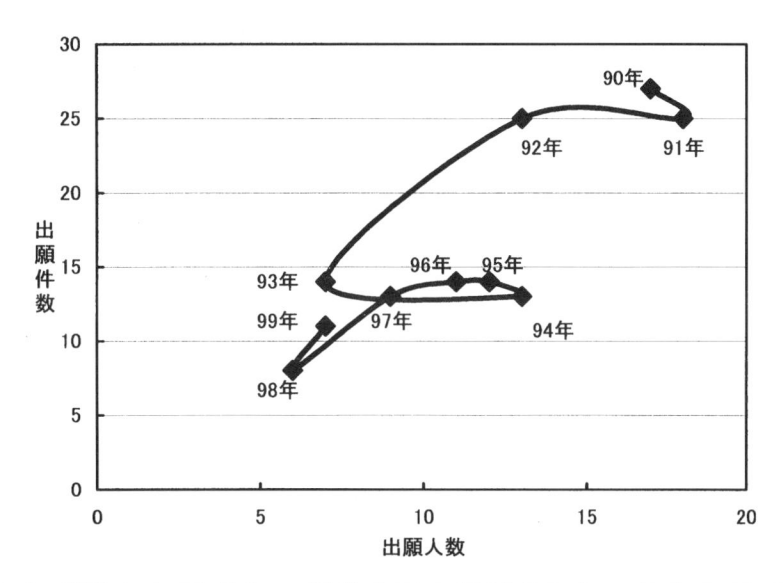

図 1.4.11-1 有機ガス分離技術における出願人数と出願件数の推移

表 1.4.11-1 および図 1.4.11-2 に、開発内容の経年変化を、表 1.4.11-2 に、主要出願人の出願状況の推移を示す。表 1.4.11-1 および図 1.4.11-2 によると、システム・装置化全般の出願が多い。その理由は、1980 年代に製膜方法およびモジュール化の開発が一段落し、1990 年に入ると、実用化のためのシステム(装置化)に注力していることによる。

有機ガスの膜分離は、ガスの膜分離の中で最も有望な分野であるが、図 1.4.11-1 では、明確な傾向がみられない。しかしながら、表 1.4.11-1 および図 1.4.11-2 によると 1995 年を転機として製膜方法とモジュール製造全般の出願が増加しており、このことから、無機多孔質膜の出現により、無機多孔質の膜材とそれに伴う製膜技術とモジュール化技術の開発が盛んになったことがうかがえる。

表 1.4.11-1 有機ガス分離技術の解決手段別の出願状況

	解決手段	合計	90	91	92	93	94	95	96	97	98	99
製膜方法	膜材質	35	10	0	5	0	1	0	4	3	4	8
	膜に機能物質添加	11	0	0	0	0	0	0	2	1	2	6
	製膜技術	22	1	0	2	1	1	0	6	2	2	7
	製孔技術	4	0	0	0	1	0	0	0	2	1	0
	複合化	8	0	0	3	0	0	0	1	0	2	2
モジュール化	モジュール製造全般	13	3	0	2	0	2	3	0	1	2	0
	システム・装置化全般	84	15	24	12	10	7	5	4	6	1	0
	補助機能全般	24	0	1	0	2	3	8	2	3	2	3

図 1.4.11-2 有機ガス分離技術の解決手段別の出願状況

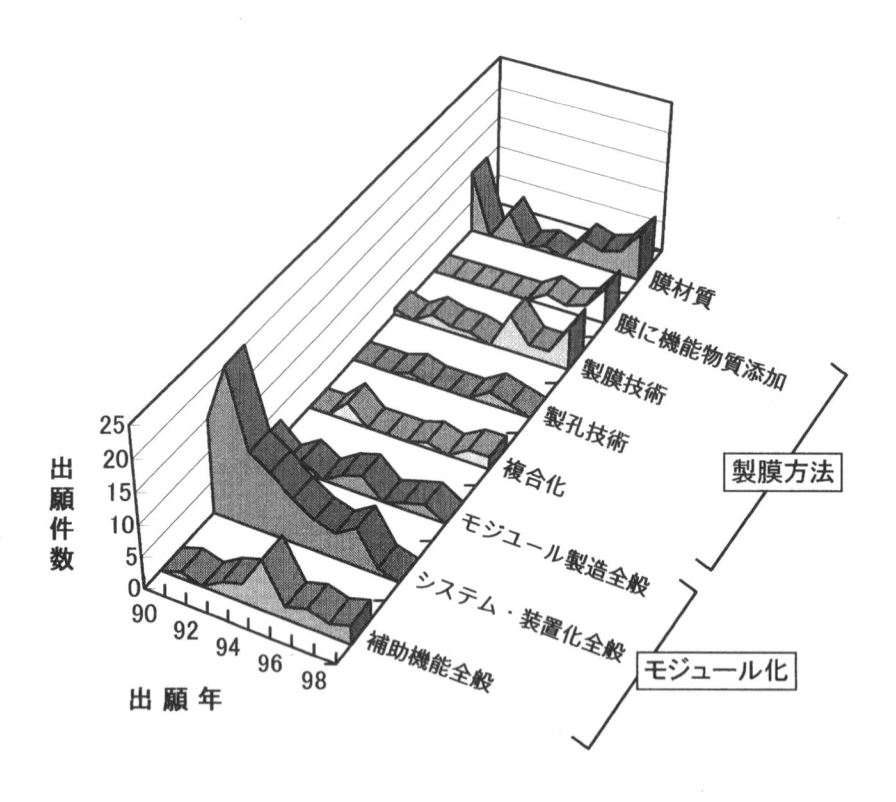

表 1.4.11-2 有機ガス分離技術における主要出願人の出願状況

		出願年									
出願人	合計	90	91	92	93	94	95	96	97	98	99
日東電工	22	5	8	4	3	0	0	2	0	0	0
東レ	17	1	1	2	4	0	0	4	0	0	5
三菱レイヨン	13	0	1	3	3	2	2	1	1	0	0
石油産業活性化センター	11	0	0	0	0	0	0	0	5	1	5
宇部興産	9	5	0	0	0	0	2	0	1	0	1
京セラ	5	0	0	0	0	0	0	0	0	4	1
ダイセル化学工業	5	2	0	3	0	0	0	0	0	0	0
三菱重工業	4	0	1	1	0	0	1	0	1	0	0
オルガノ	3	0	0	0	0	0	0	0	0	1	2
三菱化学	3	0	0	0	1	1	1	0	0	0	0

1.5 技術開発の課題と解決手段

　気体膜分離装置の技術開発がどのようなところで行われているのかを明らかにするために、技術開発の課題と解決手段について全体および技術要素別に解説する。

　なお、ここでは、出願取下げ、拒絶査定の確定、権利放棄、抹消、満了したものを除いた出願を解析対象とした。

　気体膜分離装置技術は、表1.5-1に示すような技術開発課題を有している。

表1.5-1 技術開発課題

課題名		内容
利用目的	分離性能向上	分離ガスの純度と分離効率向上
	脱気性能向上	液体中の脱気など
	調湿性能向上	気体中の脱湿、除湿など
	蒸発・蒸留性能向上	気体蒸気の分離など
	製造能力向上	分離ガスの製品利用など
	除去能力向上	有害ガスの除去など
	回収能力向上	分離ガスの再利用など
機能向上	機能強化	膜：透過速度の向上、選択性（分離係数）の向上 モジュール、システム：処理能力の向上、省エネルギー化（運転条件の改善と圧力損失の低減化など）
	機能付加	システムをサブシステムとしてプラントに組み込む場合のプラントに対する付加機能
	機能安定	膜、モジュール、システムの使用環境下における機能の安定性
装置化	膜製造方法開発	実用化用の再現性のある膜製造プロセスの開発
	モジュール製造法開発	モジュール特性（機密性、低圧損、集積密度など）を考慮したモジュール実用生産方法の開発
	運転保守性向上	運転保守時の省力化および事故防止対策
	膜の耐久性向上	膜の使用環境下における耐久性（耐処理物質性、耐高温性など）
	膜の検査性向上	膜製造時の膜からのガス漏洩などの検出による品質保証機能の向上
	小型化	モジュールおよびシステム（装置）の小型化
	大型化	モジュールおよびシステム（装置）の大型化
	処理能力向上	モジュールおよびシステム（装置）の対象ガスの処理能力の向上
	低コスト化	膜、モジュール、システム（装置）の低コスト化

1.5.1 気体膜分離技術全体の課題別解決手段について

気体膜分離技術全体の開発について、課題と解決手段の関係をまとめたものが図1.5.1-1である。

図 1.5.1-1 気体膜分離装置全体の課題と解決手段

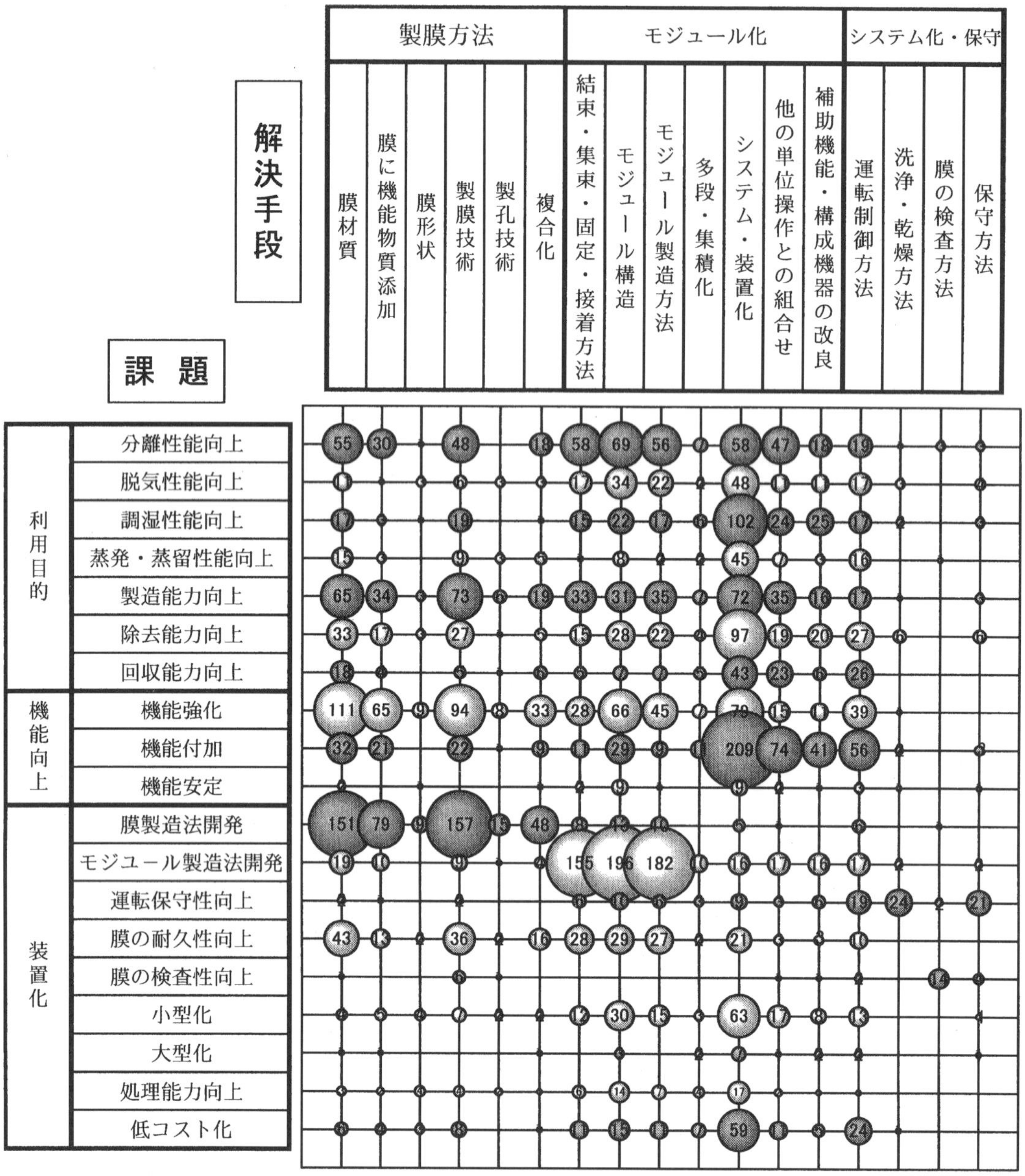

(注) 本頁以降、課題、解決手段について、以下に示す集約表現で表記する場合がある。
課題について
　　(1)運転保守全般向上とは、（運転保守性向上＋膜の耐久性向上＋膜の検査性向上）を示す。
解決手段について
　　(1)製膜技術全般とは、（製膜技術＋製孔技術＋複合化）を示す。
　　(2)モジュール製造全般とは、（結束・集束・固定・接着方法＋モジュール構造
　　　　　　　　　　　　　　　　＋モジュール製造方法）を示す。
　　(3)システム・装置化全般とは、（多段・集積化＋システム・装置化）を示す。
　　(4)補助機能全般とは、（他の単位操作との組合せ＋補助機能・構成機器の改良）を示す。
　　(5)保守方法全般とは、（洗浄・乾燥方法＋膜の検査方法＋保守方法）を示す。

技術開発の課題は、①利用目的に係わる課題、②膜分離機能向上に係わる課題、③装置化に係わる課題の三つに大別することができる。

　利用目的に係わる技術開発の課題には、分離性能向上、脱気性能向上、調湿性能向上、蒸発・蒸留性能の向上、製造能力向上、除去能力向上および回収能力向上が含まれる。この解決手段としては主に、製膜方法とモジュール化およびシステム化・保守に関する開発が行われている。製膜方法では膜材質、膜への機能物質添加、製膜技術の開発が行われ、モジュール化では、モジュール技術（膜の結束・集束・固定・接着方法、モジュール構造、モジュール製造方法）とモジュールのシステム化技術（システム・装置化、他の単位操作との組合せ）の開発による対応が行われている。利用目的に係わる課題では、分離性能向上と製造能力向上が最も重要な課題である。比較的出願が集中しているものは分離性能向上に対しては、膜材質55件、膜に機能物質添加30件、製膜技術48件などの製膜方法、膜の結束・集束・固定・接着方法58件、モジュール構造69件、モジュール製造方法56件のモジュール技術、システム・装置化58件、他の単位操作との組合せ47件である。製造能力向上に対しては、膜材質65件、膜に機能物質添加34件、製膜技術73件の製膜方法、膜の結束・集束・固定・接着方法33件、モジュール構造31件、モジュール製造方法35件のモジュール技術、システム・装置化72件、他の単位操作との組合せ35件である。除去能力向上に対しては、膜材質33件、製膜技術27件の製膜関係、モジュール構造28件、モジュール製造方法22件のモジュール技術、システム・装置化97件である。

　機能向上に係る技術開発の課題は、機能強化と機能付加に大別される。機能強化には機能の安定が含まれる。この解決手段として、製膜方法とモジュール化およびシステム化・保守の開発が行われる。製膜方法では膜材質、膜に機能物質添加、製膜技術の開発、モジュール化では、モジュール構造、モジュール製造方法、システム・装置化の開発による対応が行われている。比較的出願が集中しているものは機能強化に対しては、膜材質111件、膜に機能物質の添加65件、製膜技術94件、モジュール構造66件、モジュール製造方法45件、システム・装置化79件であり、機能付加に対しては、システム・装置化209件、他の単位操作との組合せ74件、補助機能・構成機器の改良41件、運転制御方法56件でシステム関係に集中している。

　装置化に係る技術開発の課題には、膜製造法の開発、モジュール製造法の開発などが含まれる。この解決手段として、膜製造法開発に対しては、解決手段は膜材質、膜に機能物質添加、製膜技術、複合化に集中し、それぞれの出願件数は151件、79件、157件、48件となっている。モジュール製造法開発に対しては、解決手段は結束・集束・固定・接着方法、モジュール構造、モジュール製造方法に集中し、それぞれの出願件数は155件、196件、182件となっている。その他の開発課題については、比較的出願件数の集中しているものを挙げると、膜の耐久性向上に対する解決手段として、膜材質の開発43件、製膜技術の開発36件、膜の結束・集束・固定・接着方法の開発28件、モジュール構造の開発29件、モジュール製造方法の開発27件、システム・装置化の開発21件があり、小型化に対する解決手段として、モジュール構造の開発30件、システム・装置化の開発63件、低コスト化に対する解決手段として、システム・装置化の開発59件がある。

1.5.2 製膜技術

製膜技術に関する出願上位の主要各社について、課題別解決手段をまとめたものを表1.5.2-1、全社でまとめたものを図1.5.2-1に示す。この結果、次のことが言える。

(1) 出願人を業種別に見ると、主として製膜方法の開発に関わる化学工業企業が多い。
(2) 製膜技術の最重点課題は、膜製造法の開発と膜の耐久性向上である。
(3) 課題の膜製造法開発に対する解決手段としては、膜の分離性能に影響する膜材質の開発、機能物質の添加に関する開発、再現性のある量産と低コストの薄膜製造プロセスに関する製膜技術全般の開発が行われ、それぞれの出願件数は142件、70件、178件と非常に多い。
(4) 課題の耐久性向上に対する解決手段としては、膜材質の開発と、耐久性のある膜を製造するための反応処理プロセスに関する製膜技術全般の開発がなされ、それぞれの出願件数は38件、45件である。

表1.5.2-1 製膜技術の課題別解決手段

課題 \ 解決手段	製膜方法:膜材質	膜に機能物質添加	膜形状	製膜技術全般	モジュール化:結束・集束・固定・接着方法	モジュール構造	モジュール製造方法	システム・装置化
装置化:膜製造法開発	A8 B13 C5 D3 E4 F5 G7 H7 I8 J3	A7 B10 C2 D2 E2 F2 G2 I4 J4	B1 C1 E1 F1	A12 B13 C10 D9 E6 F9 G4 H8 I8 J3	B3	B3 D1	B2	
装置化:膜の耐久性向上	A2 B4 C3 D1 E2 F1 G3 H3 J1	A1 B3 C1 J1	F1	A2 B3 C3 D5 E4 F2 G1 H2 J2	B1	B1 D2	B1	G2
装置化:小型化	F1		E2	A1 E2 F1				
装置化:処理能力向上		J1	E2 F1	E2 F1		A1		
装置化:低コスト化		J1	E2	A1 D1 E2				

(注) 英字は以下の出願人、数字は出願件数を示す。

A 東レ　　　　F 三菱レイヨン
B 京セラ　　　G 宇部興産
C エヌオーケー　H 東洋紡績
D 日東電工　　I 石油産業活性化センター
E 日本碍子　　J 三菱重工業

図 1.5.2-1 製膜技術の課題と解決手段

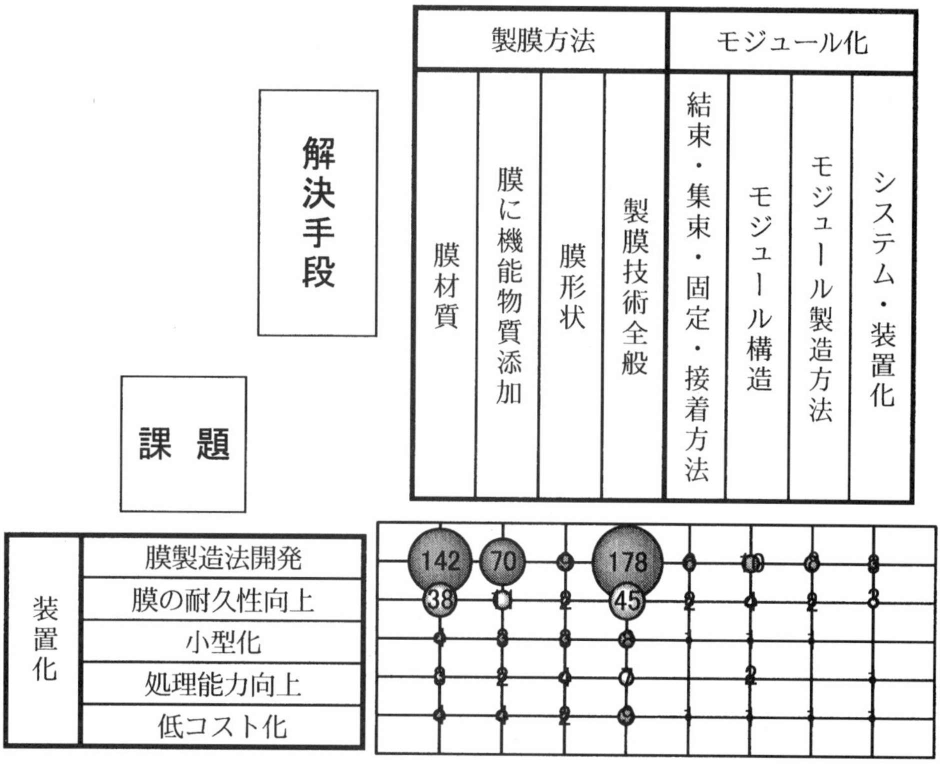

1.5.3 モジュール化技術

モジュール化技術の主要各社について課題別解決手段をまとめたものを表 1.5.3-1、全社でまとめたものを図 1.5.3-1 に示す。この結果、次のことが言える。

(1) 出願人を業種別に見ると主として製膜方法の開発に係わる化学工業企業が多い。

(2) 各課題の主たる解決手段はモジュールの設計・製作に関する結束・集束・固定・接着方法、モジュール構造、モジュール製造方法と、装置の構築に関係するシステム・装置化、他の単位操作との組合せ、補助機能・構成機器の改良である。

(3) 分離性能向上に対する主な解決手段は、結束・集束・固定・接着方法、モジュール構造、モジュール製造方法、システム・装置化、他の単位操作との組合せ、補助機能・構成機器の改良であり、出願件数はそれぞれ 58 件、68 件、56 件、54 件、47 件、18 件である。

(4) 脱気性能向上に対する主な解決手段は、結束・集束・固定・接着方法、モジュール構造、モジュール製造方法、システム・装置化、他の単位操作との組合せ、補助機能・構成機器の改良であり、出願件数はそれぞれ 17 件、33 件、22 件、41 件、11 件、11 件である。

(5) 調湿性能向上に対する主な解決手段は、結束・集束・固定・接着方法、モジュール構造、モジュール製造方法、システム・装置化、他の単位操作との組合せ、補助機能・構成機器の改良であり、出願件数はそれぞれ 15 件、22 件、17 件、96 件、23 件、25 件である。

(6) 蒸発・蒸留性能向上に対する解決手段は、システム・装置化の出願件数 38 件以外は件数が少ない。これは、蒸発・蒸留は高度の分離性能が要求され、システム・装置

化で対応する技術開発が、主として進められているためと考えられる。
(7) 製造能力向上に対する主な解決手段は、結束・集束・固定・接着方法、モジュール構造、モジュール製造方法、システム・装置化、他の単位操作との組合せ、補助機能・構成機器の改良であり、出願件数はそれぞれ33件、30件、34件、69件、35件、16件である。
(8) 除去能力向上に対する主な解決手段は、結束・集束・固定・接着方法、モジュール構造、モジュール製造方法、システム・装置化、他の単位操作との組合せ、補助機能・構成機器の改良であり、出願件数はそれぞれ14件、26件、21件、81件、19件、20件である。
(9) 回収能力向上に対する主な解決手段は、システム・装置化、他の単位操作との組合せであり、出願件数はそれぞれ36件、21件である。この他の解決手段の出願件数は少ない。
(10) 運転保守向上に対する主な解決手段は、結束・集束・固定・接着方法、モジュール構造、モジュール製造方法、システム・装置化であり、出願件数はそれぞれ31件、36件、31件、23件である。保守上重要なモジュールに重点がおかれている。

表 1.5.3-1 モジュール化技術の課題別解決手段

課題 \ 解決手段	結束・集束・固定・接着方法	モジュール構造	モジュール製造方法	多段・集積化	システム・装置化	他の単位操作との組合せ	補助機能・構成機器の改良	保守方法全般
分離性能向上	A8 B8 C2 E1	A11 B9 C2 D1 E1	A11 B7 C1	A1 E1	A2 B4 C3 D2 E1	A1 D1		
脱気性能向上	B3 C1	A4 B6 C1 E1	A2 B3		A2 B6 D1		A2 D1	A1
調湿性能向上	B3 E1	B3 E1	B2 E1	C1	C4 D1	C1	B1 C2	
蒸発・蒸留性能向上	A1	A2 D1	A2 B3		A5 B2 C7 D2	D2		
製造能力向上	A4 B6 D3 E6	A3 B6 D3 E5	A4 B6 D3 E6		B1 C1 D9 E1	C1 D3 E1		
除去能力向上	A2 E1	A3 B4 E1	A2 B2 E1	E1	A2 B5 C1 D4 E2	B1 D1	C1	
回収能力向上	D3 E1	A1 D3	A1 D3	D1	A4 C7 D2	A1 D2		
運転保守全般向上	A2 B6 C1 D1 E1	A3 B5 D1 E3	A2 B4 D1 E3	C1	B2 C5 D2	B1 D1	B1 C2	A1

(注) 英字は以下の出願人、数字は出願件数を示す。
A 日東電工　　　D 三菱重工業
B 三菱レイヨン　　E 東レ
C 宇部興産

図 1.5.3-1 モジュール化技術の課題と解決手段

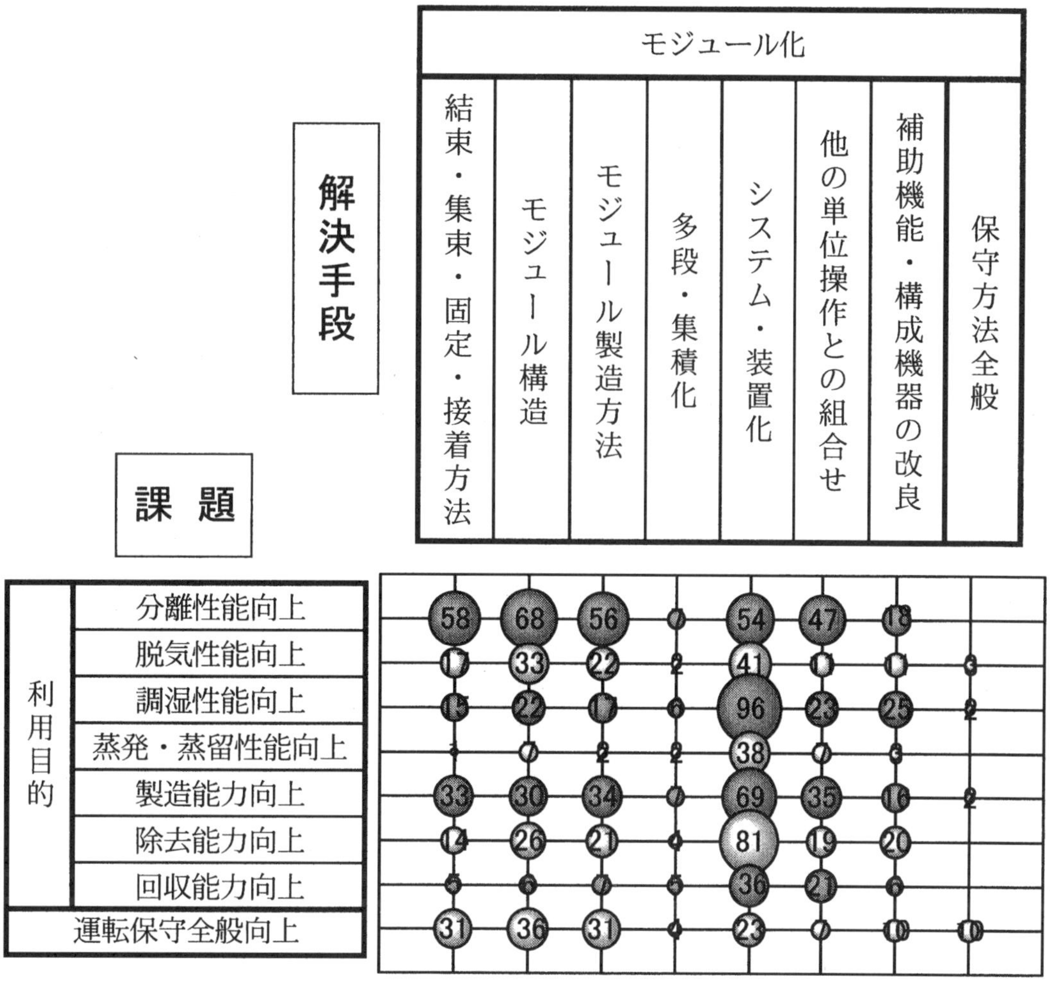

1.5.4 システム化・保守技術

　システム化・保守技術の主要各社について、課題別解決手段をまとめたものを表 1.5.4-1、全社でまとめたものを図 1.5.4-1 に示す。この結果、次のことが言える。

(1) 出願人を業種別に見ると、化学工業企業とエンジニアリング部門を持つ企業が多い。

(2) システム化・保守技術の課題は、分離性能、脱気性能、調湿性能、蒸発・蒸留性能、製造性能、除去性能、回収性能、運転保守性の向上である。いずれの課題に対しても解決手段は、システム・装置化に集中しており、出願件数はそれぞれ 9 件、12 件、10 件、11 件、9 件、23 件、14 件、11 件である。これは、膜の分離性能を支えるシステム化技術が重要であるためである。この他に、課題の運転保守性の向上の解決手段として保守方法全般が 39 件と多いのは、保守の自動化、省力化、省エネルギー化の開発が行われているためと考えられる。

(3) 解決手段として他の単位操作との組合せが多くないのは大システム（プラント）のサブシステムとしての使用が少ないことを意味し、膜の透過速度が小さく処理量の大きい装置への適用は、現状の膜の透過速度では困難であることを表している。

表 1.5.4-1 システム化・保守技術の課題別解決手段

課題		モジュール化 モジュール製造全般	モジュール化 多段・集積化	モジュール化 システム・装置化	モジュール化 他の単位操作との組合せ	保守方法全般
利用目的	分離性能向上		A1	B1 C1 O1		F1 M1
	脱気性能向上			C1 F1 L2 N2 Q2	S1	F1 M1 S1
	調湿性能向上			B2 I2 K1 M1	B1 D1	J1 M1
	蒸発・蒸留性能向上			B4		R1
	製造能力向上				B1 D1 J1	
	除去能力向上	T1		A4 B1 D1 L1 N3 Q3		E1 T1
	回収能力向上			A5 B4	A1 D1 R1	
運転保守全般向上				A2 B3 F1 I1 M1		A4 E3 F2 G2 H3 I1 J2 M3 P1 R1 S1 T1

（注）英字は以下の出願人、数字は出願件数を示す。

A 日東電工　　H ダイセル化学工業　O 三菱化学
B 宇部興産　　I 日立製作所　　　　P 日立プラント建設
C 三菱レイヨン　J 日本碍子　　　　　Q 荏原総合研究所
D 三菱重工業　　K 東芝　　　　　　　R 徳山曹達
E エヌオーケー　L オルガノ　　　　　S 富士写真フイルム
F 栗田工業　　　M 鐘淵化学工業　　　T 久保田鉄工
G 旭化成　　　　N 荏原製作所

図 1.5.4-1 システム化・保守技術の課題と解決手段

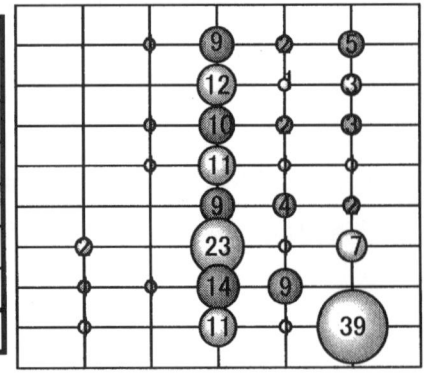

1.5.5 酸素分離技術

酸素分離技術の主要各社について、課題別解決手段をまとめたものを表 1.5.5-1、全社でまとめたものを図 1.5.5-1 に示す。この結果、次のことが言える。

(1) 出願人を業種別に見ると化学工業企業とエンジニアリング部門を持つ企業が多い。

(2) 図 1.5.5-1 によると、酸素分離技術の最重要課題は膜製造法の開発であり、これは膜の分離性能である高透過、高選択性の膜の開発が急務であり、大型化、小型化、処理能力の向上、コストの低減化などの課題とも密接な関係がある。現状では膜の透過性および選択性が小さく、たとえ膜モジュールを集積化しても所要膜量が莫大なものとなり、設置面積と設備費が大きくなるので、競合気体分離技術の PSA（圧力スウイング式吸着装置）や深冷分離法に対して不利である。その解決手段として、膜材質、膜に機能物質の添加、製膜技術、複合化の開発があり、出願件数はそれぞれ 13 件、3 件、12 件、7 件である。

注）競合膜分離技術との比較：①深冷分離：大容量（300Nm^3/h 以上）、高純度（99.999%）、②PSA：中容量（50～5000 Nm^3/h）、中純度（99～99.99%）、③膜分離：小容量（700 Nm^3/h 以下）

(3) 他に比較的出願件数の多いものは、低コスト化に対する解決手段としてシステム・装置化全般の開発があり、出願件数は9件で装置の低コストのための装置の構造材料、製作方法の開発が行われている。

表1.5.5-1 酸素分離技術の課題別解決手段

解決手段 / 課題	製膜方法 膜材質	製膜方法 膜に機能物質添加	製膜方法 製膜技術	製膜方法 製孔技術	製膜方法 複合化	モジュール化 モジュール製造全般	モジュール化 システム・装置化全般	モジュール化 補助機能全般
装置化 膜製造法開発	B3 C1 E1 G1 J2	J1	A1 B2 C1 G1 H1 J1		B3			
装置化 モジュール製造法開発	F1 G1					B1 O1		I1
装置化 膜の耐久性向上	B1 J1	J1	B1 C1 H2		B1			
装置化 小型化	B1		A1 B1		B1	A2 L1	A2 K1	
装置化 大型化								M1
装置化 処理能力向上			C1			B1 C1 I1 N1		
装置化 低コスト化			A1			A1	A1 D1 F2 N1	

（注）英字は以下の出願人、数字は出願件数を示す。

A 大日本インキ化学工業　F 日東電工　　　K 荏原製作所
B 三菱レイヨン　　　　　G 日本酸素　　　L 山陽電子工業
C テルモ　　　　　　　　H 日本碍子　　　M タバイエスペック
D 栗田工業　　　　　　　I コガネイ　　　N ダイセル化学工業
E 宇部興産　　　　　　　J 京セラ

図1.5.5-1 酸素分離技術の課題別解決手段

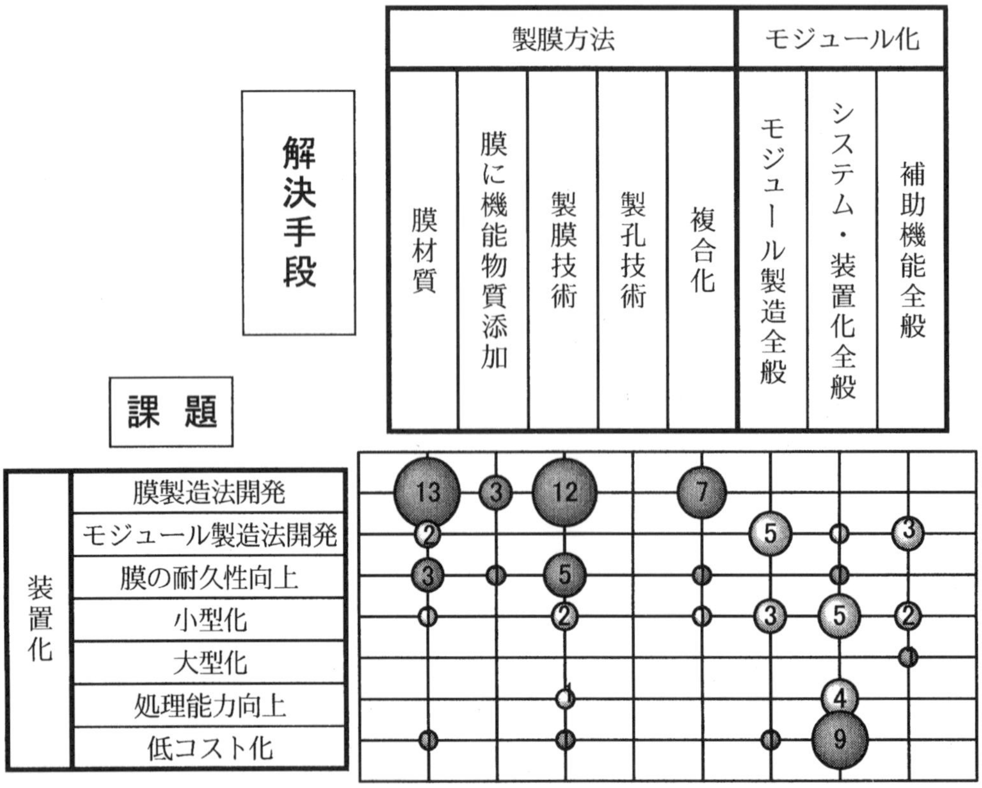

1.5.6 窒素分離技術

窒素分離技術の主要各社について、課題別解決手段をまとめたものを表1.5.6-1、全社でまとめたものを図1.5.6-1に示す。

窒素の膜分離技術の実用化は、酸素の膜分離技術の実用化より早い。使用する膜は酸素の膜分離に使用する膜と全く同じである。現在実用化されている有機非多孔質高分子膜では酸素分子の方が窒素分子より透過速度が速いので、透過ガスが酸素であり、非透過ガスが窒素である。現在開発中の無機多孔質のゼオライト膜の場合は窒素の方が透過速度が速い。どちらかというと製品ガスは非透過ガスとして得た方が膜を透過しないので圧力損出が小さく有利である。開発の動向については、以上のことから1.5.5の酸素分離技術の場合と同様であるが、個々の出願件数は酸素分離技術の場合より少ない。

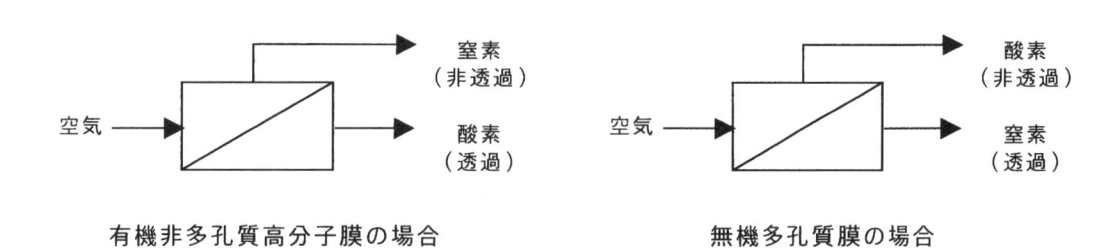

表1.5.6-1 窒素分離技術の課題別解決手段

課題 \ 解決手段	製膜方法：膜材質	製膜方法：膜に機能物質添加	製膜方法：製膜技術	製膜方法：製孔技術	製膜方法：複合化	モジュール化：モジュール製造全般	モジュール化：システム・装置化全般	モジュール化：補助機能全般
装置化／膜製造法開発	B2 E2 F2		B1 E2 F2		E1 G2			
装置化／モジュール製造法開発	C1						A4	A1 G1
装置化／膜の耐久性向上	F1		F1		F1			
装置化／小型化	F1		F1		F1	B1 D1		
装置化／大型化								
装置化／処理能力向上							C1 H1	
装置化／低コスト化								

（注）英字は以下の出願人、数字は出願件数を示す。
A トキコ　　　　E 住友電気工業
B 宇部興産　　　F 三菱レイヨン
C 日東電工　　　G 東芝
D アネスト岩田　H コガネイ

有機非多孔質高分子膜の場合：空気 → [膜] → 窒素（非透過）、酸素（透過）

無機多孔質膜の場合：空気 → [膜] → 酸素（非透過）、窒素（透過）

図 1.5.6-1 窒素分離技術の課題と解決手段

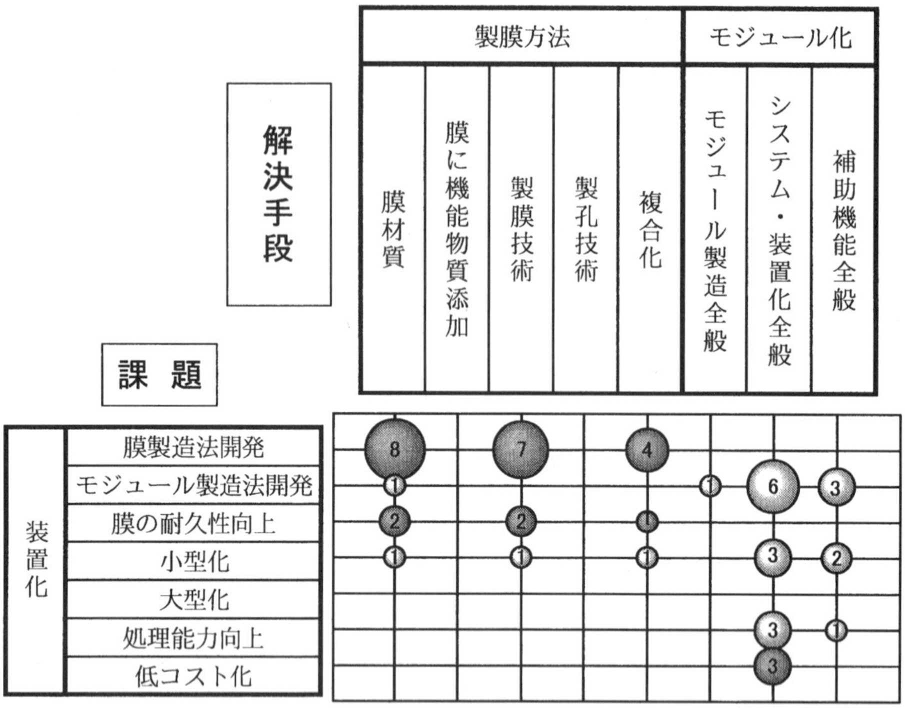

1.5.7 水素分離技術

　水素分離技術の主要各社について、課題別解決手段をまとめたものを表 1.5.7-1、全社でまとめたものを図 1.5.7-1 に示す。

　水素は、21世紀前半までは最も重要なエネルギーで、1.4.7で説明したように、その需要は燃料電池用として急激に伸びると考えられている。しかも燃料電池用の水素の純度は99.9％以上である。このような背景で水素製造技術の開発が行なわれているが、開発の動向については、1.5.5 の酸素分離技術の場合と同様であるが、個々の出願件数は酸素分離技術の場合より多い。

表 1.5.7-1 水素分離技術の課題別解決手段

課題 \ 解決手段	製膜方法 膜材質	製膜方法 膜に機能物質添加	製膜方法 製膜技術	製膜方法 製孔技術	製膜方法 複合化	モジュール化 モジュール製造全般	モジュール化 システム・装置化全般	モジュール化 補助機能全般
装置化 膜製造法開発	A1 B1 C1 D1 E3 H1 I1 J2 L2 M1 N1 O1	A1 B3 C1 E3 G1 I1 J1 L1	A2 B1 C1 E2 H1 I1 J2 L2 M1 N1 O1		A1 D1 I1 L1 N1 O1	E1	B1 D1	L1
装置化 モジュール製造法開発	E1	A1 B1 E1	B1 E1		B1	B1 C2 E1 M1	B1 I1 M1	A2 C1 G1 I1
装置化 膜の耐久性向上	A3 B1 D1 E2 I1 L1 O1	B2 E2 J1	A2 B1 E1 L1 O1		A3 D1 L1 O1	C1 E1	B1 D1 I1	
装置化 小型化	D1	A1				D1 F2	A2 C1	
装置化 大型化							B5 C5	C1
装置化 処理能力向上		B1					B5 C5	C1
装置化 低コスト化	H1	B1	H1		B1	B1 C1 K2	A2 B1	

（注）英字は以下の出願人、数字は出願件数を示す。

A 日本碍子　　　　F 荏原製作所　　　　K オルガノ
B 三菱重工業　　　G 松下電器産業　　　L 東レ
C 東京瓦斯　　　　H 三菱化工機　　　　M トヨタ自動車
D 日本パイオニクス　I 東燃ゼネラル石油　N 日東電工
E 京セラ　　　　　J エヌオーケー　　　O 石川島播磨重工業

図 1.5.7-1 水素分離技術の課題と解決手段

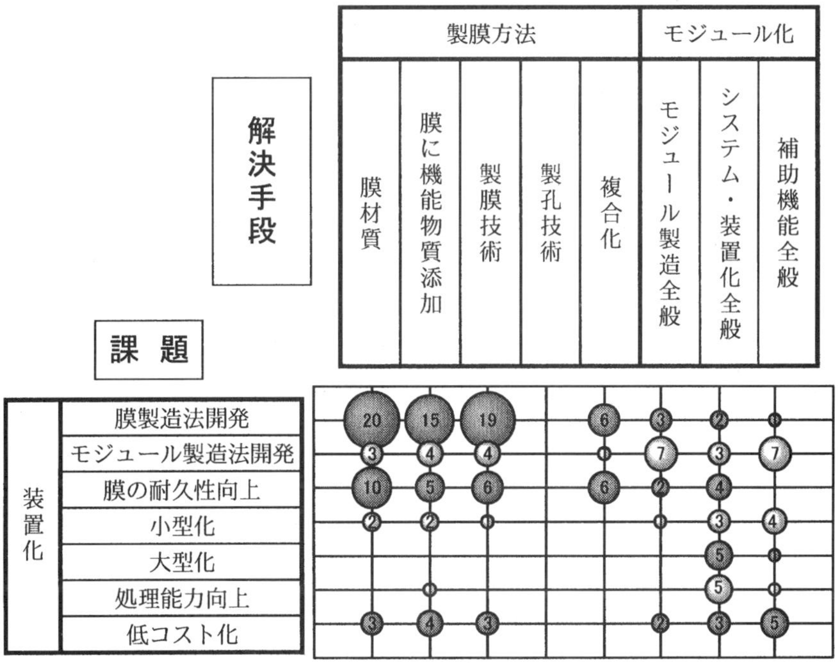

課題 \ 解決手段	膜材質	膜に機能物質添加	製膜技術	製孔技術	複合化	モジュール製造全般	システム・装置化全般	補助機能全般
装置化 膜製造法開発	20	15	19		6	3	2	1
装置化 モジュール製造法開発	3	4	4		1	7	3	7
装置化 膜の耐久性向上	10	5	6		6	2	4	1
装置化 小型化	2	2				3	4	
装置化 大型化							5	1
装置化 処理能力向上		1					5	1
装置化 低コスト化	3	4	3		2	3	5	

55

1.5.8 水蒸気分離（脱湿）技術

　水蒸気分離技術の主要各社について、課題別解決手段をまとめたものを表 1.5.8-1、全社でまとめたものを図 1.5.8-1 に示す。開発の動向については、1.5.5 の酸素分離技術の場合と同様であるが、個々の出願件数は酸素分離技術の場合よりやや少ない。

表 1.5.8-1 水蒸気分離技術の課題別解決手段

課題 / 解決手段		製膜方法				モジュール化		
		膜材質	膜に機能物質添加	製膜技術	製孔技術	複合化	モジュール製造全般	システム・装置化全般	補助機能全般
装置化	膜製造法開発	A1 B1 O2		A1 B1 O2		N2	B1		
	モジュール製造法開発	B1 O1		B1			A1 B1 C1 D2 E2 J1 O1 S2	B1 H1	D1 K1 S1
	膜の耐久性向上	A1 O3 Q2		A1 O3		N1 O1	A1 E1	A2 C1 H1 R1	
	小型化						A1 D2 E1 J1	B3 C3 D3 H3 J1 K2 L2 N1 Q1	B1 C2 D1 E1 G1 I1 J1 K1 L1 M1
	大型化							J1	
	処理能力向上							G1 I1 K1 L1	
	低コスト化							A3 B1 C5 F1 G1 H1 P2	C1

（注）英字は以下の出願人、数字は出願件数を示す。
　　　A 宇部興産　　　H 日立製作所　　　O エヌオーケー
　　　B オリオン機械　I コガネイ　　　　P 竹中工務店
　　　C ダイキン工業　J エスエムシー　　Q ダイセル化学工業
　　　D 溝部　都孝　　K 東芝プラント建設　R 旭硝子エンジニアリング
　　　E 三菱電機　　　L 東芝エンジニアリング　S 三菱レイヨン
　　　F キッツ　　　　M シーケーデイ
　　　G 東芝　　　　　N 日東電工

56

図 1.5.8-1 水蒸気分離技術の課題と解決手段

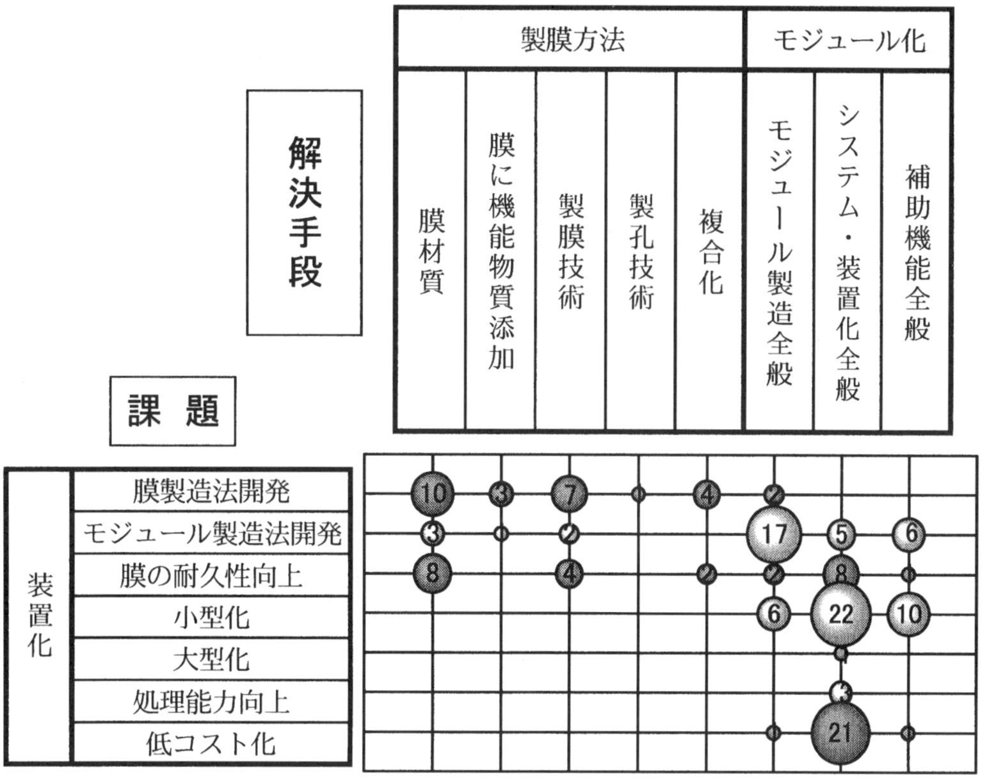

1.5.9 二酸化炭素分離技術

二酸化炭素分離技術の主要各社について、課題別解決手段をまとめたものを表1.5.9-1、全社でまとめたものを図1.5.9-1に示す。開発の動向については、1.5.5の酸素分離技術の場合と同様であり、個々の出願件数も酸素分離技術の場合とほぼ同じである。

表 1.5.9-1 二酸化炭素分離技術の課題別解決手段

	解決手段	製膜方法					モジュール化		
課題		膜材質	膜に機能物質添加	製膜技術	製孔技術	複合化	モジュール製造全般	システム・装置化全般	補助機能全般
装置化	膜製造法開発	A1 B1 G3 H2 L1	F3 G1 H1	B1 F3 G3 H2 L1		A1 H1			
	モジュール製造法開発						A1 I1 J1		
	膜の耐久性向上	G1		B1 G1				K1	
	小型化					A1	D1	A3 D3 E2	A1
	大型化								
	処理能力向上			B1				B1	
	低コスト化							C1 E1 K1	E1

(注) 英字は以下の出願人、数字は出願件数を示す。

- A 三菱レイヨン　　E 三菱重工業　　I 東レ
- B テルモ　　　　　F 日東電工　　　J 島津製作所
- C 栗田工業　　　　G 京セラ　　　　K 宇部興産
- D 大日本インキ化学工業　H 住友電気工業　L 東洋紡績

図 1.5.9-1 二酸化炭素分離技術の課題と解決手段

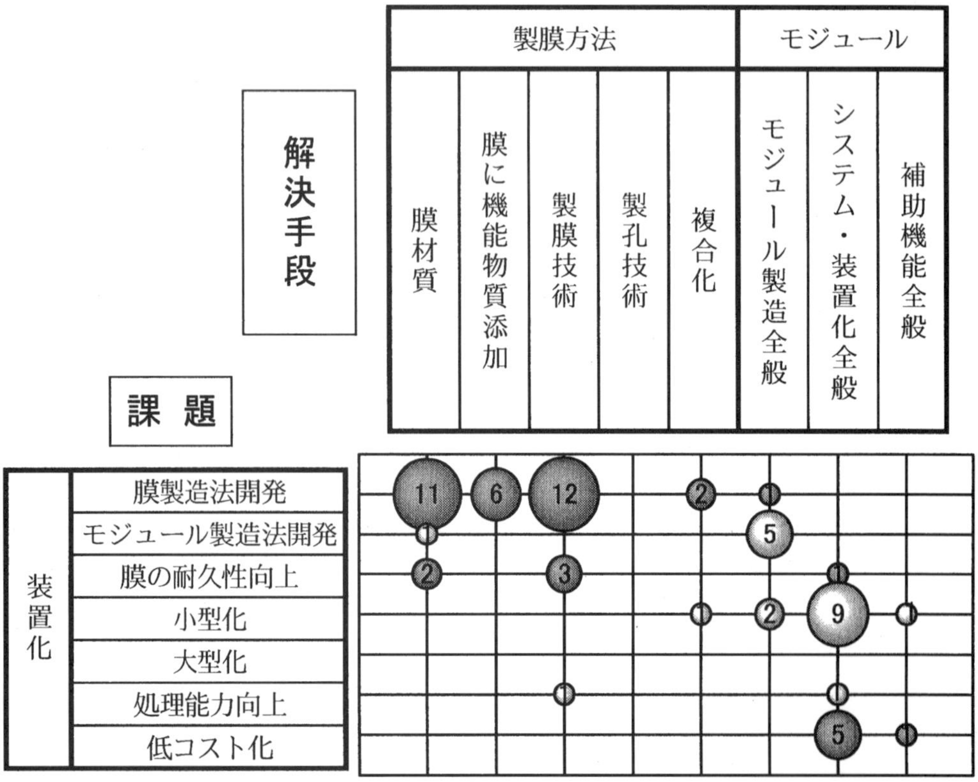

1.5.10 溶存ガス分離技術

溶存ガス分離技術の主要各社について、課題別解決手段をまとめたものを表 1.5.10-1、全社でまとめたものを図 1.5.10-1 に示す。開発の動向については、1.5.5 の酸素分離技術の場合と同様であるが、個々の出願件数は酸素分離技術の場合よりやや少ない。

表 1.5.10-1 溶存ガス分離技術の課題別解決手段

課題\解決手段	製膜方法				モジュール化		
	膜材質	膜に機能物質添加	製膜技術	製孔技術	複合化	モジュール製造全般	システム・装置化全般	補助機能全般
装置化 — 膜製造法開発	A2 G1	G1	A2 E1 G1		G1			
装置化 — モジュール製造法開発	A2			G1		A2 B3 C2 D1 E1 F1		D1
装置化 — 膜の耐久性向上			B1			B3	B1	
装置化 — 小型化				G1		A1 B1 C2 D2 I2	A1 B1	
装置化 — 大型化								
装置化 — 処理能力向上						C2		
装置化 — 低コスト化						D1	A1 H1	B1 C1

（注）英字は以下の出願人、数字は出願件数を示す。
A 日東電工　　　　　D 三浦工業　　　　　G 京セラ
B 三菱レイヨン　　　E 大日本インキ化学工業　H オルガノ
C 富士写真フイルム　F ジャパンゴアテックス　I 大日本スクリーン製造

図 1.5.10-1 溶存ガス分離技術の課題と解決手段

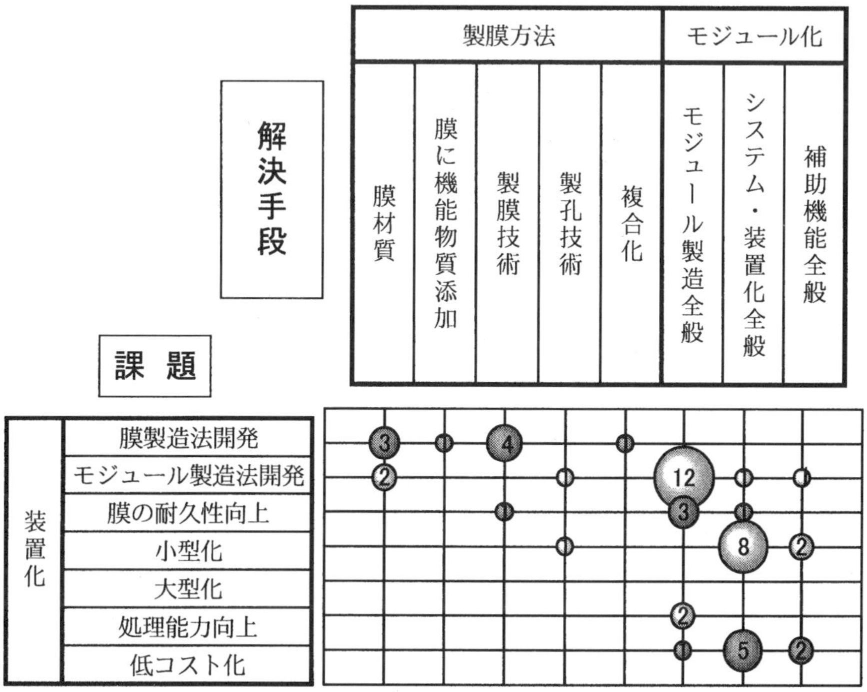

課題\解決手段	製膜方法				モジュール化		
	膜材質	膜に機能物質添加	製膜技術	製孔技術	複合化	モジュール製造全般	システム・装置化全般	補助機能全般
装置化 — 膜製造法開発	3	・	4		・	・		
装置化 — モジュール製造法開発	2			・		12	・	・
装置化 — 膜の耐久性向上			・			3	・	
装置化 — 小型化				・		8	・	2
装置化 — 大型化								
装置化 — 処理能力向上						2		
装置化 — 低コスト化						・	5	2

1.5.11 有機ガス分離技術

有機ガス分離技術の主要各社について、課題別解決手段をまとめたものを表 1.5.11-1、全社でまとめたものを図 1.5.11-1 に示す。有機ガスの膜分離は、今後大きく需要が伸びる範囲であり、開発の動向は、1.5.5 の酸素分離技術の場合と同様であるが、個々の出願件数は酸素分離技術の場合よりやや多い。

表 1.5.11-1 有機ガス分離技術の課題別解決手段

	解決手段	製膜方法					モジュール化		
課題		膜材質	膜に機能物質添加	製膜技術	製孔技術	複合化	モジュール製造全般	システム・装置化全般	補助機能全般
装置化	膜製造法開発	B7 C5 D1 E1 F2 N1	B4 C6 D1 E1 F1	B7 C7 E1 F2 I1 N1	B1 C1	A1 C1 F2 N1			
	モジュール製造法開発	D1 F1	F1		F1	F1	D1 E1 F1 L1	D2 J1	
	膜の耐久性向上	D4 I1		I1			D1	D3 O1	H1
	小型化			F1				D1 O1	
	大型化	D1					D1		K1
	処理能力向上						A1 B1 E1		
	低コスト化					A1	A2 B1 M1	G1 H1	

（注）英字は以下の出願人、数字は出願件数を示す。

A 日東電工　　　　　　　　F 京セラ　　　　　　　　K ダイキン工業
B 石油産業活性化センター　　G オルガノ　　　　　　　L 旭化成
C 東レ　　　　　　　　　　H 三菱重工業　　　　　　M 東芝
D 宇部興産　　　　　　　　I ダイセル化学工業　　　　N 東京瓦斯
E 三菱レイヨン　　　　　　J 三菱化学　　　　　　　O 工業技術院長

図 1.5.11-1 有機ガス分離技術の課題と解決手段

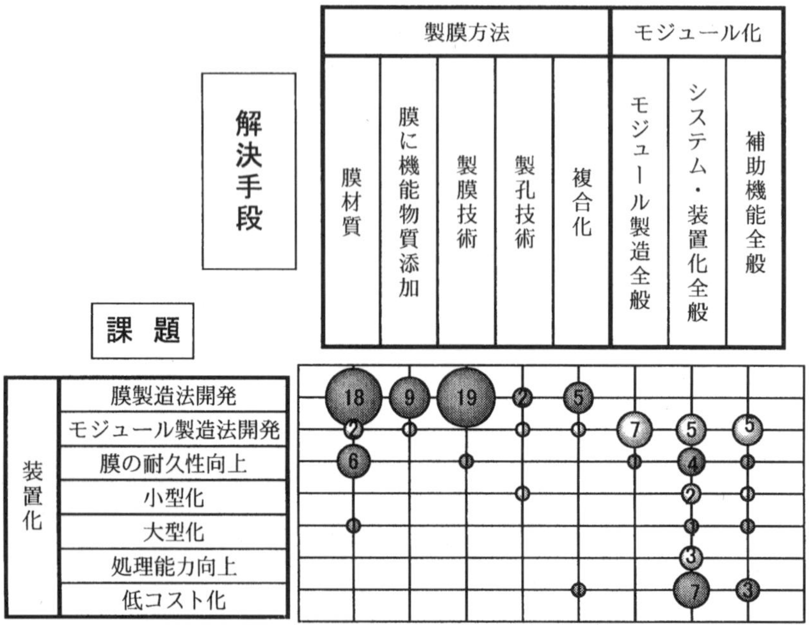

60

2. 主要企業等の特許活動

2.1 日東電工
2.2 三菱レイヨン
2.3 東レ
2.4 宇部興産
2.5 三菱重工業
2.6 エヌオーケー
2.7 日本碍子
2.8 ダイセル化学工業
2.9 日立製作所
2.10 ダイキン工業
2.11 京セラ
2.12 大日本インキ化学工業
2.13 東芝
2.14 旭化成
2.15 東洋紡績
2.16 オリオン機械
2.17 栗田工業
2.18 富士写真フイルム
2.19 テルモ
2.20 トキコ

> 特許流通
> 支援チャート

2．主要企業等の特許活動

主要企業について、企業毎に、企業概要、
主要製品・技術、保有特許等を紹介する。

　気体膜分離装置に対する出願件数の多い企業について、企業毎に企業概要、主要製品・技術、保有特許等を紹介する。なお、以下に掲載する特許は、全て開放可能とは限らない。
　ここでは、全体で出願の多い17社と、主要技術要素毎に出願件数の多い上位1～3社を採り上げ、かつ、外国籍企業を除いた合計20社について以下に紹介する。
　表2-1に主要20社の選出表を示す。

表2-1 主要20社選出表

（注）外国籍企業除く　　　　○は技術要素別の出願件数で1～3位の出願人を示す

NO	出願人名	出願件数	主要20社	製膜	モジュール化	システム・保守	酸素	窒素	水素	水蒸気	二酸化炭素	溶存ガス	有機ガス
1	日東電工	100	○		○	○		○				○	○
2	三菱レイヨン	70	○		○	○	○				○	○	
3	東レ	47	○	○									○
4	宇部興産	44	○		○	○		○		○			
5	三菱重工業	42	○						○				
6	エヌオーケー	40	○	○									
7	日本碍子	32	○						○				
8	ダイセル化学工業	30	○										
9	日立製作所	24	○										
10	ダイキン工業	23	○								○		
11	京セラ	22	○	○									
12	大日本インキ化学工業	22	○			○							
13	東芝	19	○										
14	旭化成	18	○										
15	東洋紡績	16	○										
16	オリオン機械	16	○							○			
17	栗田工業	16	○				○				○		
18	富士写真フイルム	13	○									○	
19	テルモ	11	○				○				○		
20	トキコ	7	○			○							

（注）表2-1の出願件数は、出願取下げ、拒絶査定の確定、
権利放棄、抹消、満了したものを除いた件数である。

2.1 日東電工

2.1.1 企業の概要

表2.1.1-1 日東電工の企業概要

1)	商号	日東電工（株）
2)	設立年月日	大正7年10月25日
3)	資本金	26,783（百万円　平成13年3月）
4)	従業員	人員3,196人
5)	事業内容	◆工業用材料＝接合材料、表面保護材料、防食・防水材料、シーリング材料、包装材料・機器、電子部品用材料等の製造・販売 ◆電子材料＝半導体関連材料、液晶表示関連材料、プリント回路材料等の製造・販売 ◆機能材料＝医療衛生材料、高分子分離膜、フッ素樹脂製品等の製造・販売
6)	事業所	本社/大阪府、支店/東京都・宮城県・群馬県・愛知県・大阪府・広島県・福岡県・栃木県・長野県・静岡県・石川県・兵庫県・愛媛県・鹿児島県、工場/宮城県・埼玉県・愛知県・三重県・滋賀県・広島県・佐賀県
7)	関連会社	国内/日東シンコー・日昌・日東電工マテックス・日東化加工材・福三商工・ニトムズ・日東精機・豊橋日化・埼玉日東電工・三新化成・日東電工包装システム・共信商事
8)	業績推移 （単位:百万円）	<table><tr><th></th><th>売上高</th><th>経常利益</th><th>当期利益</th></tr><tr><td>1997年3月期</td><td>181,834</td><td>12,470</td><td>6,402</td></tr><tr><td>1998年3月期</td><td>195,100</td><td>13,212</td><td>7,350</td></tr><tr><td>1999年3月期</td><td>183,398</td><td>11,996</td><td>3,714</td></tr><tr><td>2000年3月期</td><td>204,192</td><td>20,335</td><td>9,312</td></tr><tr><td>2001年3月期</td><td>222,406</td><td>25,912</td><td>12,973</td></tr></table>
9)	主要製品	光半導体封止用透明樹脂、ウエハ保護・固定用テープ、半導体洗浄用逆浸透膜、磁気抵抗ヘッド用薄膜金属回路基板、熱はく離シート、電子部品搬送用テープ、セラミックバーコードラベル、自動車用製品、粘着テープ
10)	主な取引先	国内・海外販売子会社

2.1.2 気体膜分離装置に関連する製品・技術

　製品リストに挙げた装置以外にも幅広い製品群を有している。また、モジュールの形態もスパイラル型、チューブラー型、中空糸型、その他の特殊型と用途に応じて顧客に供給している。特に注目すべきは、実証試験用テストユニットを有し、顧客のニーズに応じて膜分離装置の実証試験ができる点が営業上の強みとなっている。最近は、特にシステム(装置)化に力を注いでいる。

表2.1.2-1 日東電工の製品・技術(1/2)

分離ガス	製品名 発売時期	出典	製品概要
酸素	酸素富化装置 (1993)	日東電工製品 カタログ (1998)	① 膜材質：シリコン-ポリイミド中空糸複合膜 ② 空気より酸素富化ガスの製造装置
窒素	窒素富化装置 (1992)	日東電工製品 カタログ (1998)	① 膜材質：シリコン-ポリイミド中空糸複合膜 ② 空気より窒素富化ガスの製造装置
水素	水素分離装置 (1994)	日東電工製品 カタログ (1998)	① 膜材質：ポリイミド中空糸 ② 石油精製改質ガス、化学工業メタノール、オキソ合成などからの水素回収

表 2.1.2-1 日東電工の製品・技術(2/2)

分離ガス	製品名 発売時期	出典	製品概要
水蒸気	除湿装置 (1995)	日東電工製品 カタログ(1998)	① 膜材質：ポリイミド中空糸 ② ガスの脱湿、水とアルコールの分離
二酸化炭素	CO_2分離装置 (1993)	日東電工製品 カタログ(1998)	① 膜材質：含フッ素系ポリイミド中空糸複合膜 ② 天然ガス、燃焼排ガスからのCO_2の回収
溶存ガス	溶存ガス脱気装置 (1994)	日東電工製品 カタログ(1998)	① 膜材質：フッ素系樹脂管状型、スパイラル型 ② 水および有機化合物からの脱気
有機ガス	揮発性有機化合物 回収装置 (1995)	ペトロテック vol22,2号 (1999)	① 膜材質：シリコンゴム-ポリイミドスパイラル型複合膜 ② ガス中の揮発性有機化合物の回収
	揮発性有機化合物 回収装置 (1996)	化学工学 vol60,4月 (1996)	① 膜材質：含フッ素ポリイミド中空糸 ② 石油留分の分離
その他	各種ガス分離用 モジュール (1990)	日東電工製品 カタログ(1998)	① 膜材質：各種中空糸、平膜、スパイラル型 ② 各種ガス分離用

2.1.3 技術開発課題対応保有特許の概要

図2.1.3-1、表2.1.3-1に日東電工の気体膜分離装置の課題対応保有特許を示す。出願取下げ、拒絶査定の確定、権利放棄、抹消、満了したものは除かれている。

図2.1.3-1によると、課題の解決手段として製膜技術全般、モジュール製造全般の出願件数が多い。表2.1.3-1に、注目すべき出願については、概要を付記して示す。

図2.1.3-1 日東電工の気体膜分離装置の課題と解決手段

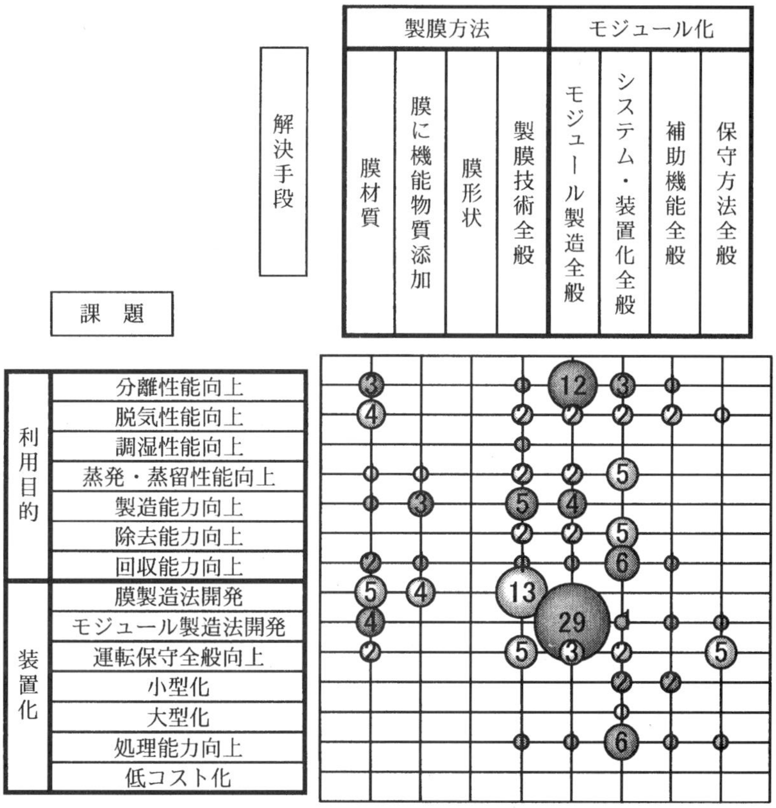

表2.1.3-1 日東電工の技術開発課題対応保有特許(1/6)

技術要素	課題	概要（解決手段）	（代表図面）		特許番号
			特許番号	特許番号	特許分類
製膜	膜製造法開発	膜材質 酸素透過係数が 10^{-7}（$cm^3 \cdot cm/cm^2 \cdot sec \cdot atm25℃$）以上である多孔質構造層と、酸素透過係数が 10^{-8}（$cm^3 \cdot cm/cm^2 \cdot sec \cdot atm25℃$）以下である非多孔質構造層とが厚み方向に一体化され、厚み方向の中心から外表面側と内表面側とで異なった非対称の構造を有し、液体浸透性がなく且つ気体透過性を有するフッ素樹脂チューブを使用する。			特開平10-337405 B01D 19/00
		膜材質	特開平11-9975	特開平11-319519	
		膜に機能物質添加 フッ素含有ポリイミド系気体分離膜において、分離膜の膜面積、スキン膜の平均厚さ、CO_2ガスの透過速度、CO_2/メタンの分離係数をそれぞれ特定することにより、広い膜面積において均質で、高い透過流束と分離係数を有するようにする。			特開平9-896 B01D 71/64
		膜に機能物質添加	特開平11-9975		
		製膜技術全般 多孔質支持膜上にカルボキシメチルセルロースから形成された第1の緻密層とキトサンから形成された第2の緻密層とを有し、一方の緻密層が他方の緻密層にて被覆されてなる積層膜を有する。	$X-Si-O-(Si-O)_n-Si-X$ (with R^z substituents)		特開平5-184890 B01D 71/22
		製膜技術全般	特開平9-896		
		製膜技術全般	特許2942787	特開平5-7749	特開平6-346
		製膜技術全般	特開平6-71147	特開平8-215552	特開平11-319519
		製膜技術全般	特開平9-896		
		モジュール構造	特開平6-346		
	膜の耐久性向上	膜材質	特開平11-319519		
		製膜技術全般	特許2942787	特許3051218	特開平6-346
		製膜技術全般	特開平8-215552	特開平11-319519	
		モジュール構造	特許3051218	特開平6-346	
	低コスト化	膜材質	特開平6-71147		
		製膜技術全般	特開平6-71147		

表 2.1.3-1 日東電工の技術開発課題対応保有特許(2/6)

技術要素	課題	概要（解決手段）	（代表図面） 特許番号	特許番号	特許番号 特許分類
モジュール化	分離性能向上	結束・集束・固定・接着方法 基材を使用しない平膜の内部に多数の中空孔を円筒状に貫通して形成し、膜端面側の開口が透過集合管の外周面側となるように、平膜を透過集合管の外周面にスパイラル状に巻回する。平膜の少なくとも一方の表面には透過集合管に沿って延びる多数の溝が形成されている。			特開平11-114381 B01D 63/10
		結束・集束・固定・接着方法	特開平10-174834	特開平10-216483	特開平11-179167
		結束・集束・固定・接着方法	特開平11-333265	特開2000-42377	実登2512345
		結束・集束・固定・接着方法	実登2511685		
		モジュール構造 プリーツ型膜エレメントの内部には、充填物を内部に有する内側円筒部材を挿入し、外周部には外側円筒部材を装着する。さらにプリーツ型膜エレメントの両端部にはトップキャップおよびボトムキャップが液密に装着される。トップハウジングは、液体供給口およびガス排出口を有し、ボトムハウジングは、ガス溶解液排出口およびガス供給口を有する。			特開2000-42379 B01D 63/14
		モジュール構造	特開平11-114381		
		モジュール構造	特開平10-277370	特開平10-309445	特開平11-179167
		モジュール構造	特開平11-197469	特開平11-333265	特開2000-42377
		モジュール構造	特開2000-176256	実登2512345	実登2511685
		モジュール構造	特開平11-114381		
		モジュール製造方法	特開平11-114381	特開2000-42379	
		モジュール製造方法	特開平10-174834	特開平10-216483	特開平10-277370
		モジュール製造方法	特開平10-309445	特開平11-333265	特開2000-42377
		モジュール製造方法	特開2000-176256	実登2512345	実登2511685
		多段・集積化	特開平9-66217		
		システム・装置化 空気又は空気から分離されたガスを途中のガス分離膜に導き、その非透過ガスまたは透過ガスを次のガス分離膜に導く段数操作を特定回行うことにより、酸素とアルゴンとを空気中から効率良く分離可能とする。			特開平9-206541 B01D 53/22

表 2.1.3-1 日東電工の技術開発課題対応保有特許(3/6)

技術要素	課題	概要（解決手段）	(代表図面) 特許番号	特許番号	特許番号 特許分類
モジュール化	分離性能向上	システム・装置化 吸湿剤、吸着剤などの処理剤を気体透過性のフッ素樹脂フィルムと気体非透過性の支持材とにより構成された壁材により形成された空間に内包する。必要とされる気体透過量に応じて、フッ素樹脂フィルムは多孔性または無孔性とし、支持材とフッ素樹脂フィルムとの比率を調整する。			特開2001-79369 B01D 71/32
		他の単位操作の組合せ	特開平11-333284		
	脱気性能向上	モジュール構造	特許2892137	特許2898763	特開平9-248401
		モジュール構造	特開平11-300104		
		モジュール製造方法 内表面又は外表面のいずれか一方側が気孔を有する多孔質構造で、他方側の表面が実質的に気孔を有しておらず液体浸透性がなく且つ気体透過性の非多孔質構造の非対称構造フッ素樹脂チューブを容器内に配設する。			特開平10-202074 B01D 71/36
		モジュール製造方法		特開平9-248401	
		システム・装置化	特開平10-165708	特開平10-165709	
		補助機能・構成機器の改良	特開平10-5503	特開平10-57946	
	蒸発・蒸留性能向上	結束・集束・固定・接着方法	特開平11-197468		
		モジュール構造	特許2836980	特開平11-197468	
		モジュール製造方法	特許2878825	特開平11-197468	
		システム・装置化	特公平7-36887	特許2836983	特許2827057
		システム・装置化	特許2799995	特開平8-24584	
	製造能力向上	結束・集束・固定・接着方法	特開平11-179162	特開2001-62260	特開2001-62262
		結束・集束・固定・接着方法	実公平7-25215		
		モジュール構造	特開2001-62260	特開2001-62262	実公平7-25215
		モジュール製造方法	特開平11-179162	特開2001-62260	特開2001-62262
		モジュール製造方法	実公平7-25215		

表 2.1.3-1 日東電工の技術開発課題対応保有特許(4/6)

技術要素	課題	概要（解決手段）	（代表図面）特許番号	特許番号	特許番号 特許分類
モジュール化	除去能力向上	結束・集束・固定・接着方法	特開平11-197468	特開平11-221449	
		モジュール構造	特許2898763	特開平11-197468	特開平11-221449
		システム・装置化 ガス透過膜と該ガス透過膜の内側にガス透過室を有する脱ガス器をガス溶存液中に浸漬し、ガス溶存液を不駆動状態に保ちつつ溶存ガスをガス透過膜を通して除去する。			特開2000-288306 B01D 19/00
		システム・装置化	特許3023802		
	回収能力向上	結束・集束・固定・接着方法	特開平11-221449		
		モジュール構造	特開平11-221449		
		モジュール製造方法	特開平11-221449		
		システム・装置化 濃縮気体の冷却、凝縮過程における非凝縮気体の有機溶剤濃度を膜モジュールにおける非透過気体の有機溶剤濃度よりも高くし、その非凝縮気体を混合気体供給側に戻す。			特許2832371 B01D 53/22
		システム・装置化 ガソリンを貯留するための地下タンクから自動車の燃料タンクへ給油配管からなる送液ラインを通じてガソリンを給油する際、給油中に燃料タンクから発生するガソリン蒸気含有排気ガスを吸引配管からなる吸気ラインを通じて回収する回収方法において、吸気ラインに液化器を接続し、回収するガソリン蒸気含有排気ガスをその液化器で液化させ、液化された回収ガソリンを送液ラインに合流させる。			特開平9-324183 C10L 1/00
		システム・装置化	特公平7-61413	特許2832372	
		他の単位操作の組合せ	特開平8-323131		
		補助機能・構成機器の改良	特開平8-323131		
	運転保守全般向上	結束・集束・固定・接着方法 中空糸膜群を複数箇の子束に分割し、各子束の自由端またはその近くを結束部材で結束する。			特開平6-178917 B01D 63/02
		結束・集束・固定・接着方法	特開平10-174834		

表 2.1.3-1 日東電工の技術開発課題対応保有特許(5/6)

技術要素	課題	概要（解決手段）	（代表図面）		特許番号 特許分類
			特許番号	特許番号	
モジュール化	運転保守全般向上	モジュール構造	特開平5-285348	特開平6-346	特開平9-248401
		モジュール製造方法	特開平9-248401	特開平10-174834	
		保守方法全般	特開平9-248401		
システム化・保守	分離性能向上	モジュール製造全般	特開平9-66217		
	除去能力向上	システム・装置化	特許2938194	特許3032595	特許3023802
		システム・装置化	特開平5-309358		
	回収能力向上	システム・装置化 濃縮気体の冷却、凝縮過程における非凝縮気体の有機溶剤濃度を膜モジュールにおける非透過気体の有機溶剤濃度よりも高くし、その非凝縮気体を混合気体供給側に戻す。			特許2832371 B01D 53/22
		システム・装置化 有機蒸気含有排ガスを膜分離法と圧縮冷却法との組合せにより、一定の極低有機蒸気濃度で排気でき、かつ高効率で有機成分を液化回収できる有機蒸気含有排ガスの処理方法			特開平7-47222 B01D 53/22 ZAB
		システム・装置化	特公平7-61413	特開平6-114229	特許2832372
		他の単位操作の組合せ	特開平8-323131		
	運転保守全般向上	システム・装置化 半透膜のスポンジ層内に支持布を埋め込み、被処理流体に接するスポンジ層表面にスキン層を設けた膜を使用したことを特徴とする構成であり、透過流体に接するスポンジ層裏面に、スポンジ層表面のスキン層よりも粗密度のスキン層を設けることができる。			特許3105610 B01D 63/10
		システム・装置化	特開平5-309358		
酸素分離	低コスト化	システム・装置化全般	特開平9-122685		
水素分離	膜製造法開発	膜材質 外圧型ガス分離用複合中糸膜は、外表面の緻密層とこれを一体に支持する多孔質層とからなり、5,000～100,000の範囲の分画分子量を有し、強度的支持機能を有する多孔性非対称中空支持膜と、上記緻密層上の6FDA系含フッ素ポリイミド樹脂からなるガス分離機能を有する非多孔質薄膜とを有する。			特開2000-42342 B01D 53/22

表 2.1.3-1 日東電工の技術開発課題対応保有特許(6/6)

技術要素	課題	概要（解決手段）	（代表図面）特許番号	特許番号	特許番号 特許分類
水蒸気分離	膜製造法開発	複合化 多孔質支持膜上にカルボキシメチルセルロースから形成された第1の緻密層とキトサンから形成された第2の緻密層とを有し、一方の緻密層が他方の緻密層にて被覆されてなる積層膜を有する。			特開平5-184890 B01D 71/22
		複合化	特許2942787		
	モジュール製造法開発	モジュール製造全般	特開平11-137931		
	膜の耐久性向上	複合化	特許2942787		
二酸化炭素分離	膜製造法開発	膜材質 外圧型ガス分離用複合中糸膜は、外表面の緻密層とこれを一体に支持する多孔質層とからなり、5,000～100,000の範囲の分画分子量を有し、強度的支持機能を有する多孔性非対称中空支持膜と、上記緻密層上の6FDA系含フッ素ポリイミド樹脂からなるガス分離機能を有する非多孔質薄膜とを有する。			特開2000-42342 B01D 53/22
	モジュール製造法開発	モジュール製造全般	特開2001-62261		
溶存ガス分離	膜製造法開発	膜材質 酸素透過係数が 10^{-7} ($cm^3 \cdot cm/cm^2 \cdot sec \cdot atm25℃$) 以上である多孔質構造層と、酸素透過係数が 10^{-8} ($cm^3 \cdot cm/cm^2 \cdot sec \cdot atm25℃$) 以下である非多孔質構造層とが厚み方向に一体化され、厚み方向の中心から外表面側と内表面側とで異なった非対称の構造を有し、液体浸透性がなく且つ気体透過性を有するフッ素樹脂チューブを使用する。			特開平10-337405 B01D 19/00
		膜材質	特開2000-318040		
		製膜技術	特開2000-318040		
	モジュール製造法開発	膜材質 内表面又は外表面のいずれか一方側が気孔を有する多孔質構造で、他方側の表面が実質的に気孔を有しておらず液体浸透性がなく且つ気体透過性の非多孔質構造の非対称構造フッ素樹脂チューブを容器内に配設する。			特開平10-202074 B01D 71/36
		膜材質	特開平11-300104		
		モジュール製造全般	特開平9-248401		
	膜の耐久性向上	システム・装置化 ガス透過膜と該ガス透過膜の内側にガス透過室を有する脱ガス器をガス溶存液中に浸漬し、ガス溶存液を不駆動状態に保ちつつ溶存ガスをガス透過膜を通して除去する。			特開2000-288306 B01D 19/00
	低コスト化	システム・装置化全般	特開平9-122685		
有機ガス分離	膜製造法開発	複合化	特開平6-71147		
	処理能力向上	モジュール製造全般	特開平5-131123		
	低コスト化	複合化	特開平6-71147		
		システム・装置化全般	特許2938194	特公平7-61413	

2.1.4 技術開発拠点

表2.1.4-1 日東電工の技術開発拠点

No.	都道府県名	本社・事業所・研究所
1	大阪府	本社
2	宮城県	東北事業所
3	埼玉県	関東事業所
4	愛知県	豊橋事業所
5	三重県	亀山事業所
6	滋賀県	滋賀事業所
7	広島県	尾道事業所
8	佐賀県	九州事業所

2.1.5 研究開発者

図2.1.5-1 日東電工における発明者数と出願件数の推移

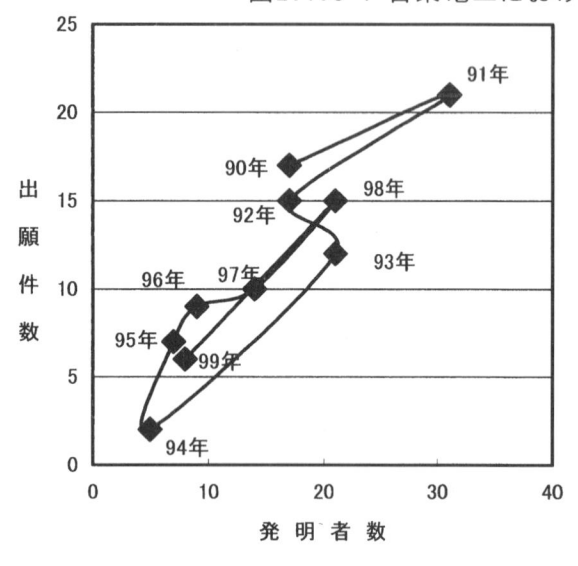

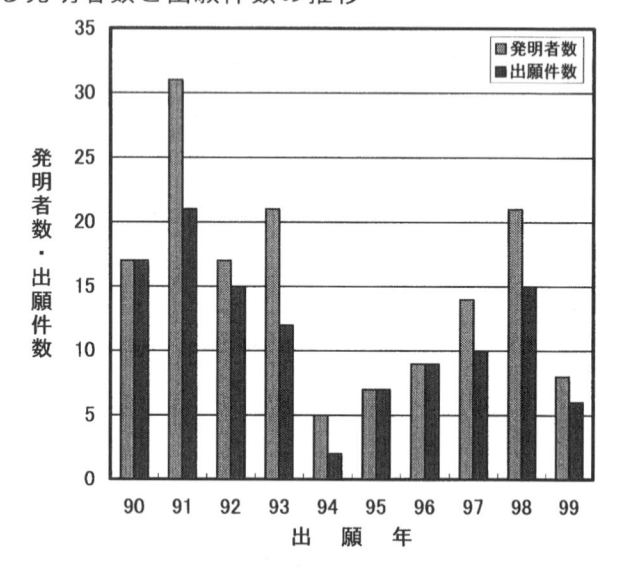

2.2 三菱レイヨン

2.2.1 企業の概要

表2.2.1-1 三菱レイヨンの企業概要

1)	商号	三菱レイヨン（株）
2)	設立年月日	昭和 25 年 6 月 1 日
3)	資本金	53,230（百万円　平成 13 年 3 月）
4)	従業員	人員 4,073 人
5)	事業内容	◆化成品・樹脂事業＝化成品、成形材料、シート、フィルム、加工品、樹脂添加剤、コーティング材料など ◆繊維事業＝アクリル繊維、アセテート繊維、ポリエステル繊維、ポリプロピレン繊維、繊維製造など ◆機能製品事業＝炭素繊維、複合材料加工品、プラスチック光ファイバー、映像表示材料、清水器、中空糸膜フィルター、プリント配線板など ◆その他の事業＝エンジニアリング、サービス・情報処理、商社
6)	技術・資本提携関係	技術提携/METABLEN COMPANY・Dianal America・MRC Resins・蘇州三友利化工・Thai MMA 資本提携/E.I.du Pont de Nemours・Elf Atochem North America・Elf Atochem Holland Holding・Network Polymers・P.T.TRITUNGGAL MULTICHEMICALS・伊藤忠商事・Thai Urethane Plastic・Charoen Bura Co.,Ltd.・中外貿易・吉林化学工業公司　蘇州安利化工廠・住友商事・Cementhai Chemicals Co.,Ltd.・Bangkok Synthetics Co.,Ltd・三菱商事・Thai-MC Co.,Ltd.・Aristech Chemical Corporation・ダイヤテキスタイル・三菱化学・ダイヤフロック
7)	事業所	本社/東京都、支店/大阪府・愛知県、事業所/広島県・愛知県・富山県・神奈川県、研究所/広島県・愛知県・神奈川県
8)	関連会社	国内/三菱レイヨンエンジニアリング・三菱バーリントン・菱光電子工業・ダイヤフロック・日東石膏ボード・エムアールシー幸田・菱晃・エムアールシーテックス・ダイヤテック・トーセン・エムアールシー情報システム・エムアールシーコンポジットプロダクツ・菱光サイジング・エムアールシーポリサッカライド・コステムヨシダ・ダイヤテキスタイル・エムアールシーファイナンス・東栄化成・エムアールシー・デュポン・デュポンエムアールシードライフィルム
9)	業績推移 （単位:百万円）		売上高	経常利益	当期利益
		1997 年 3 月期	246,278	14,650	6,625
		1998 年 3 月期	248,466	19,554	7,592
		1999 年 3 月期	232,385	12,864	5,951
		2000 年 3 月期	239,810	13,939	5,011
		2001 年 3 月期	242,027	14,240	-4,428
10)	主要製品	化成品（MMA モノマー、紙薬品・凝集剤原料、有機溶媒、医農薬・ゴム薬原料、アクリロニトリル、キレート剤、触媒）、成形材料（アクリル、ABS、PET、PBT、エンプラアロイ）、シート・フィルム・加工品（アクリルシート、アクリルフィルム、航空機材）、樹脂添加剤（MBS）、コーティング材料（塗装用、記録材用、印刷用、粘・接着剤用）、人工大理石、アクリル繊維（短繊維、長繊維）、アセテート繊維（長繊維、トウ）、ポリエステル繊維（長繊維）、ポリプロピレン繊維（長繊維）、スウェード調ファブリック、繊維製品、カーペット、炭素繊維（トウ、クロス、プリプレグ、強化樹脂ペレット）、複合材料加工品（スポーツ用、工業用）、プラスチック光ファイバー、清水器（家庭用、業務用、携帯用）、画像表示材料、中空糸膜フィルター（工業用、発電所用、メディカル用）、プリント配線板、プラントエンジニアリング、環境・水処理機器、自然光採光システム、水族館用水槽パネル
11)	主な取引先	三菱商事、伊藤忠商事、丸紅、島田商会、蝶理

2.2.2 気体膜分離装置に関連する製品・技術

　もともと紡糸技術から派生した製膜・モジュール化技術から出発したが、製品リストに挙げたように主要ガス分離装置およびそれ以外にも幅広い製品群を有している。また、モジュールの形態もスパイラル型、チューブラー型、中空糸型、その他の特殊型と用途に応じて顧客に供給している。

表2.2.2-1 三菱レイヨンの製品・技術

分離ガス	製品名 発売時期	出典	製品概要
酸素	酸素富化装置 (1996)	三菱レイヨン カタログ(1997)	① 膜材質：PE、PP、PVF2 多孔質膜シリコン PPO、コーティング中空糸複合膜 ② 空気より酸素富化ガスの製造装置
窒素	窒素富化用 モジュール (1996)	三菱レイヨン カタログ(1997)	① 膜材質：PE、PP、PVF2 多孔質膜シリコン PPO、コーティング中空糸複合膜 ② 空気より窒素富化ガス用モジュール
水蒸気	脱湿装置 (1994)	三菱レイヨン カタログ(1997)	① 膜材質：不明 ② 空気の脱湿
二酸化炭素	CO_2分離装置 (1996)	三菱レイヨン カタログ(1997)	① 膜材質：不明、中空糸複合膜 ② 天然ガス、燃焼排ガスからのCO_2回収
溶存ガス	溶存ガス脱気装置 (1995)	三菱レイヨン カタログ(1997)	① 膜材質：ポリエチレン、テトラフルオロエチレン平膜 ② 水、有機化合物より溶存ガスの脱気
有機ガス	揮発性有機化合物 回収装置 (1995)	三菱レイヨン カタログ(1997)	① 膜材質：不明 ② ガス中の揮発性有機化合物の回収
その他	限外ろ過膜 モジュール (1990)	三菱レイヨン カタログ(1997)	① 膜材質：ポリエチレン系中空糸 ② ガス分離全般
	O_2/CO_2分離装置 (1994)	三菱レイヨン カタログ(1997)	① 膜材質：ポリウレタン系ポリマー中空糸 ② 医療用人工肺など

2.2.3 技術開発課題対応保有特許の概要

　図2.2.3-1に三菱レイヨンの気体膜分離装置の課題対応保有特許を示す。出願取下げ、拒絶査定の確定、権利放棄、抹消、満了したものは除かれている。

　図2.2.3-1によると、課題の解決手段として膜材質、製膜技術全般、モジュール製造全般、システム・装置化全般の出願件数が多い。表2.2.3-1に、注目すべき出願については、概要を付記して示す。

図2.2.3-1 三菱レイヨンの気体膜分離装置の課題と解決手段

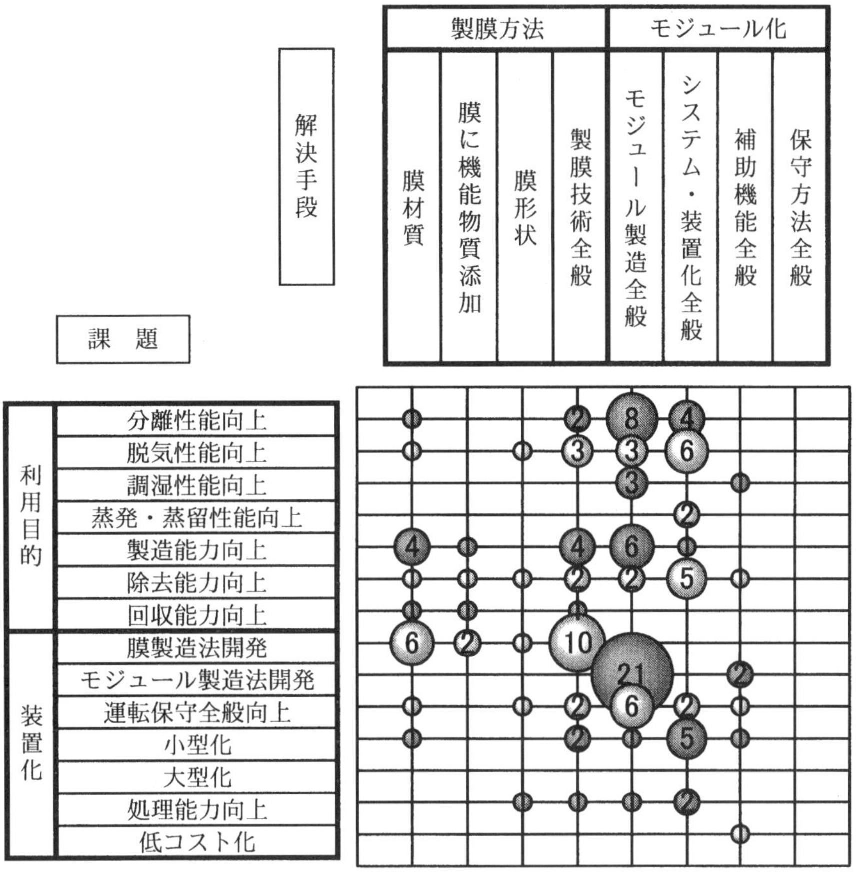

解決手段

製膜方法: 膜材質、膜に機能物質添加、膜形状、製膜技術全般
モジュール化: モジュール製造全般、システム・装置化全般、補助機能全般、保守方法全般

課題

利用目的: 分離性能向上、脱気性能向上、調湿性能向上、蒸発・蒸留性能向上、製造能力向上、除去能力向上、回収能力向上
装置化: 膜製造法開発、モジュール製造法開発、運転保守全般向上、小型化、大型化、処理能力向上、低コスト化

表2.2.3-1 三菱レイヨンの技術開発課題対応保有特許(1/6)

技術要素	課題	概要（解決手段）	（代表図面） 特許番号	特許番号	特許番号 特許分類
製膜	膜製造法開発	膜材質 ポリオレフィンとポリジメチルシリコンの一方を海、他方を島とする海島構造の緻密層をポリオレフィンの多孔質層で挟みこんだ複合構造をなし、窒素に対する有機化合物蒸気の透過係数比が 10～10,000 である。			特開平11-114386 B01D 69/08
		膜材質 均質薄膜を多孔質支持体層で挟み込んだ複合構造の平膜であって、平膜の酸素透過流量/窒素透過流量の透過流量比が 1.1 以上であり、JISK7114に準じて平膜を薬液に浸漬した後の透過流量比の変化率が±10％以内。脱気到達水準を満足しうるに十分な窒素透過流量、酸素透過流量を有している。	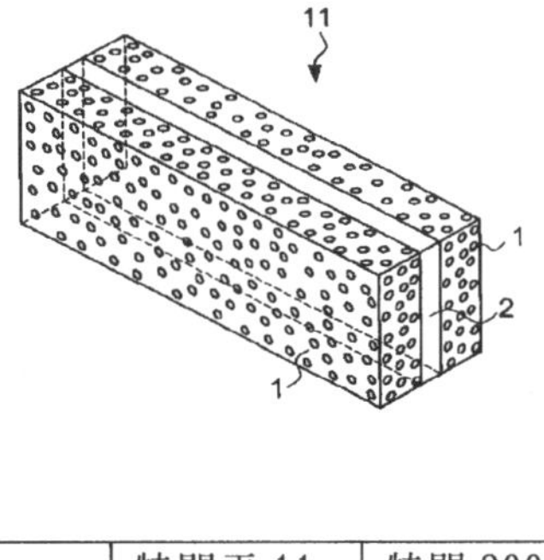		特開2000-288366 B01D 69/12
		膜材質	特開平11-253768	特開2000-84368	特開2001-62258
		膜に機能物質添加	特開平11-253768		

75

表 2.2.3-1 三菱レイヨンの技術開発課題対応保有特許(2/6)

技術要素	課題	概要(解決手段)	(代表図面) 特許番号	特許番号	特許番号 特許分類
製膜	膜製造法開発	膜形状	特許3168036		
		製膜技術全般	特許2751463	特許2906064	特許3168036
		製膜技術全般	特許3130996	特開平11-253768	特開2000-84368
	膜の耐久性向上	膜材質 均質薄膜を多孔質支持体層で挟み込んだ複合構造の平膜であって、平膜の酸素透過流量/窒素透過流量の透過流量比が1.1以上であり、JISK7114に準じて平膜を薬液に浸漬した後の透過流量比の変化率が±10%以内。脱気到達水準を満足しうるに十分な窒素透過流量、酸素透過流量を有している。			特開2000-288366 B01D 69/12
		膜形状	特許2858262		
		製膜技術全般	特許2858262		
	小型化	膜材質	特開2000-84368		
		製膜技術全般	特開2000-84368		
	処理能力向上	膜形状	特許3168036		
		製膜技術全般	特許3168036		
モジュール化	分離性能向上	結束・集束・固定・接着方法 均質膜層をその両側から多孔質膜層で挟み込んだ三層構造の複合中空糸膜において、少なくとも一方の多孔質膜層の厚みが1〜5μmであり、かつ均質膜層を構成する素材の酸素ガス透過係数 P (cm^3(STP)・cm/cm^2・sec・cmHg)と均質膜層の厚みL (cm)とが、P/L≧8.0×10^{-6} (cm^3(STP)/cm^2・sec・cmHg)なる関係を有する人工肺用複合中空糸膜。			特許2974999 B01D 69/08
		結束・集束・固定・接着方法 膜モジュールと圧力容器とモジュール連結部材とを具備し、膜モジュールの両端部に螺刻された螺合手段と圧力容器内のモジュール固定部に螺刻された螺合手段、および螺合手段とモジュール連結部材の両端部に螺刻された螺合手段とが1〜20N・mのトルクで螺合されている液体処理装置。			特開2001-79359 B01D 63/02
		結束・集束・固定・接着方法	特開平9-24253	特開平10-99653	特開平11-123319
		結束・集束・固定・接着方法	特開2000-42375	特開2000-176253	特開2000-325762

表2.2.3-1 三菱レイヨンの技術開発課題対応保有特許(3/6)

技術要素	課題	概要（解決手段）	（代表図面）		特許番号 特許分類
			特許番号	特許番号	
モジュール化	分離性能向上	モジュール構造	特開平9-24253	特開平11-123319	特開2000-42375
		モジュール構造	特開2000-176253	特開2000-325762	特許3048501
		モジュール製造方法	特開平9-24253	特開平10-99653	特開2000-42375
		モジュール製造方法	特開2000-176253	特開2000-325762	
		システム・装置化	特許3048499	特開平8-281087	特開2000-51672
		システム・装置化	特開2001-113289		
	脱気性能向上	結束・集束・固定・接着方法	特開2000-229225	特開2000-233118	特開2000-342934
		モジュール構造	特開平6-114370	特開平7-178322	特開2000-229225
		モジュール構造	特開2000-233118	特開2000-342934	特開平8-141372
		モジュール製造方法	特開2000-229225	特開2000-233118	特開2000-342934
		システム・装置化	特開平6-47370	特開平9-75914	特開平11-209670
		システム・装置化	特開平11-244607	特開2000-317210	特開2000-317211
	調湿性能向上	結束・集束・固定・接着方法	特許3065646	特開平9-192442	特開平9-276642
		モジュール構造	特開平9-192442	特開平9-276642	特開平8-942
		モジュール製造方法	特開平9-276642		
		補助機能・構成機器の改良	特開平9-276642		
	蒸発・蒸留性能向上	システム・装置化 揮発性有機物を含む水溶液が中空糸膜の中空部を流れる際に外気の空気と置換して中空糸膜外に出た有機ガスを排気口より排気手段を介して吸引、排気する。			特開平6-63536 C02F 1/20
		システム・装置化	特開平10-15359		
	製造能力向上	結束・集束・固定・接着方法	特開平10-118464	特開平10-183089	特開2000-117061
		結束・集束・固定・接着方法	特開2000-233118	特開2001-54724	特開2000-342934
		モジュール構造	特開平10-118464	特開平10-183089	特開2000-117061
		モジュール構造	特開2000-233118	特開2001-54724	特開2000-342934
		モジュール製造方法	特開平10-118464	特開平10-183089	特開2000-117061
		モジュール製造方法	特開2000-233118	特開2001-54724	特開2000-342934

表 2.2.3-1 三菱レイヨンの技術開発課題対応保有特許(4/6)

技術要素	課題	概要（解決手段）	（代表図面）特許番号	特許番号	特許番号 特許分類
モジュール化	製造能力向上	システム・装置化	特開平7-155789		
	除去能力向上	システム・装置化 揮発性有機物を含む水溶液が中空糸膜の中空部を流れる際に外気の空気と置換して中空糸膜外に出た有機ガスを排気口より排気手段を介して吸引、排気する。			特開平6-63536 C02F 1/20
		モジュール構造	特開平6-114370	特開平8-141372	特許3201639
		モジュール構造	特開平8-942		
		モジュール製造方法	特開平8-252437	特開平9-29232	
		システム・装置化	特開平6-47370	特開平6-114370	特開平8-243545
		システム・装置化	特開平8-224406	特開平9-75914	
		他の単位操作の組合せ	特開平10-249105		
	運転保守全般向上	結束・集束・固定・接着方法	特許3065646	特開平7-47239	特開2000-176253
		結束・集束・固定・接着方法	特開2000-229225	特開2000-325762	特開2000-342934
		モジュール構造	特開平7-178322	特開2000-176253	特開2000-229225
		モジュール構造	特開2000-325762	特開2000-342934	
		モジュール製造方法	特開2000-176253	特開2000-229225	特開2000-325762
		モジュール製造方法	特開2000-342934		
		システム・装置化	特開2000-51672	特開平8-224406	
		他の単位操作の組合せ	特開平9-99222		
		補助機能・構成機器の改良	特開平9-99222		
システム化・保守	分離性能向上	システム・装置化	特許3048499		
	脱気性能向上	システム・装置化	特開2000-317211		
酸素分離	膜製造法開発	膜材質 ポリウレタン系ポリマーからなる均質膜層をその両側から多孔質膜層で挟み込んだ三層構造の複合中空糸膜において、少なくとも一方の多孔質膜層の厚みが1～5μmである複合中空糸膜。			特許2975000 B01D 69/08

表2.2.3-1 三菱レイヨンの技術開発課題対応保有特許(5/6)

技術要素	課題	概要（解決手段）	（代表図面）		特許番号 特許分類
			特許番号	特許番号	
酸素分離	モジュール製造法開発	結束・集束・固定・接着方法 均質膜層をその両側から多孔質膜層で挟み込んだ三層構造の複合中空糸膜において、少なくとも一方の多孔質膜層の厚みが1～5μmであり、かつ均質膜層を構成する素材の酸素ガス透過係数 P（cm³（STP）・cm/cm²・sec・cmHg）と均質膜層の厚み L（cm）とが、P/L≧8.0×10⁻⁶（cm³（STP）/cm²・sec・cmHg）なる関係を有する人工肺用複合中空糸膜。			特許 2974999 B01D 69/08
	低コスト化	補助機能・構成機器の改良 複数本の中空糸膜からなる中空糸膜編織物を中空管の外面上に渦巻き上に巻いた巻層体が、壁面に液体出入口を有するハウジングの内部に収容され、ポッティング剤を用いて形成されたポッティング部でハウジングに接着固定されているモジュールである。			特開平11-47564 B01D 69/08
水蒸気分離	モジュール製造法開発	モジュール製造全般	特開平8-252437	特開平9-192442	
	膜の耐久性向上	製膜技術	特許 2858262		
二酸化炭素分離	膜製造法開発	膜材質 ポリウレタン系ポリマーからなる均質膜層をその両側から多孔質膜層で挟み込んだ三層構造の複合中空糸膜において、少なくとも一方の多孔質膜層の厚みが1～5μmである複合中空糸膜。			特許 2975000 B01D 69/08
	モジュール製造法開発	結束・集束・固定・接着方法 均質膜層をその両側から多孔質膜層で挟み込んだ三層構造の複合中空糸膜において、少なくとも一方の多孔質膜層の厚みが1～5μmであり、かつ均質膜層を構成する素材の酸素ガス透過係数 P（cm³（STP）・cm/cm²・sec・cmHg）と均質膜層の厚み L（cm）とが、P/L≧8.0×10⁻⁶（cm³（STP）/cm²・sec・cmHg）なる関係を有する人工肺用複合中空糸膜。			特許 2974999 B01D 69/08
		モジュール製造全般	特開2000-229225		
	膜の耐久性向上	モジュール製造全般	特開2000-229225		
	小型化	複合化	特開平7-313856		
		システム・装置化全般	特開平7-313856	特開平8-281087	特開2001-113289
		補助機能全般	特開平10-249105		
溶存ガス分離	膜製造法開発	膜材質 均質薄膜を多孔質支持体層で挟み込んだ複合構造の平膜であって、平膜の酸素透過流量/窒素透過流量の透過流量比が1.1以上であり、JISK7114に準じて平膜を薬液に浸漬した後の透過流量比の変化率が±10％以内。脱気到達水準を満足しうるに十分な窒素透過流量、酸素透過流量を有している。			特開2000-288366 B01D 69/12
		膜材質	特開2000-84368		
		製膜技術	特開2000-84368		

表 2.2.3-1 三菱レイヨンの技術開発課題対応保有特許(6/6)

技術要素	課題	概要（解決手段）	（代表図面）特許番号	特許番号	特許番号 特許分類
溶存ガス分離	膜製造法開発	複合化	特開2000-84368		
	モジュール製造法開発	モジュール製造全般	特開平8-252437	特開平9-29232	特開2000-229225
		モジュール製造全般	特開2000-325762	特開2000-342934	
	膜の耐久性向上	膜材質 均質薄膜を多孔質支持体層で挟み込んだ複合構造の平膜であって、平膜の酸素透過流量/窒素透過流量の透過流量比が1.1以上であり、JISK7114に準じて平膜を薬液に浸漬した後の透過流量比の変化率が±10%以内。脱気到達水準を満足しうるに十分な窒素透過流量、酸素透過流量を有している。			特開2000-288366 B01D 69/12
		製膜技術	特許2858262		
		モジュール製造全般	特開2000-229225	特開2000-325762	特開2000-342934
		システム・装置化全般	特開平8-224406		
	小型化	膜材質	特開2000-84368		
		製膜技術	特開2000-84368		
		複合化	特開2000-84368		
		システム・装置化全般	特開平8-224406		
		補助機能全般	特開平10-249105		
	低コスト化	補助機能・構成機器の改良 複数本の中空糸膜からなる中空糸膜編織物を中空管の外面上に渦巻き上に巻いた巻層体が、壁面に液体出入口を有するハウジングの内部に収容され、ポッティング剤を用いて形成されたポッティング部でハウジングに接着固定されているモジュールである。			特開平11-47564 B01D 69/08
有機ガス分離	膜製造法開発	膜材質 ポリオレフィンとポリジメチルシリコンの一方を海、他方を島とする海島構造の緻密層をポリオレフィンの多孔質層で挟みこんだ複合構造をなし、窒素に対する有機化合物蒸気の透過係数比が10〜10,000である。			特開平11-114386 B01D 69/08
	モジュール製造法開発	モジュール製造全般	特開平8-252437		
	処理能力向上	システム・装置化全般	特開平6-47370		

2.2.4 技術開発拠点

表2.2.4-1 三菱レイヨンの技術開発拠点

No.	都道府県名	本社・事業所・研究所
1	東京都	本社、繊維事業部門
2	広島県	大竹事業所、中央技術研究所
3	愛知県	豊橋事業所、商品開発研究所、ポリエステル開発研究所
4	富山県	富山事業所
5	神奈川県	横浜事業所、化成品開発研究所、東京技術・情報センター
6	青森県	八戸製造所

2.2.5 研究開発者

図 2.2.5-1 三菱レイヨンにおける発明者数と出願件数の推移

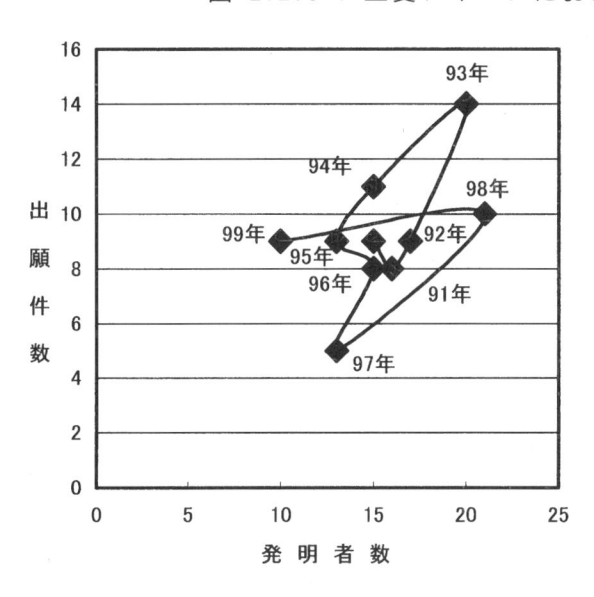

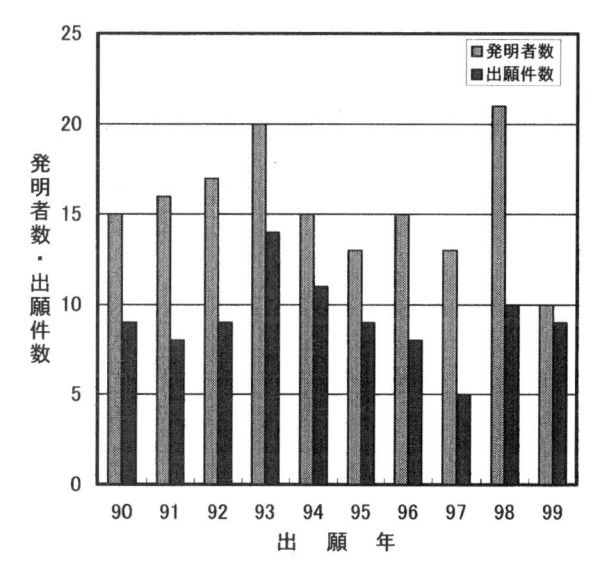

2.3 東レ

2.3.1 企業の概要

表2.3.1-1 東レの企業概要

1)	商号	東レ（株）
2)	設立年月日	大正15年1月12日
3)	資本金	96,937（百万円　平成13年3月）
4)	従業員	人員8,791人
5)	事業内容	◆繊維事業＝ナイロン、ポリエステル、アクリル等の糸・綿・紡績糸及び織編物、不織布、人工皮革、アパレル製品 ◆プラスチック・ケミカル事業＝ナイロン、ABS、PBT、PPS、POM等の樹脂及び樹脂成形品、ポリエステル、ポリプロピレン、アラミド等のフィルム及びフィルム加工品、ポリオレフィンフォーム、合成繊維原料、医・農薬原料等のスペシャルティーケミカル ◆情報・通信機材事業＝情報・通信機器関連分野向けのフィルム・樹脂、電子回路・印写材料、液晶用カラーフィルター、光ファイバ、電子機器、情報処理事業 ◆住宅・エンジニアリング事業＝総合エンジニアリング、マンション・住宅、繊維機械類、環境関連機器、機能膜及び同機器、住宅・建築・土木材料 ◆医薬・医療事業＝医薬品、医療製品 ◆新事業その他＝炭素繊維・同複合材料、リース事業、分析・調査・研究等のサービス関連事業
6)	技術・資本提携関係	資本提携/E.I.DuPont de Nemours Co.・Dow Corning Co.・Saehan Industries Inc.・(Toray Composites (America),Inc.) Boeing Co.
7)	事業所	本社/東京都、大阪本社/大阪府、第2本社/千葉県、工場/滋賀県・愛媛県・滋賀県・愛知県・静岡県・千葉県・茨城県・岐阜県・石川県、研究所/神奈川県
8)	関連会社	国内/東レモノフィラメント・東洋タイヤコード・東レフィッシング・東レコーテックス・東和織物・丸佐・東レテキスタイル・井波テキスタイル・一村産業・ロンゼ・東レディプロモード・東レペフ加工品・東洋プラスチック精工・東洋メタライジング・東レ合成フイルム・東レチオコール・東レファインケミカル・曽田香料・東レグラサル・東レ建設・東レエンジニアリング・東レプレシジョン・東レメディカル・三島殖産・東レエンタープライズ・東レエージェンシー・東レリサーチセンター・東洋運輸・東レシステムセンター・東洋実業・東レインターナショナル・東レアイリーブ・東レデュポン・蝶理・東レダウコーニングシリコーン・三洋化成工業
9)	業績推移 （単位:百万円）	売上高　　　経常利益　　　当期利益 1997年3月期　567,386　　40,246　　21,419 1998年3月期　600,833　　43,629　　21,700 1999年3月期　533,321　　28,060　　11,021 2000年3月期　513,291　　25,036　　-44,549 2001年3月期　505,050　　25,040　　13,484
10)	主要製品	糸・綿・紡績糸、織編物、不織布、人工皮革、縫製品、樹脂および樹脂成形品、フィルムおよびフィルム加工品、ポリオレフィンフォーム、合成繊維・プラスチック原料、石膏、ゴム・樹脂添加剤、ゼオライト触媒、塗料用樹脂、医・農薬原料等のスペシャルティーケミカル、磁気記録材料、電子部品用等の情報・通信機器関連分野向けフィルム・樹脂製品ならびに電子回路・印写材料および同関連機器、光ファイバ、液晶用カラーフィルター、医薬品および医療製品、炭素繊維・同複合材料および同成型品、機能膜および同機器、環境関連機器、建築・土木材料、オプティカル製品、ファインセラミックス
11)	主な取引先	東レインターナショナル、三井物産、東レメディカル、蝶理、ロンゼ
12)	技術移転窓口	知的財産部　千葉県浦安市美浜1-8-1　TEL:047-350-6184

2.3.2 気体膜分離装置に関連する製品・技術

　製品リストに挙げたもの以外に、顧客のニーズに応じた各種のモジュールや装置を製品として販売している。特に、膜蒸留装置として期待される有機ガスの分離装置は各種のモジュールや装置を有している。

表2.3.2-1 東レの製品・技術

分離ガス	製品名 発売時期	出典	製品概要
溶存ガス	脱湿装置（1995）	東レ技術資料 （1999）	① 膜材質：不明 ② 空気の脱湿、スパイラル型
有機ガス	揮発性有機化合物 回収装置（1995）	東レ技術資料 （1999）	① 膜材質：多孔質支持膜とイオン基含有ポリマー中空糸複合膜 ② ガス中の揮発性有機化合物の回収
その他	Nox除去装置 （1996）	東レ技術資料 （1999）	① 膜材質：アミン化合物添加多孔質アルミナ製の中空糸膜、平膜 ② ガス中の揮発性有機化合物の回収

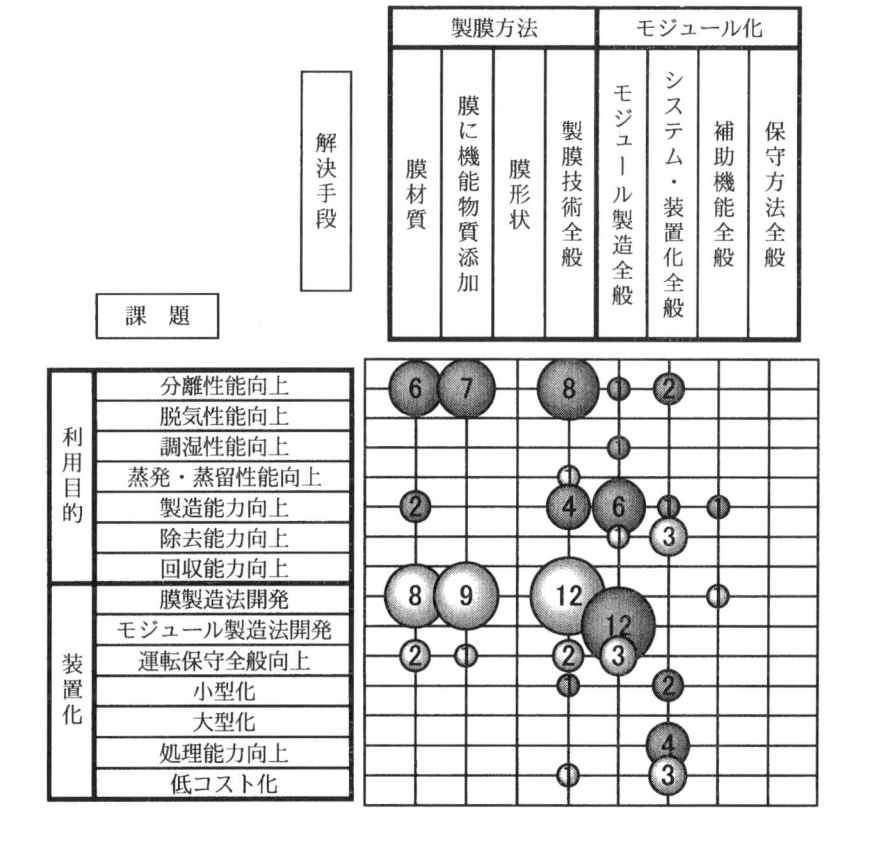

2.3.3 技術開発課題対応保有特許の概要

　図2.3.3-1に東レの気体膜分離装置の課題対応保有特許を示す。出願取下げ、拒絶査定の確定、権利放棄、抹消、満了したものは除かれている。

　図2.3.3-1によると、課題の解決手段として膜材質、膜に機能物質添加、製膜技術全般、モジュール製造全般、システム・装置化全般の出願数が多い。表2.3.3-1に、注目すべき出願については、概要を付記して示す。

図2.3.3-1 東レの気体膜分離装置の課題と解決手段

表2.3.3-1 東レの技術開発課題対応保有特許(1/4)

技術要素	課題	概要（解決手段）	（代表図面）		特許番号
			特許番号	特許番号	特許分類
製膜	膜製造法開発	製孔技術 内径50ミクロン以上1,000ミクロン以下の中空糸膜構造を有する有機蒸気分離膜。			特開平6-246126 B01D 53/22
		膜材質 分離膜が多孔質支持膜上に非多孔層を積層させた複合膜であり、該非多孔層表面上の最低点と最高点の間の高さが1μm以下であり、かつ、該非多孔層表面上を平面フィットした全ての点の平均偏差が0.1μm以下である有機液体混合物用分離膜、およびそれを用いた膜分離方法。			特開2001-38155 B01D 61/36
		膜材質 有機液体混合物を膜の片側に供給し、他の側から気相で有機液体混合物中の一部の成分を分離する膜分離法に用いられる分離膜であって、該分離膜が多孔質支持膜と銀イオンを対イオンとするイオン性基含有ポリマーからなる。			特開2001-38156 B01D 61/36
		膜材質 有機液体混合物を膜の片側に供給し、他の側から気相で有機液体混合物中の一部の成分を分離する膜分離法に用いられる分離膜であって、該分離膜が多孔質支持膜とポリビニルピロリドンからなる。			特開2001-38157 B01D 61/36
		膜材質 有機液体混合物を膜の片側に供給し、他の側から気相で有機液体混合物中の一部の成分を分離する膜分離法に用いられる分離膜であって、該分離膜が多孔質支持膜とポリスチレンからなる。			特開2001-38158 B01D 61/36
		膜材質 有機液体混合物を膜の片側に供給し、他の側から気相で有機液体混合物中の一部の成分を分離する膜分離法に用いられる分離膜であって、該分離膜が多孔質支持膜とポリ-2,6-ジメチル-1,4-フェニレンオキサイドからなる。			特開2001-38159 B01D 61/36
		膜材質	特開平9-155185	特開2001-29760	特開2001-198431
		膜に機能物質添加	特開平9-155185	特開平9-192460	特開平9-192461
		膜に機能物質添加	特開2001-29760		
		製膜技術全般	特開平7-313852	特開平9-187631	特開平9-187630
		製膜技術全般	特開2001-29760	特開2001-198431	
	膜の耐久性向上	膜材質	特開2000-218141	特開2001-29760	
		膜に機能物質添加	特開2001-29760		
		製膜技術全般	特開2000-218141	特開2001-29760	
	小型化	製膜技術全般	特開平6-65809		
	処理能力向上	モジュール構造	特許2943224		
	低コスト化	製膜技術全般	特開平6-65809		
モジュール化	分離性能向上	結束・集束・固定・接着方法	特開平11-226366		

表 2.3.3-1 東レの技術開発課題対応保有特許(2/4)

技術要素	課題	概要（解決手段）	（代表図面）特許番号	特許番号	特許番号 特許分類
モジュール化	分離性能向上	モジュール構造	特開平11-226366		
		多段・集積化	特許2876921		
		システム・装置化	特開平10-5554		
	脱気性能向上	モジュール構造	特公平7-14445		
	調湿性能向上	結束・集束・固定・接着方法	特開平10-28846		
		モジュール構造	特開平10-28846		
		モジュール製造方法	特開平10-28846		
	製造能力向上	結束・集束・固定・接着方法	特開平8-196876	特開平10-28846	特開平11-226365
		結束・集束・固定・接着方法	特開平11-239718	特開2000-202250	特開2000-202248
		モジュール構造	特開平10-28846	特開平11-226365	特開平11-239718
		モジュール構造	特開2000-202250	特開2000-202248	
		モジュール製造方法	特開平8-196876	特開平10-28846	特開平11-226365
		モジュール製造方法	特開平11-239718	特開2000-202250	特開2000-202248
		システム・装置化	特開平10-5555		
		他の単位操作の組合せ	特開2001-198431		
	除去能力向上	システム・装置化 平均細孔径および細孔ピーク径が5ないし30nmの範囲で、細孔容積が少なくとも0.25cc/g以上、BET法による比表面積値が100 m²/g以上300 m²/g以下である多孔質アルミナ、チタニアおよびジルコニアのうちから選ばれた少なくとも1種以上の無機化合物を主成分とするNOx（x＝1〜2）吸収体。			特開平8-281060 B01D 53/56
		結束・集束・固定・接着方法	特開平11-239718		
		モジュール構造	特開平11-239718		
		モジュール製造方法	特開平11-239718		
		多段・集積化	特開平6-114240		
		システム・装置化	特開平10-165773		
	運転保守全般向上	結束・集束・固定・接着方法	特開2000-37616		
		モジュール構造	特開2000-37616	特開平8-10582	特開平8-10583
		モジュール製造方法	特開平7-171355	特開2000-37616	特開平8-10582

表 2.3.3-1 東レの技術開発課題対応保有特許(3/4)

技術要素	課題	概要（解決手段）	（代表図面）		特許番号 特許分類
			特許番号	特許番号	
システム化・保守	運転保守全般向上	モジュール製造全般	特開2000-37616		
	モジュール製造法開発	モジュール製造全般	特許3094498		
水素分離	膜製造法開発	膜材質	特開2001-198431	特開2001-29760	
		膜に機能物質添加	特開2001-29760		
		製膜技術	特開2001-198431	特開2001-29760	
		複合化	特開2001-29760		
		補助機能全般	特開2001-198431		
	膜の耐久性向上	膜材質	特開2001-29760		
		膜に機能物質添加	特開2001-29760		
		製膜技術	特開2001-29760		
		複合化	特開2001-29760		
水蒸気分離	膜製造法開発	膜材質	特開2001-198431	特開2001-29760	
		膜に機能物質添加	特開2001-29760		
		製膜技術	特開2001-198431	特開2001-29760	
		複合化	特開2001-29760		
		補助機能全般	特開2001-198431		
	膜の耐久性向上	膜材質	特開2001-29760		
		膜に機能物質添加	特開2001-29760		
		製膜技術	特開2001-29760		
		複合化	特開2001-29760		
二酸化炭素分離	膜製造法開発	膜材質 分離膜が多孔質支持膜上に非多孔層を積層させた複合膜であり、該非多孔層表面上の最低点と最高点の間の高さが1μm以下であり、かつ、該非多孔層表面上を平面フィットした全ての点の平均偏差が0.1μm以下である有機液体混合物用分離膜、およびそれを用いた膜分離方法。			特開2001-38155 B01D 61/36
		膜材質 有機液体混合物を膜の片側に供給し、他の側から気相で有機液体混合物中の一部の成分を分離する膜分離法に用いられる分離膜であって、該分離膜が多孔質支持膜と銀イオンを対イオンとするイオン性基含有ポリマーからなる。			特開2001-38156 B01D 61/36

表 2.3.3-1 東レの技術開発課題対応保有特許(4/4)

技術要素	課題	概要（解決手段）	（代表図面）		特許番号 特許分類
			特許番号	特許番号	
二酸化炭素分離	膜製造法開発	膜材質 有機液体混合物を膜の片側に供給し、他の側から気相で有機液体混合物中の一部の成分を分離する膜分離法に用いられる分離膜であって、該分離膜が多孔質支持膜とポリビニルピロリドンからなる。			特開2001-38157 B01D 61/36
		膜材質 有機液体混合物を膜の片側に供給し、他の側から気相で有機液体混合物中の一部の成分を分離する膜分離法に用いられる分離膜であって、該分離膜が多孔質支持膜とポリスチレンからなる。			特開2001-38158 B01D 61/36
		膜材質 有機液体混合物を膜の片側に供給し、他の側から気相で有機液体混合物中の一部の成分を分離する膜分離法に用いられる分離膜であって、該分離膜が多孔質支持膜とポリ-2,6-ジメチル-1,4-フェニレンオキサイドからなる。			特開2001-38159 B01D 61/36
		膜材質	特開2001-198431		
		製膜技術	特開2001-198431		
		補助機能全般	特開2001-198431		
	モジュール製造法開発	モジュール製造全般	特許3094498		
有機ガス分離	膜製造法開発	膜材質 分離膜が多孔質支持膜上に非多孔層を積層させた複合膜であり、該非多孔層表面上の最低点と最高点の間の高さが1μm以下であり、かつ、該非多孔層表面上を平面フィットした全ての点の平均偏差が0.1μm以下である有機液体混合物用分離膜、およびそれを用いた膜分離方法。			特開2001-38155 B01D 61/36
		膜材質 有機液体混合物を膜の片側に供給し、他の側から気相で有機液体混合物中の一部の成分を分離する膜分離法に用いられる分離膜であって、該分離膜が多孔質支持膜と銀イオンを対イオンとするイオン性基含有ポリマーからなる。			特開2001-38156 B01D 61/36
		膜材質 有機液体混合物を膜の片側に供給し、他の側から気相で有機液体混合物中の一部の成分を分離する膜分離法に用いられる分離膜であって、該分離膜が多孔質支持膜とポリビニルピロリドンからなる。			特開2001-38157 B01D 61/36
		膜材質 有機液体混合物を膜の片側に供給し、他の側から気相で有機液体混合物中の一部の成分を分離する膜分離法に用いられる分離膜であって、該分離膜が多孔質支持膜とポリスチレンからなる。			特開2001-38158 B01D 61/36
		膜材質 有機液体混合物を膜の片側に供給し、他の側から気相で有機液体混合物中の一部の成分を分離する膜分離法に用いられる分離膜であって、該分離膜が多孔質支持膜とポリ-2,6-ジメチル-1,4-フェニレンオキサイドからなるものである。			特開2001-38159 B01D 61/36
		膜に機能物質添加	特開平9-192460	特開平9-192461	
		製膜技術	特開平9-187631	特開平9-187630	

2.3.4 技術開発拠点

2.3.4-1 東レの技術開発拠点

No.	都道府県名	本社・事業所・研究所
1	東京都	本社
2	千葉県	本社（第2本社ビル）、千葉工場
3	大阪市	大阪本社
4	滋賀県	滋賀事業場、瀬田工場、技術センター企画室、生産総務室、エンジニアリング管理室、研究・開発企画部
5	愛媛県	愛媛工場
6	愛知県	名古屋事業場、東海工場、愛知工場、岡崎工場
7	静岡県	三島工場
8	茨城県	土浦工場
9	岐阜県	岐阜工場
10	石川県	石川工場

2.3.5 研究開発者

図 2.3.5-1 東レにおける発明者数と出題件数の推移

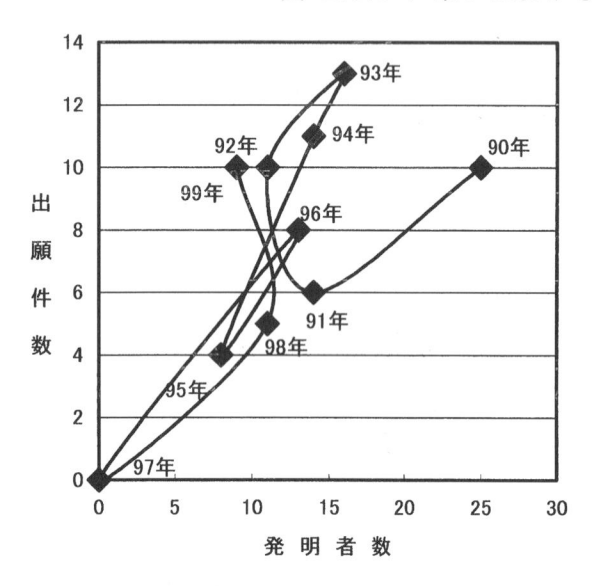

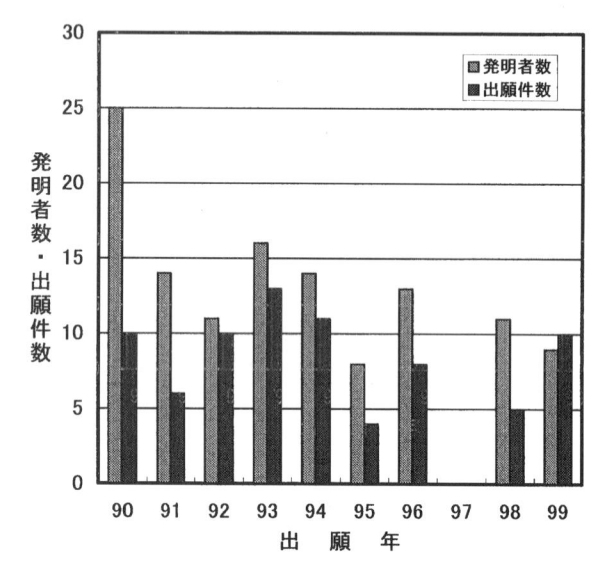

2.4 宇部興産

2.4.1 企業の概要

表2.4.1-1 宇部興産の企業概要

1)	商号	宇部興産（株）
2)	設立年月日	昭和17年3月10日
3)	資本金	43,563（百万円　平成13年3月）
4)	従業員	人員3,629人
5)	事業内容	◆化学関連事業＝ポリエチレン・合成ゴム・その他石油化学製品・カプロラクタム・ナイロン樹脂・工業薬品・高純度化学薬品の製造・販売 ◆建設資材関連事業＝セメント・建材の製造、販売及び石灰石等の採掘、販売 ◆機械・金属成形関連事業＝全電動式大型射出成形機、押出プレス機、橋梁事業、アルミホイールの製造・販売 ◆エネルギー・環境事業＝石炭の輸入・販売・預り炭事業、電力・環境リサイクル事業
6)	技術・資本提携関係	技術提携/ノードバーク日本・スルザーケムテック・スタンダードオイルカンパニーインディアナ・ビーピーケミカルズ・三井化学
7)	事業所	本社/東京都、支店/愛知県・大阪府・広島県・福岡県、営業所/北海道・宮城県、工場/千葉県・大阪府・山口県・福岡県、研究所/山口県・千葉県
8)	関連会社	国内/宇部フィルム・宇部サイコン・明和化成・宇部アンモニア工業（有）・宇部興産農材・宇部エレクトロニクス・宇部興産海運・関東宇部コンクリート工業・大協企業・萩森興産・ウベボード・宇部マテリアルズ・山石金属・宇部興産機械・宇部テクノエンジ・宇部スチール・新笠戸ドック・福島製作所・ユーモールド・宇部シーアンドエー・宇部興産開発・宇部三菱セメント
9)	業績推移 （単位:百万円）	<table><tr><td></td><td>売上高</td><td>経常利益</td><td>当期利益</td></tr><tr><td>1997年3月期</td><td>376,821</td><td>13,769</td><td>7,056</td></tr><tr><td>1998年3月期</td><td>366,194</td><td>8,458</td><td>5,270</td></tr><tr><td>1999年3月期</td><td>314,392</td><td>4,593</td><td>1,507</td></tr><tr><td>2000年3月期</td><td>276,325</td><td>5,940</td><td>3,259</td></tr><tr><td>2001年3月期</td><td>242,547</td><td>7,579</td><td>3,216</td></tr></table>
10)	主要製品	汎用樹脂、スーパーエンジニアリング樹脂、先端材料、合成ゴム、プラスチック製品、膜分離システム、高機能製品、ラクタム、医薬原体・中間原料、合成香料、精密化学品、高純度化学品・半導体製造用装置、アンモニア系工業薬品、有機工業薬品、無機工業薬品、液化ガス、肥料・園芸用品、医薬・医薬原体、血液浄化療法用機器、血液循環器系機器、医療サービス、セメント、地盤改良用固化材、地盤改良工事、緑化資材、土木用資材、舗装材、防水材、モルタル、充填材、床材、内・外装材、住宅設備、精密診断システム、成形機・成形品、橋梁・鉄構、ミル、破砕機、窯業機械、除塵装置、運搬・輸送機械、石炭、ケミカルリサイクル、マテリアルリサイクル、環境化学システム、金属マグネシウム
11)	主な取引先	ユニチカ、日商岩井

2.4.2 気体膜分離装置に関連する製品・技術

　実用実績の多い製品（装置）は製品リストに挙げたように、商品名がつけられている。膜分離装置の実用実績は国内では非常に多い。製品リストに挙げたもの以外に、顧客のニーズに応じた各種のモジュールや装置を製品として販売している。

表2.4.2-1 宇部興産の製品・技術

分離ガス	製品名 発売時期	出典	製品概要
酸素	ウベ・ガスセパレーター （1992）	化学装置 1995年9月	① 膜材質：ポリイミド中空糸 ② 空気より酸素富化ガスの製造装置
窒素	ウベ・ガスセパレーターNM型式 （1992）	化学装置 1995年9月	① 膜材質：ポリイミド中空糸 ② 空気より窒素富化ガスの製造装置
水素	ウベ・ガスセパレーター （1998）	ペトロテック vol22,2号 （1999）	① 膜材質：ポリイミド中空糸 ② 石油精製改質ガス、化学工業メタノール、オキソ合成などからの水素回収
水蒸気	ウベ・ガスセパレーター （1995）	化学装置 1995年9月	① 膜材質：ポリイミド中空糸 ② ガスの脱湿、水とアルコールの分離
二酸化炭素	ウベ・ガスセパレーター （1995）	化学装置 1995年9月	① 膜材質：ポリイミド中空糸 ② 天然ガス、燃焼排ガスからのCO_2の回収

2.4.3 技術開発課題対応保有特許の概要

図2.4.3-1に宇部興産の気体膜分離装置の課題対応保有特許を示す。出願取下げ、拒絶査定の確定、権利放棄、抹消、満了したものは除かれている。

図2.4.3-1によると、課題の解決手段として膜材質、モジュール製造全般、システム・装置化全般、補助機能全般の出願数が多い。特に、注目すべきはエンジニアリング部門を有するので補助機能全般の出願数が多く、きめ細かい装置化の開発を行っている。表2.4.3-1に、注目すべき出願については、概要を付記して示す。

図2.4.3-1 宇部興産の気体膜分離装置の課題と解決手段

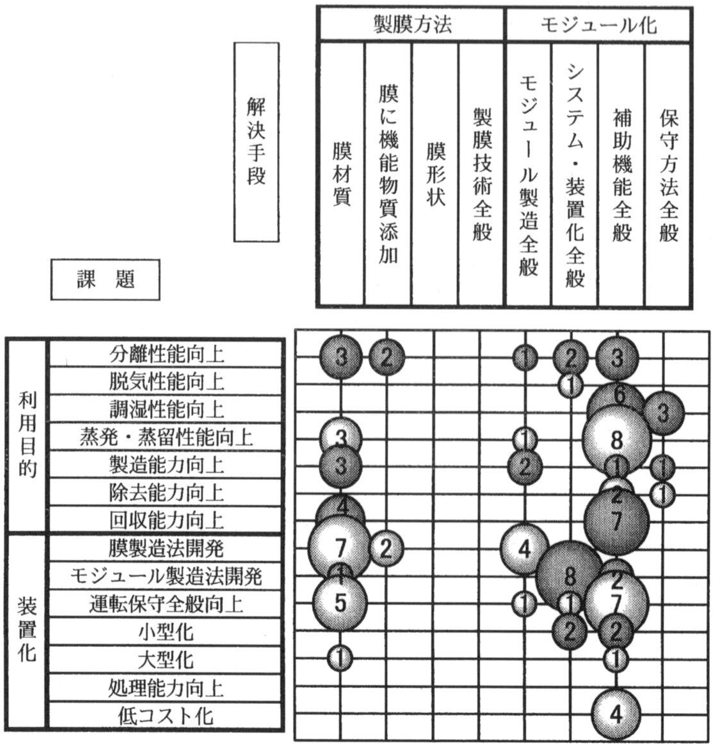

表2.4.3-1 宇部興産の技術開発課題対応保有特許(1/7)

技術要素	課題	概要（解決手段）	（代表図面）		特許番号 特許分類
			特許番号	特許番号	
製膜	膜製造法開発	膜材質 特定の反復単位を有する可溶性の芳香族ポリイミドを用いることにより、紡糸性能に優れ、高い物性、優れたガス選択性、透過速度を有する標記膜を容易に得る。			特公平7-121343 B01D 71/64
		膜材質 特定の式からなる反復単位を保有するポリイミドであり、窒素の透過速度に対する酸素の透過速度の比を特定の値以上にして、酸素富化膜、窒素富化膜として好適な非対称性中空糸ポリイミド気体分離膜を得る。			特許 2874741 B01D 71/64
		膜材質 主としてビフェニルテトラカルボン酸類とジアミノベンゾチオフェン類及び又はジアミノチオキサンテン類との特定反復単位のポリイミドを熱処理した非対称性分離膜を使用した浸透気化分離法。			特許 3161562 B01D71/64
		膜材質	特許 2671072	特開 2001-129373	特開 2001-145826
		膜材質	特開 2000-342944		
		膜に機能物質添加	特開 2001-129373	特開 2000-342944	
		製膜技術全般	特許 2671072	特開 2001-145826	特開 2000-342944
	膜の耐久性向上	膜材質 特定の式で示される反復単位を有する可溶性芳香族ポリイミド製の耐熱性非対称性分離膜の片面に有機化合物混合液を直接、接触させる。			特許 2544229 B01D71/64
		膜材質 主としてビフェニルテトラカルボン酸類とジアミノベンゾチオフェン類及び又はジアミノチオキサンテン類との特定反復単位のポリイミドを熱処理した非対称性分離膜を使用した浸透気化分離法。			特許 3161562 B01D71/64
		膜材質	特許 2745768		
		製膜技術全般	特許 2745768		
		システム・装置化	特許 2745768		
モジュール化	分離性能向上	結束・集束・固定・接着方法	特開 2000-262838	特開 2001-62257	
		モジュール構造	特開 2000-262838	特開 2001-62257	
		モジュール製造方法	特開 2000-262838		
		システム・装置化	特開 2000-140558	特開 2000-185212	特開 2001-219025

表 2.4.3-1 宇部興産の技術開発課題対応保有特許(2/7)

技術要素	課題	概要（解決手段）	（代表図面）		特許番号 特許分類
			特許番号	特許番号	
モジュール化	脱気性能向上	結束・集束・固定・接着方法	特開2001-62257		
		モジュール構造	特開2001-62257		
	調湿性能向上	システム・装置化 処理液の混合蒸気をガス分離膜と接触させ、水分含有率が減少されて低級アルコール含有率が高められた未透過蒸気を取り出し、冷却して液化する。			特許2601941 B01D 53/22
		補助機能・構成機器の改良 加圧気体を除湿装置の中空糸膜の内側へ供給して該気体中の水分を選択的に該中空糸膜の外側へ透過させて水分を除去すると共に、該中空糸膜の内側に乾燥された気体を生成させて除湿装置から乾燥気体を取り出し、気体作動機器で使用した乾燥気体の全部または一部を上記除湿装置の中空糸膜の外側に供給する。			特開2000-189743 B01D 53/26
		多段・集積化	特許2607179		
		システム・装置化	特公平8-8973	特許2891953	特開2001-199315
		他の単位操作の組合せ	特許2765671		
		補助機能・構成機器の改良	特許2533934		
	蒸発・蒸留性能向上	システム・装置化 浸透気化法によるアルコール水溶液の分離において、アルコール選択透過膜の2次側の圧力を真空状態から供給液の飽和蒸気圧までの範囲で操作する。			特開平8-252435 B01D61/36
		膜材質 特定の式で示される反復単位を有する可溶性芳香族ポリイミド製の耐熱性非対称性分離膜の片面に有機化合物混合液を直接、接触させる。			特許2544229 B01D71/64
		システム・装置化 アルコール発酵液をアルコール選択透過型浸透気化装置で分離し、不透過液を発酵槽に戻すことにより、発酵槽のアルコール濃度を低くする。			特開平8-252434 B01D61/36

表 2.4.3-1 宇部興産の技術開発課題対応保有特許(3/7)

技術要素	課題	概要（解決手段）	（代表図面）特許番号 / 特許番号	特許番号 特許分類
モジュール化	蒸発・蒸留性能向上	システム・装置化 原料基質溶液を発酵槽の上方より槽内壁接線方向に供給し、槽内の原料基質溶液及び固定化菌体を螺旋状の流れに乗せることにより、固定化菌体内への原料基質溶液の取り込みを容易にし、アルコール発酵を促進する。		特開平11-113587 C12P 7/06
		システム・装置化 分離膜を透過した蒸気を、気液接触塔内において冷却循環液に直接接触させ、この蒸気を冷却、凝縮して凝縮液を生成させた後、この凝縮液を熱交換器の冷媒によって間接冷却させて冷却循環液として気液接触塔内へ再循環させて蒸気の凝縮作用を促進させる。		特許2883222 B01D 53/22
		システム・装置化	特許2745768 / 特許2833874	
	製造能力向上	システム・装置化 アルコール発酵液をアルコール選択透過型浸透気化装置で分離し、不透過液を発酵槽に戻すことにより、発酵槽のアルコール濃度を低くする。		特開平8-252434 B01D61/36
		他の単位操作の組合せ	特許2765671	
	除去能力向上	システム・装置化 発電所の燃焼排ガス中の炭酸ガスを脱硫後、真空ポンプと連結しており且つ炭酸ガス分離膜を内蔵するガス分離膜モジュールに供給する。		特許2748645 B01D53/22
		補助機能・構成機器の改良 加圧気体を除湿装置の中空糸膜の内側へ供給して該気体中の水分を選択的に該中空糸膜の外側へ透過させて水分を除去すると共に、該中空糸膜の内側に乾燥された気体を生成させて除湿装置から乾燥気体を取り出し、気体作動機器で使用した乾燥気体の全部または一部を上記除湿装置の中空糸膜の外側に供給する。		特開2000-189743 B01D 53/26
	回収能力向上	システム・装置化 空気供給口と透過側排出口および非透過側排出口のそれぞれに、逆止弁などの運転休止中外気と遮断する手段を設けた窒素富化装置、及び分離膜の性能維持方法。		特開2000-24442 B01D 53/22
		システム・装置化 芳香族ポリアミドの耐熱性非対称分離膜の片面に低級アルコール化合物と有機エーテル化合物とからなる混合液を直接、接触させる。		特許2745767 B01D71/64

表 2.4.3-1 宇部興産の技術開発課題対応保有特許(4/7)

技術要素	課題	概要（解決手段）	（代表図面）		特許番号
			特許番号	特許番号	特許分類
モジュール化	回収能力向上	システム・装置化 特定の式で示される反復単位を有する可溶性芳香族ポリイミド製の耐熱性非対称性分離膜の片面に有機化合物混合液を直接、接触させる。			特許 2544229 B01D71/64
		システム・装置化 処理液の混合蒸気をガス分離膜と接触させ、水分含有率が減少されて低級アルコール含有率が高められた未透過蒸気を取り出し、冷却して液化する。			特許 2601941 B01D53/22
		システム・装置化 分離膜を透過した蒸気を、気液接触塔内において冷却循環液に直接接触させ、この蒸気を冷却、凝縮して凝縮液を生成させた後、この凝縮液を熱交換器の冷媒によって間接冷却させて冷却循環液として気液接触塔内へ再循環させて蒸気の凝縮作用を促進させる。			特許 2883222 B01D 53/22
		システム・装置化全般	特許 2745768	特許 2833874	
	運転保守全般向上	システム・装置化 発電所の燃焼排ガス中の炭酸ガスを脱硫後、真空ポンプと連結しており且つ炭酸ガス分離膜を内蔵するガス分離膜モジュールに供給する。			特許 2748645 B01D53/22
		膜材質 芳香族ポリアミドの耐熱性非対称分離膜の片面に低級アルコール化合物と有機エーテル化合物とからなる混合液を直接、接触させる。			特許 2745767 B01D71/64
		膜材質 特定の式で示される反復単位を有する可溶性芳香族ポリイミド製の耐熱性非対称性分離膜の片面に有機化合物混合液を直接、接触させる。			特許 2544229 B01D71/64
		結束・集束・固定・接着方法	特許 2631245		
		多段・集積化	特許 2607179		
		システム・装置化	特許 2745768	特開2001-219025	
システム化・保守	分離性能向上	システム・装置化	特開2001-219025		
	調湿性能向上	システム・装置化 ガス分離膜へ供給する水分含有の混合蒸気を特定の条件でガス分離膜へ供給して脱水操作をする。			特許 2717992 B01D 53/22
		システム・装置化 処理液の混合蒸気をガス分離膜と接触させ、水分含有率が減少されて低級アルコール含有率が高められた未透過蒸気を取り出し、冷却して液化する。			特許 2601941 B01D53/22
		システム・装置化	特許 2765671		
		他の単位操作の組合せ	特許 2765671		

表 2.4.3-1 宇部興産の技術開発課題対応保有特許(5/7)

技術要素	課題	概要（解決手段）	特許番号 特許分類
システム化・保守	蒸発・蒸留性能向上	システム・装置化 浸透気化法によるアルコール水溶液の分離において、アルコール選択透過膜の2次側の圧力を真空状態から供給液の飽和蒸気圧までの範囲で操作する。	特開平8-252435 B01D61/36
		システム・装置化 水及び有機物を含む溶液を気化させて生成した蒸気混合物を、特定のガス透過性能を有する芳香族ポリイミド製気体分離膜へ供給し、水蒸気を選択的に透過させる。	特許2743346 B01D53/22
		システム・装置化 分離膜を透過した蒸気を、気液接触塔内において冷却循環液に直接接触させ、この蒸気を冷却、凝縮して凝縮液を生成させた後、この凝縮液を熱交換器の冷媒によって間接冷却させて冷却循環液として気液接触塔内へ再循環させて蒸気の凝縮作用を促進させる。	特許2883222 B01D53/22
		システム・装置化　　　　　　　　　　　特許2833874	
	除去性能向上	システム・装置化 水及び有機物を含む溶液を気化させて生成した蒸気混合物を、特定のガス透過性能を有する芳香族ポリイミド製気体分離膜へ供給し、水蒸気を選択的に透過させる。	特許2743346 B01D53/22
	回収率向上	膜材質 芳香族ポリアミドの耐熱性非対称分離膜の片面に低級アルコール化合物と有機エーテル化合物とからなる混合液を直接、接触させる。	特許2745767 B01D71/64
		システム・装置化 処理液の混合蒸気をガス分離膜と接触させ、水分含有率が減少されて低級アルコール含有率が高められた未透過蒸気を取り出し、冷却して液化する。	特許2601941 B01D53/22
		システム・装置化 分離膜を透過した蒸気を、気液接触塔内において冷却循環液に直接接触させ、この蒸気を冷却、凝縮して凝縮液を生成させた後、この凝縮液を熱交換器の冷媒によって間接冷却させて冷却循環液として気液接触塔内へ再循環させて蒸気の凝縮作用を促進させる。	特許2883222 B01D53/22
		システム・装置化　　　　　　　　　　　特許2833874	
	運転保守全般向上	膜材質 芳香族ポリアミドの耐熱性非対称分離膜の片面に低級アルコール化合物と有機エーテル化合物とからなる混合液を直接、接触させる。	特許2745767 B01D71/64
		システム・装置化 ガス分離膜へ供給する水分含有の混合蒸気を特定の条件でガス分離膜へ供給して脱水操作をする。	特許2717992 B01D53/22

表 2.4.3-1 宇部興産の技術開発課題対応保有特許(6/7)

技術要素	課題	概要（解決手段）	（代表図面）特許番号	特許番号	特許番号 特許分類
システム化・保守	運転保守全般向上	システム・装置化	特開2001-219025		
窒素分離	膜製造法開発	膜材質	特許2671072	特開2000-342944	
		製膜技術	特許2671072	特開2000-342944	
水蒸気分離	膜製造法開発	膜材質 主としてビフェニルテトラカルボン酸類とジアミノベンゾチオフェン類及び又はジアミノチオキサンテン類との特定反復単位のポリイミドを熱処理した非対称性分離膜を使用した浸透気化分離法。			特許3161562 B01D71/64
	モジュール製造法開発	システム・装置化 アルコール発酵液をアルコール選択透過型浸透気化装置で分離し、不透過液を発酵槽に戻すことにより、発酵槽のアルコール濃度を低くする。			特開平8-252434 B01D61/36
		システム・装置化全般	特許2631245		
	膜の耐久性向上	膜材質 主としてビフェニルテトラカルボン酸類とジアミノベンゾチオフェン類及び又はジアミノチオキサンテン類との特定反復単位のポリイミドを熱処理した非対称性分離膜を使用した浸透気化分離法。			特許3161562 B01D71/64
		システム・装置化 ガス分離膜へ供給する水分含有の混合蒸気を特定の条件でガス分離膜へ供給して脱水操作をする。			特許2717992 B01D53/22
		モジュール製造全般	特許2631245		
		システム・装置化全般	特開2001-219025		
	小型化	モジュール製造全般	特開2000-262838		
		システム・装置化全般	特開2001-199315		
	低コスト化	システム・装置化 処理液の混合蒸気をガス分離膜と接触させ、水分含有率が減少されて低級アルコール含有率が高められた未透過蒸気を取り出し、冷却して液化する。			特許2601941 B01D53/22
		システム・装置化全般	特開2001-219025		
二酸化炭素分離	膜の耐久性向上	システム・装置化 発電所の燃焼排ガス中の炭酸ガスを脱硫後、真空ポンプと連結しており且つ炭酸ガス分離膜を内蔵するガス分離膜モジュールに供給する。			特許2748645 B01D53/22
	低コスト化	システム・装置化 発電所の燃焼排ガス中の炭酸ガスを脱硫後、真空ポンプと連結しており且つ炭酸ガス分離膜を内蔵するガス分離膜モジュールに供給する。			特許2748645 B01D53/22
有機ガス分離	膜製造法開発	膜材質	特開2001-129373		
		膜に機能物質添加	特開2001-129373		

表 2.4.3-1 宇部興産の技術開発課題対応保有特許(7/7)

技術要素	課題	概要（解決手段）	（代表図面）		特許番号 特許分類
			特許番号	特許番号	
有機ガス分離	モジュールの製造	膜材質 芳香族ポリアミドの耐熱性非対称分離膜の片面に低級アルコール化合物と有機エーテル化合物とからなる混合液を直接、接触させる。			特許 2745767 B01D71/64
		システム・装置化 アルコール発酵液をアルコール選択透過型浸透気化装置で分離し、不透過液を発酵槽に戻すことにより、発酵槽のアルコール濃度を低くする。			特開平8- 252434 B01D61/36
		モジュール製造全般	特許 2631245		
	膜の耐久性向上	膜材質 芳香族ポリアミドの耐熱性非対称分離膜の片面に低級アルコール化合物と有機エーテル化合物とからなる混合液を直接、接触させる。			特許 2745767 B01D71/64
		膜材質 特定の式で示される反復単位を有する可溶性芳香族ポリイミド製の耐熱性非対称性分離膜の片面に有機化合物混合液を直接、接触させる。			特許 2544229 B01D71/64
		膜材質 特定のガス透過性能を有する耐熱性ポリマーからなるガス分離膜を使用することにより、エタノールなどの低級アルコールと有機化合物との混合蒸気から、低級アルコールを選択的に透過させて、分離する。			特許 2841698 B01D53/22
		膜材質	特許 2745768		
		モジュール製造全般	特許 2631245		
	小型化	システム・装置化 浸透気化法によるアルコール水溶液の分離において、アルコール選択透過膜の2次側の圧力を真空状態から供給液の飽和蒸気圧までの範囲で操作する。			特開平8- 252435 B01D 61/36
	大型化	膜材質 芳香族ポリアミドの耐熱性非対称分離膜の片面に低級アルコール化合物と有機エーテル化合物とからなる混合液を直接、接触させる。			特許 2745767 B01D71/64

2.4.4 技術開発拠点

表2.4.4-1 宇部興産の技術開発拠点

No.	都道府県名	本社・事業所・研究所
1	東京都	東京本社
2	山口県	宇部本社、宇部研究所、宇部統合本部、宇部ケミカル工場、宇部セメント工場、西沖工場、伊佐セメント工場
3	千葉県	高分子研究所、千葉石油化学工場
4	大阪府	堺工場
5	福岡県	苅田セメント工場

2.4.5 研究開発者

図 2.4.5-1 宇部興産における発明者数と出願件数の推移

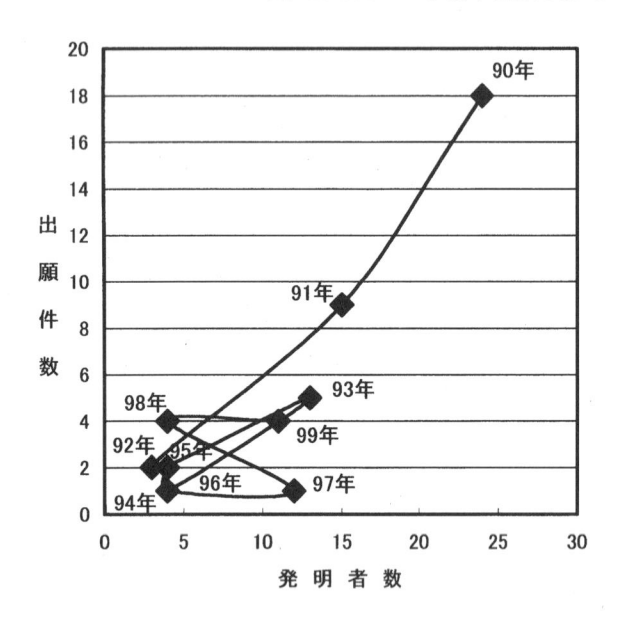

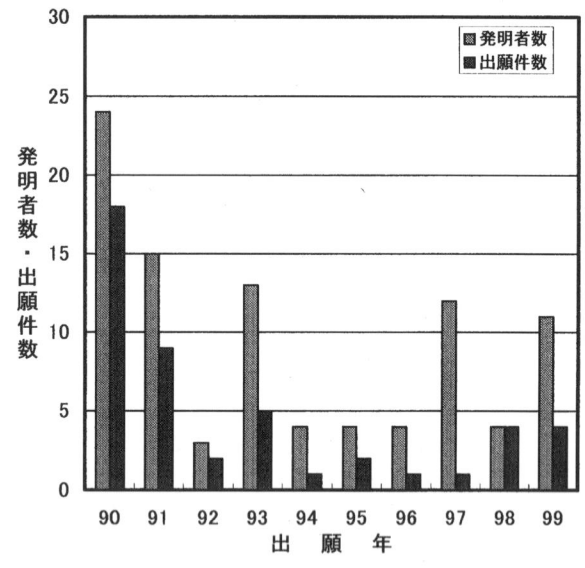

2.5 三菱重工業

2.5.1 企業の概要

表2.5.1-1 三菱重工業の企業概要(1/2)

1)	商号	三菱重工業（株）
2)	設立年月日	昭和 25 年 1 月 11 日
3)	資本金	265,455（百万円　平成 13 年 3 月）
4)	従業員	人員 37,934 人
5)	事業内容	◆船舶・海洋＝油送船・コンテナ船・客船・カーフェリー・LPG 船・LNG 船等各種船舶、艦艇、海洋構造物 ◆原動機＝ボイラ、タービン、ガスタービン、ディーゼルエンジン、水車、風車、原子力装置、原子力周辺装置、原子燃料、排煙脱硝装置、舶用機械 ◆機械・鉄構＝石油化学等各種化学プラント、石油・ガス生産関連プラント、海水淡水化装置、廃棄物処理・排煙脱硫・排ガス処理装置等各種環境装置、製鉄・風水力・包装・化学機械、交通システム、輸送用機器、橋梁、水門扉、クレーン、煙突、立体駐車場、タンク、文化・スポーツ・レジャー関連施設、その他鉄構製品 ◆航空・宇宙＝戦闘機等各種航空機、ヘリコプタ、民間輸送機機体部分品、航空機用エンジン、誘導飛しょう体、魚雷、航空機用油圧機器、宇宙機器 ◆中量産品＝フォークリフト、建設機械、運搬整地機械、中小型エンジン、過給機、農業用機械、トラクタ、特殊車両、住宅用・業務用・車両用エアコン等各種空調機器、冷凍機、プラスチック・食品機械、産業用ロボット、動力伝導装置、製紙・紙工・印刷機械、工作機械 ◆その他＝不動産の売買、印刷、情報サービス、リース業
6)	技術・資本提携関係	技術提携／マルチン・ベロイト・マクドネルダグラス・アホールリーオウンドサブシディアリーオブザボーイング・レイセオン・ロッキード・モスマリタイム・ワルチラスイッツランド・マンビーアンドダブリューディーゼル・シコルスキーエアクラフト・ガラベンタ・コンバッションエンジニアリング・フィアットアヴィオ・フィンメカニカ・クーパーカメロン・イザールコンストラクシオネスナバレス・ 資本提携／キャタピラーオーバーシーズ
7)	事業所	本社／東京都、支社／大阪府・愛知県・福岡県・北海道・広島県・宮城県・富山県・香川県・営業所／新潟県・沖縄県、造船所／長崎県・兵庫県・山口県、製作所・工場／神奈川県・広島県・兵庫県・愛知県・広島県
8)	関連会社	国内／関門ドックサービス・長菱船舶工事・エムエイチアイマリンエンジニアリング・エムエイチアイマリテック・ダイヤ精密鋳造・エムエイチアイディーゼルサービス・原子力サービスエンジニアリング・三菱重工ガスタービンサービス・長菱設計・西菱エンジニアリング・三菱重工工事・三菱重工パーキング建設・三菱重工環境エンジニアリング・菱日エンジニアリング・エムエイチアイエアロスペースプロダクションテクノロジー・エムエイチアイエアロエンジンサービス・エムエイチアイロジテック・エムエイチアイエアロスペースシステムズ・中菱エンジニアリング・三菱重工東北販売・三菱重工東日本販売・三菱重工中部販売・三菱重工近畿販売・三菱重工中国四国販売・三菱重工九州販売・三菱重工冷熱システム・菱重コールドチェーン・菱重エンジニアリング・エムエイチアイさがみハイテック・三菱農機・菱重特殊車両サービス・アールエスイー・三原菱重エンジニアリング・エムエイチアイ工作機械エンジニアリング・田町ビル・関東菱重興産・東中国菱重興産・西日本菱重興産・近畿菱重興産・下関菱重興産・広島菱重興産・名古屋菱重興産・リョーイン・エムエイチアイファイナンス・千代田リース・三菱自動車工業・新キャタピラー三菱・東洋製作所

表 2.5.1-1 三菱重工業の企業概要(2/2)

9)	業績推移		売上高	経常利益	当期利益
		1997年3月期	2,733,765	192,677	110,670
		1998年3月期	2,653,292	120,579	83,579
		1999年3月期	2,479,148	44,183	23,262
		2000年3月期	2,453,825	-91,044	-126,586
	(単位:百万円)	2001年3月期	2,637,734	46,516	15,087
10)	主要製品	客船、貨物船、タンカー、専用船、兼用船、特殊船、艦艇、修繕/改造船、海洋生産施設、貯油積出施設、船舶制御システム、船舶設計/生技支援システム、橋梁、沿岸構造物、トンネル換気設備、治水・利水設備、配水・送水設備、エネルギー関連設備、防災と制振関連、クレーン・コンベア各種荷役搬送設備、物流設備、地中建機、文化・スポーツ・レジャー施設、立体駐車場、複合発電プラント、火力発電プラント、自然エネルギー発電プラント、ディーゼル発電プラント、タービン、ボイラ、計装制御装置、舶用機器、PWR発電プラント、新型炉プラント、原子燃料、核燃料サイクル装置機器、環境装置、製鉄機械、交通システム、ITS、風力機械、化学プラント、ガス・石油生産設備、海水淡水化プラント、防衛航空機、誘導機器、民間航空機、宇宙機器、エンジン、ターボチャージャー、フォークリフト/物流機器、建設機械、特殊車両、住宅用空調機、業務用空調機、大型冷凍機、車両用空調機、応用冷機、輸送用冷凍機、射出成形機、押出成形機、食品包装機械、製紙機械、紙工機械、印刷機械(オフセット枚葉印刷機/商業用オフセット輪転機/新聞用オフセット印刷機)、工作機械、精密切削工具、自動車部品				

2.5.2 気体膜分離装置に関連する製品・技術

　製品リストにあげたものは、同社のプラント(たとえば発電プラントなど)に組み込まれるものが多い。製品リストに挙げた製品以外にも、顧客のニーズに応じた各種ガス分離装置を数多く製品として送り出している。

表2.5.2-1 三菱重工業の製品・技術

分離ガス	製品名 発売時期	出典	製品概要
水素	高純度水素製造装置 (1995)	三菱重工化学プラント技術資料 (1997)	① 膜材質：Pd,Pd-Ag,Pd-Y,Pd-Ni,Pd-Cu 薄膜と金属多孔質膜の複合膜、各種形状モジュール ② 改質ガスから高純度水素製造
水蒸気	脱湿装置 (1995)	三菱重工化学プラント技術資料 (1997)	① 膜材質：ポリイミド中空糸 ② 水、液状有機化合物からの脱水
二酸化炭素	CO₂分離装置 (1996)	三菱重工化学プラント技術資料 (1997)	① 膜材質：ポリイミド中空糸 ② 天然ガス、燃焼排ガスからのCO₂の回収

2.5.3 技術開発課題対応保有特許の概要

　図2.5.3-1に三菱重工業の気体膜分離装置の課題対応保有特許を示す。出願取下げ、拒絶査定の確定、権利放棄、抹消、満了したものは除かれている。

　図2.5.3-1によると、課題の解決手段として膜材質、膜に機能物質添加、製膜技術全般、モジュール製造全般、システム・装置化全般、補助機能全般の出願数が多い。特に、注目すべきはエンジニアリング部門を有するので補助機能全般の出願数が多く、きめ細かい装置化の開発を行っている。表2.5.3-1に、注目すべき出願については、概要を付記して示す。

図2.5.3-1 三菱重工業の気体膜分離装置の課題と解決手段

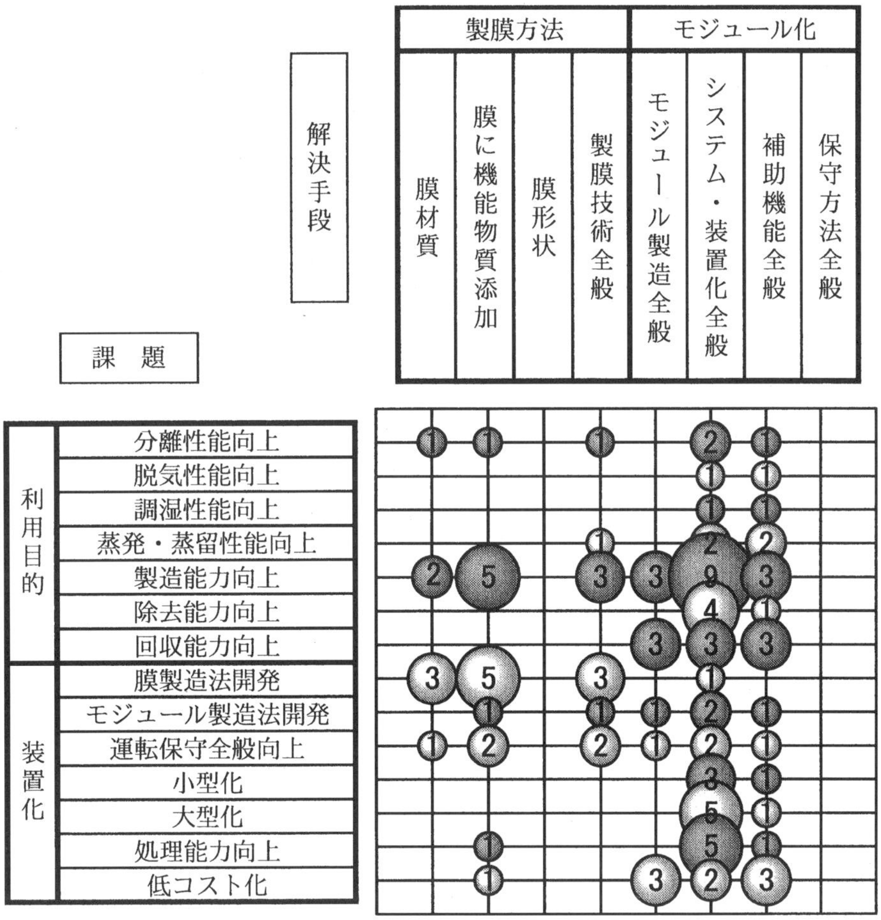

表2.5.3-1 三菱重工業の技術開発課題対応保有特許(1/9)

技術要素	課題	概要（解決手段）	（代表図面）		特許番号 特許分類
			特許番号	特許番号	
製膜	膜製造法開発	膜材質 シリカ、アルミナ、チタニア、ジルコニア、シリカ・アルミナ等の無機物から成る多孔質体の少なくとも細孔中に、複数の一定の繰り返し単位から成る高分子共重合体を有する有機高分子と無機物の複合分離膜とその製造方法。			特開平10-128088 B01D 69/12
		膜材質 Pd又はPd-Ag合金を主成分とする高性能水素分離膜において、Y、Gd及びLuの群から選択される1種以上の希土類元素を3at%以上含有し、該希土類元素の含有量をy at%、Agの含有量をx at%とするときに、36≧3y+x≧24の領域の合金からなる高性能水素分離膜。			特開平11-99323 B01D 71/02 500

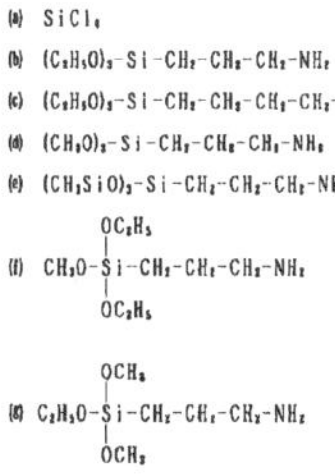

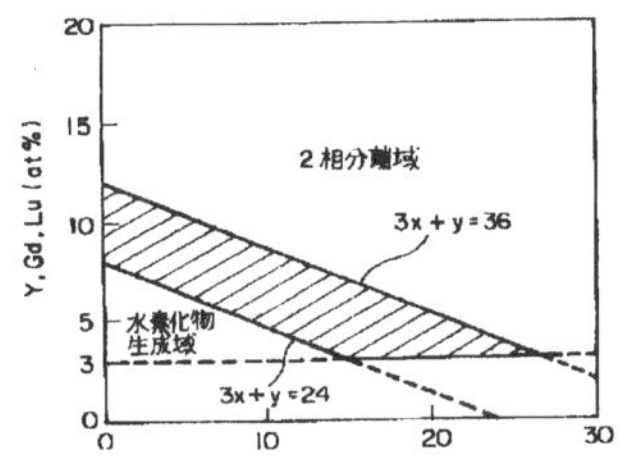

表 2.5.3-1 三菱重工業の技術開発課題対応保有特許(2/9)

技術要素	課題	概要（解決手段）	(代表図面) 特許番号	特許番号	特許番号 特許分類
製膜	膜製造法開発	膜材質	特開2001-104798		
		膜に機能物質添加	特開平8-215551	特開平9-255306	特開2001-104798
		製膜技術全般	特許2942787		
	膜の耐久性向上	膜材質 Pd又はPd-Ag合金を主成分とする高性能水素分離膜において、Y、Gd及びLuの群から選択される1種以上の希土類元素を3at%以上含有し、該希土類元素の含有量をyat%、Agの含有量をxat%とするときに、36≧3y+x≧24の領域の合金からなる高性能水素分離膜である。			特開平11-99323 B01D 71/02 500
		膜に機能物質添加	特開平8-215551		
		製膜技術全般	特許2942787		
	処理能力向上	膜に機能物質添加	特開平9-255306		
	低コスト化	膜に機能物質添加	特開平9-255306		
モジュール化	分離性能向上	他の単位操作との組合せ 従来のプロセスに使用されていた改質器、一酸化炭素変成器及び水素精製器の反応を一まとめに実施し、高純度の水素を連続的に製造する。			特開平9-2803 C01B 3/38
		モジュール構造	特開2000-24466		
		システム・装置化	特開2000-24466	特開平9-57075	
	脱気性能向上	システム・装置化	特許3129339		
		補助機能・構成機器の改良	特開平8-318138		
	調湿性能向上	システム・装置化	特開平11-267644		
	蒸発・蒸留性能向上	他の単位操作との組合せ 分離操作温度に耐えられる耐熱性浸透気化分離膜を用い、浸透気化分離膜の透過側に燃焼排ガスの廃熱で加熱された燃焼用加熱空気を通して浸透気化分離膜の供給側の原料混合物から水分を浸透気化させて脱水精製する浸透気化脱水精製法。			特開平9-131516 B01D 61/36
		モジュール構造	特許2836980		
		システム・装置化	特許2836983	特許2827057	
		他の単位操作の組合せ	特開平9-131516	特開平8-173755	

表 2.5.3-1 三菱重工業の技術開発課題対応保有特許(3/9)

技術要素	課題	概要（解決手段）	（代表図面）	特許番号 特許分類
モジュール化	製造能力向上	システム・装置化 内筒で竪型の火炉を形成し、その外側に順次直立の中筒、外筒及び再外筒の筒状体を配設し、中筒と内筒とから形成される第3環状空間部に改質触媒を充填し、この触媒層に水素透過管を配設して反応および分離領域を形成する。		特許 3197095 C01B　3/38
		システム・装置化 内筒で竪型の火炉を形成し、その外側に順次直立の中筒及び外筒の筒状体を配設し、内層環状空間部に改質触媒を充填して触媒層を形成し、これに水素透過管を配設して反応および分離領域を形成する。		特許 3197097 C01B　3/38
		システム・装置化 外筒と中筒とが画成する第2環状空間部及び中筒と内筒とが画成する第3環状空間部には改質触媒を充填した第1及び第2触媒層が夫々形成され、第1触媒層に水素透過管を配設して反応および分離領域を形成している。		特許 3197098 C01B　3/38
		他の単位操作との組合せ 中筒と内筒との間の第2環状空間部には改質触媒を充填した触媒層を形成し、触媒層には選択的に水素を透過する金属膜を備えた水素透過直方体を第2環状空間部と同心状に配設する。		特許 3197108 C01B　3/38

表 2.5.3-1 三菱重工業の技術開発課題対応保有特許(4/9)

技術要素	課題	概要（解決手段）	（代表図面）	特許番号 特許分類
モジュール化	製造能力向上	他の単位操作との組合せ 水蒸気改質工程とメタノール合成工程との間に水素分離膜を用いた水素分離工程を設け、合成ガス中の一酸化炭素と水素との比率をメタノール合成反応に適した比率に調整した後、メタノール合成反応器に導く合成ガスからのメタノール製造方法。		特開平10-259148 C07C 31/04
		膜に機能物質添加 原料供給口、生成物出口を有し、内部に触媒が充填され、外部に加熱手段を備えた反応器の触媒充填層に、金属多孔体の表面に耐熱性酸化薄膜及びPd含有薄膜を形成させた水素分離膜を設けて、反応温度を低くし、安定した性能を維持可能にする。		特開平5-317708 B01J 23/755
		複合化 金属又は合金箔製の水素透過膜の周囲を両面から金属製の枠ではさんで固定し、前記水素透過膜の少なくとも精製水素側の面を周囲が前記金属製の枠に接合された金属多孔質材からなる支持板で支持した水素分離膜ユニットにおいて、前記水素透過膜として水素の透過部分に多数の凹部を設けた金属又は合金箔製の水素透過膜を使用する。		特開平8-73201 C01B 3/50
		他の単位操作との組合せ 水素を選択的に透過する水素透過性分離膜を具備したリフォーマに燃料を供給して水素を生成し、該生成された水素を燃料電池に供給し、該燃料電池により得られた電力により駆動装置を作動させ、車両を走行させるようにした。		特開2001-15142 H01M 8/06
		結束・集束・固定・接着方法	特開平11-99324	特開平11-76736	特開平11-90193
		モジュール構造	特開平11-99324	特開平11-76736	特開平11-90193
		モジュール製造方法	特開平11-99324	特開平11-76736	特開平11-90193
		システム・装置化	特許3197096	特許3202440	特許3202441

表 2.5.3-1 三菱重工業の技術開発課題対応保有特許(5/9)

技術要素	課題	概要（解決手段）	（代表図面）		特許番号 特許分類
			特許番号	特許番号	
モジュール化	製造能力向上	システム・装置化	特許 3202442		
	除去能力向上	システム・装置化 ガス分離装置からの透過ガスであるCO_2を液化天然ガスの冷熱を用いて冷却、固化して減容化することにより該ガス分離装置の中空糸膜内部を減圧し、燃焼排ガスの圧力と中空糸内部の圧力との差圧を駆動力として燃焼排ガス中のCO_2を膜分離する燃焼排ガス中のCO_2の除去方法。			特開平9-70521 B01D 53/62
		システム・装置化 極性ガス含有ガス側と極性ガス吸収液側との間を均圧管で連結して両側の均圧化を図るようにすることにより、多孔質膜の疎水性を容易に保持し、極性ガスの分離を有効に行えるようにする。			特許 3122244 B01D 53/14
		システム・装置化	特開平11-267644	実登 2528637	
		他の単位操作の組合せ	特開平8-173755		
	回収能力向上	多段・集積化 供給される室内空気から二酸化炭素を分離する分離部と、分離された二酸化炭素を回収して排出する脱気部と、分離部を気相と液相に分割し、気体だけが透過可能な第1の疎水性膜と、脱気部を気相と液相に分割し、気体だけが透過可能な第2の疎水性膜と、分離部の液相を流れ第1の疎水性膜を透過した二酸化炭素が溶解した純水を脱気部の液相に流して第2の疎水性膜で二酸化炭素を脱気するために分離部の液相と脱気部の液相を連結する純水流路と、分離部の気相と液相を等圧に調整する第1の圧力調整手段と、脱気部の液相より気相の圧力を低く調整する第2の圧力調整手段とを有する。			特開平11-235999 B64D 13/00
		他の単位操作との組合せ 水素を選択的に透過する水素透過性分離膜を具備したリフォーマに燃料を供給して水素を生成し、該生成された水素を燃料電池に供給し、該燃料電池により得られた電力により駆動装置を作動させ、車両を走行させるようにした。			特開2001-15142 H01M 8/06
		結束・集束・固定・接着方法	特開平11-99324	特開平11-76736	特開平11-90193

表 2.5.3-1 三菱重工業の技術開発課題対応保有特許(6/9)

技術要素	課題	概要（解決手段）	（代表図面）		特許番号 特許分類
			特許番号	特許番号	
モジュール化	回収能力向上	モジュール構造	特開平11-99324	特開平11-76736	特開平11-90193
		モジュール製造方法	特開平11-99324	特開平11-76736	特開平11-90193
		システム・装置化	特許3129339	特開平9-313806	
		他の単位操作の組合せ	特許2930456		
	運転保守全般向上	膜に機能物質添加 原料供給口、生成物出口を有し、内部に触媒が充填され、外部に加熱手段を備えた反応器の触媒充填層に、金属多孔体の表面に耐熱性酸化薄膜及びPd含有薄膜を形成させた水素分離膜を設けて、反応温度を低くし、安定した性能を維持可能にする。			特開平5-317708 B01J 23/755
		他の単位操作との組合せ 分離操作温度に耐えられる耐熱性浸透気化分離膜を用い、浸透気化分離膜の透過側に燃焼排ガスの廃熱で加熱された燃焼用加熱空気を通して浸透気化分離膜の供給側の原料混合物から水分を浸透気化させて脱水精製する浸透気化脱水精製法。			特開平9-131516 B01D 61/36
		結束・集束・固定・接着方法	特開平11-76736		
		モジュール構造	特開平11-76736		
		モジュール製造方法	特開平11-76736		
		システム・装置化	特開平9-57075		
	調湿性能向上	他の単位操作の組合せ	特許2813473		
	製造能力向上	他の単位操作との組合せ 水蒸気改質工程とメタノール合成工程との間に水素分離膜を用いた水素分離工程を設け、合成ガス中の一酸化炭素と水素との比率をメタノール合成反応に適した比率に調整した後、メタノール合成反応器に導く合成ガスからのメタノール製造方法。			特開平10-259148 C07C 31/04
	除去能力向上	システム・装置化 ガス分離装置からの透過ガスである CO_2 を液化天然ガスの冷熱を用いて冷却、固化して減容化することにより該ガス分離装置の中空系膜内部を減圧し、燃焼排ガスの圧力と中空系内部の圧力との差圧を駆動力として燃焼排ガス中の CO_2 を膜分離する燃焼排ガス中の CO_2 の除去方法。			特開平9-70521 B01D 53/62
	回収能力向上	他の単位操作の組合せ	特許2813473		
水素分離	膜製造法開発	膜材質 シリカ、アルミナ、チタニア、ジルコニア、シリカ・アルミナ等の無機物から成る多孔質体の少なくとも細孔中に、複数の一定の繰り返し単位から成る高分子共重合体を有する有機高分子と無機物の複合分離膜とその製造方法。			特開平10-128088 B01D 69/12
		膜材質 Pd又はPd-Ag合金を主成分とする高性能水素分離膜において、Y、Gd及びLuの群から選択される1種以上の希土類元素を3at%以上含有し、該希土類元素の含有量を yat%、Ag の含有量を xat%とするときに、$36 \geq 3y+x \geq 24$ の領域の合金からなる高性能水素分離膜である。			特開平11-99323 B01D 71/02 500

表 2.5.3-1 三菱重工業の技術開発課題対応保有特許(7/9)

技術要素	課題	概要（解決手段）	（代表図面） 特許番号	特許番号	特許番号 特許分類
水素分離	膜製造法開発	膜に機能物質添加 原料供給口、生成物出口を有し、内部に触媒が充填され、外部に加熱手段を備えた反応器の触媒充填層に、金属多孔体の表面に耐熱性酸化薄膜及びPd含有薄膜を形成させた水素分離膜を設けて、反応温度を低くし、安定した性能を維持可能にする。			特開平5-317708 B01J 23/755
		膜に機能物質添加	特開平8-215551	特開平9-255306	
	モジュール製造法開発	他の単位操作との組合せ 中筒と内筒との間の第2環状空間部には改質触媒を充填した触媒層を形成し、触媒層には選択的に水素を透過する金属膜を備えた水素透過直方体を第2環状空間部と同心状に配設する。			特許3197108 C01B 3/38
		製膜技術 金属又は合金箔製の水素透過膜の周囲を両面から金属製の枠ではさんで固定し、前記水素透過膜の少くとも精製水素側の面を周囲が前記金属製の枠に接合された金属多孔質材からなる支持板で支持した水素分離膜ユニットにおいて、前記水素透過膜として水素の透過部分に多数の凹部を設けた金属又は合金箔製の水素透過膜を使用する。			特開平8-73201 C01B 3/50
		膜に機能物質添加	特開平9-255306		
		モジュール製造全般	特開平11-99324		
	膜の耐久性向上	膜材質 Pd又はPd-Ag合金を主成分とする高性能水素分離膜において、Y、Gd及びLuの群から選択される1種以上の希土類元素を3at%以上含有し、該希土類元素の含有量をyat%、Agの含有量をxat%とするときに、36≧3y+x≧24の領域の合金からなる高性能水素分離膜である。			特開平11-99323 B01D 71/02 500
		膜に機能物質添加 原料供給口、生成物出口を有し、内部に触媒が充填され、外部に加熱手段を備えた反応器の触媒充填層に、金属多孔体の表面に耐熱性酸化薄膜及びPd含有薄膜を形成させた水素分離膜を設けて、反応温度を低くし、安定した性能を維持可能にする。			特開平5-317708 B01J 23/755
		膜に機能物質添加	特開平8-215551		
	大型化	システム・装置化 外筒と中筒とが画成する第2環状空間部及び中筒と内筒とが画成する第3環状空間部には改質触媒Aを充填した第1及び第2触媒層が夫々形成され、第1触媒層に水素透過管を配設して反応および分離領域を形成している。			特許3197098 C01B 3/38
		他の単位操作との組合せ 中筒と内筒との間の第2環状空間部には改質触媒を充填した触媒層を形成し、触媒層には選択的に水素を透過する金属膜を備えた水素透過直方体を第2環状空間部と同心状に配設する。			特許3197108 C01B 3/38
		システム・装置化全般	特許3197096	特許3202440	特許3202441
	処理能力向上	システム・装置化 外筒と中筒とが画成する第2環状空間部及び中筒と内筒とが画成する第3環状空間部には改質触媒Aを充填した第1及び第2触媒層が夫々形成され、第1触媒層に水素透過管を配設して反応および分離領域を形成している。			特許3197098 C01B 3/38

表 2.5.3-1 三菱重工業の技術開発課題対応保有特許(8/9)

技術要素	課題	概要（解決手段）	（代表図面）特許番号	特許番号	特許番号 特許分類
水素分離	処理能力向上	他の単位操作との組合せ 中筒と内筒との間の第2環状空間部には改質触媒を充填した触媒層を形成し、触媒層には選択的に水素を透過する金属膜を備えた水素透過直方体を第2環状空間部と同心状に配設する。			特許 3197108 C01B 3/38
		膜に機能物質添加	特開平9-255306		
		システム・装置化全般	特許 3197096	特許 3202440	特許 3202441
		システム・装置化全般	特許 3202442		
	低コスト化	膜に機能物質添加	特開平9-255306		
		モジュール製造全般	特開平11-99324		
		システム・装置化全般	特許 3202442		
		補助機能全般	特許 2930456		
水蒸気分離	膜製造法開発	複合化	特許 2942787		
	モジュール製造法開発	他の単位操作との組合せ 中筒と内筒との間の第2環状空間部には改質触媒を充填した触媒層を形成し、触媒層には選択的に水素を透過する金属膜を備えた水素透過直方体を第2環状空間部と同心状に配設する。			特許 3197108 C01B 3/38
	膜の耐久性向上	複合化	特許 2942787		
	小型化	システム・装置化全般	特開平11-267644		
	大型化	システム・装置化 外筒と中筒とが画成する第2環状空間部及び中筒と内筒とが画成する第3環状空間部には改質触媒Aを充填した第1及び第2触媒層が夫々形成され，第1触媒層に水素透過管を配設して反応および分離領域を形成している。			特許 3197098 C01B 3/38
		他の単位操作との組合せ 中筒と内筒との間の第2環状空間部には改質触媒を充填した触媒層を形成し、触媒層には選択的に水素を透過する金属膜を備えた水素透過直方体を第2環状空間部と同心状に配設する。			特許 3197108 C01B 3/38
		システム・装置化全般	特許 3197096	特許 3202440	特許 3202441
		システム・装置化全般	特許 3202442		
	処理能力向上	システム・装置化 外筒と中筒とが画成する第2環状空間部及び中筒と内筒とが画成する第3環状空間部には改質触媒Aを充填した第1及び第2触媒層が夫々形成され，第1触媒層に水素透過管を配設して反応および分離領域を形成している。			特許 3197098 C01B 3/38
		他の単位操作との組合せ 中筒と内筒との間の第2環状空間部には改質触媒を充填した触媒層を形成し、触媒層には選択的に水素を透過する金属膜を備えた水素透過直方体を第2環状空間部と同心状に配設する。			特許 3197108 C01B 3/38
		システム・装置化全般	特許 3197096	特許 3202440	特許 3202441

表 2.5.3-1 三菱重工業の技術開発課題対応保有特許(9/9)

技術要素	課題	概要（解決手段）	（代表図面）		特許番号 特許分類
			特許番号	特許番号	
水蒸気分離	処理能力向上	システム・装置化全般	特許3202442		
	低コスト化	システム・装置化全般	特許3202442		
二酸化炭素分離	小型化	多段・集積化 供給される室内空気から二酸化炭素を分離する分離部と、分離された二酸化炭素を回収して排出する脱気部と、分離部を気相と液相に分割し、気体だけが透過可能な第1の疎水性膜と、脱気部を気相と液相に分割し、気体だけが透過可能な第2の疎水性膜と、分離部の液相を流れ第1の疎水性膜を透過した二酸化炭素が溶解した純水を脱気部の液相に流して第2の疎水性膜で二酸化炭素を脱気するために分離部の液相と脱気部の液相を連結する純水流路と、分離部の気相と液相を等圧に調整する第1の圧力調整手段と、脱気部の液相より気相の圧力を低く調整する第2の圧力調整手段とを有する。			特開平11-235999 B64D 13/00
	低コスト化	補助機能全般	特許2930456		
有機ガス分離	膜の検査性向上 低コスト化	他の単位操作との組合せ 分離操作温度に耐えられる耐熱性浸透気化分離膜を用い、浸透気化分離膜の透過側に燃焼排ガスの廃熱で加熱された燃焼用加熱空気を通して浸透気化分離膜の供給側の原料混合物から水分を浸透気化させて脱水精製する浸透気化脱水精製法。			特開平9-131516 B01D 61/36

2.5.4 技術開発拠点

表2.5.4-1 三菱重工業の技術開発拠点

No.	都道府県名	本社・事業所・研究所
1	東京都	本社
2	神奈川県	本社技術センター、基盤技術研究所、横浜研究所、汎用機・特車事業本部
3	長崎県	長崎研究所、長崎造船所、香焼工場
4	兵庫県	高砂研究所
5	広島県	広島研究所、紙・印刷機械事業部、和田沖工場、広島工場
6	愛知県	名古屋研究所、冷熱事業本部、産業機器事業部
7	北海道	千歳工場
8	三重県	松阪工場
9	滋賀県	工作機械事業部
10	京都府	京都工場

2.5.5 研究開発者

図 2.5.5-1 三菱重工における発明者数と出願件数の推移

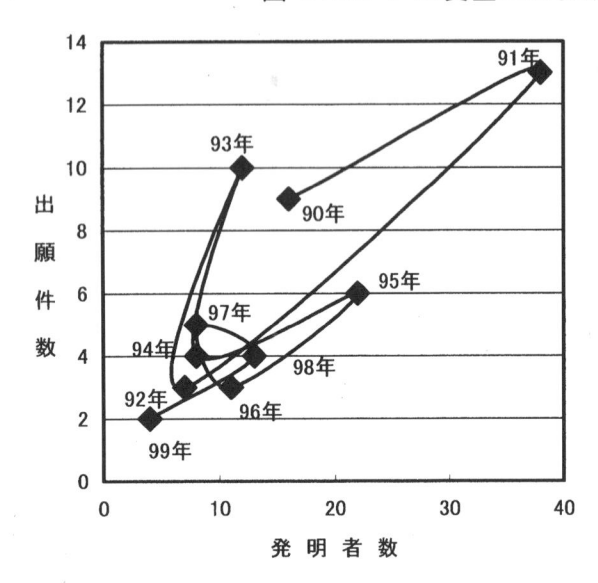

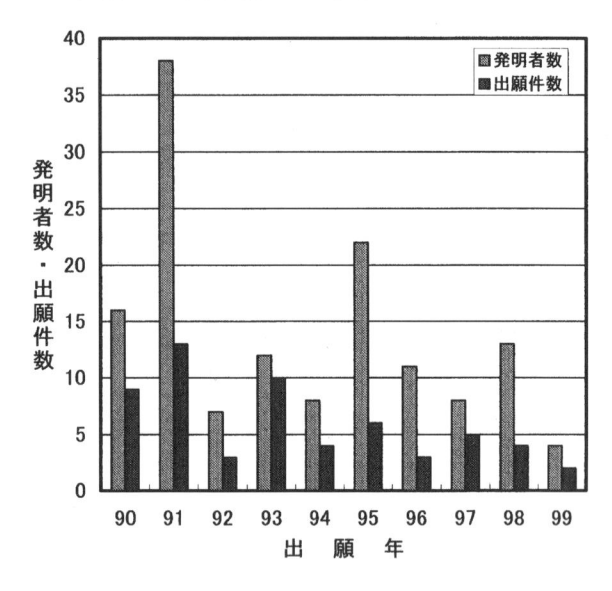

2.6 エヌオーケー

2.6.1 企業の概要

表2.6.1-1 エヌオーケーの企業概要

1)	商号	エヌオーケー（株）
2)	設立年月日	昭和14年12月2日
3)	資本金	15,912（百万円　平成13年3月）
4)	従業員	人員 3,486人
5)	事業内容	◆工業用ゴム製品＝Oリング、樹脂加工品、アキュムレータ、パッキン ◆シール製品＝オイルシール、メカニカルシール ◆フレキシブル基板＝フレキシブルサーキット ◆その他＝防振ゴム製品、特殊潤滑剤その他
6)	技術・資本提携関係	技術提携/カールフロイデンベルグ 資本提携/クリューバーリュブリケーション・フロイデンベルグ・パーキンエルマー
7)	事業所	本社/東京都、支店/東京都・神奈川県・埼玉県・静岡県・愛知県・大阪府・広島県・兵庫県・栃木県・茨城県・福岡県・宮城県・北海道・千葉県・長野県・石川県・岡山県・愛媛県、事業場/神奈川県・福島県・静岡県・佐賀県・熊本県
8)	関連会社	国内/日本メクトロン・ネオプト・NOKビブラコースティック・NOKクリューバー・フガク工機・鳥取ビブラコースティック・佐賀シール工業・三春工業・バルコム・福島シール工業・東北シール工業・メナック・正和薬品・ミツオキ・宮崎モールディング・天栄産業・タイラ工業・熊本ユシ工業・宮崎工業・仙北工業・篋岳工業・伊藤工業・玖珠工業・正和エレクトロニクス・ノアテック・竹内工業・特殊工作・岳南ゴム・関西NOK販売・中部NOK販売・関東NOK販売・中国正和・イーグル工業・新潟イーグル・昭和機器工業・オタライト・イッシン工業・正和シール販売・山形オイルシール・東輝産業
9)	業績推移 （単位:百万円）	<table><tr><td></td><td>売上高</td><td>経常利益</td><td>当期利益</td></tr><tr><td>1997年3月期</td><td>195,012</td><td>6,283</td><td>2,550</td></tr><tr><td>1998年3月期</td><td>205,478</td><td>4,364</td><td>1,959</td></tr><tr><td>1999年3月期</td><td>202,291</td><td>4,747</td><td>1,531</td></tr><tr><td>2000年3月期</td><td>218,810</td><td>6,713</td><td>-15,550</td></tr><tr><td>2001年3月期</td><td>234,933</td><td>7,047</td><td>3,298</td></tr></table>
10)	主要製品	オイルシール、パッキン、Oリング、メカニカルシール、リップシール、セグメントシール、メタルガスケット、スタティックメタルパッキン、パーフロロエラストマー、シールワッシャー、磁性流体シール、合成ゴム原料、工業用ゴム製品、アイアンラバー製品、アイアンラバーベルト、アイアンラバー交通安全用品、エンジニアリングプラスチック製品、フェノール樹脂成形材料、防振・防音製品、アキュムレータ、高精度ガイド付シリンダ、住宅設備関連機器、金属ベローズ製品、ダイアフラムカップリング、ベローズバルブ、フレキシブルサーキット、フレクスボード、バスシステム、フレキベース、パネルキーボード、オプトエレクトロニクス製品、ソレノイド、アクチュエータ、センサ、吸気制御バルブ、リードバルブ、各種バルブ、高分子中空糸膜モジュール、膜式油水分離装置、油水分離・不純物ろ過フィルタ、耐摩耗構造材料、特殊潤滑剤、フッ素系コーティング材、フッ素系はっ水・はつ油材、ケーブル断線防止用アダプタ、電気接点・放電加工用電極、コンプレッサバルブ、リコイルスタータ
11)	主な取引先	トヨタ自動車、三菱自動車、本田技研工業、日立製作所、松下電器産業、アイシン精機、マツダ、豊田自動織機製作所、ソニー幸田、デンソー
12)	技術移転窓口	知的財産部 技術契約課　神奈川県藤沢市辻堂新町4-3-1　TEL:0466-35-4608

2.6.2 気体膜分離装置に関連する製品・技術

　もともと自動車部品メーカーであるが、多角化の一環として分離膜事業を展開している。取り扱っている膜は高分子膜とセラミック膜である。製品としては製品リストにあげたものが主なものである。

表2.6.2-1　エヌオーケーの製品・技術

分離ガス	製品名 発売時期	出典	製品概要
酸素	酸素富化装置 （1992）	最新・機能性 分離膜の市場展望 （1993）	① 膜材質：ポリスルホン非多孔質膜中空糸 ② 空気より酸素富化ガスの製造装置
	酸素富化装置 （1996）	エヌオーケー カタログ （1997）	① 膜材質：ポリフッ化ビリニデン多孔質膜にシリコンポリマーコーテング中空糸 ② 空気より酸素富化ガスの製造装置
水素	高純度水素製造装置 （1998）	エヌオーケー カタログ （1997）	① 膜材質：セラミック支持膜にPdコーテング中空糸 ② 改質ガスから高純度水素製造
水蒸気	脱湿装置 （1996）	エヌオーケー カタログ （1997）	① 膜材質：ポリイミド中空糸 ② ガスの脱湿、水とアルコールの分離

2.6.3 技術開発課題対応保有特許の概要

　図2.6.3-1エヌオーケーの気体膜分離装置の課題対応保有特許を示す。出願取下げ、拒絶査定の確定、権利放棄、抹消、満了したものは除かれている。

　図2.6.3-1によると、課題の解決手段として膜材質、製膜技術全般、モジュール製造全般の出願数が多い。特に注目すべきは高純度水素製造用のパラジウム膜およびモジュールの開発を行っていることである。表2.6.3-1に、注目すべき出願については、概要を付記して示す。

図2.6.3-1 エヌオーケーの気体膜分離装置の課題と解決手段

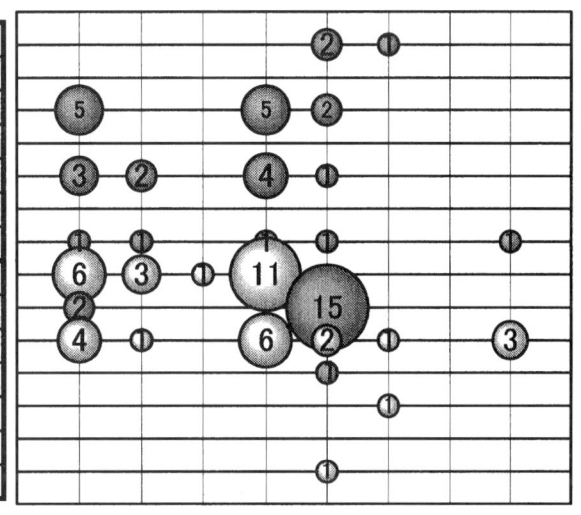

表2.6.3-1 エヌオーケーの技術開発課題対応保有特許(1/4)

技術要素	課題	概要（解決手段）	（代表図面）特許番号　特許番号	特許番号 特許分類
製膜	膜製造法開発	膜材質 多孔質セラミックス中空糸をベーマイトゾル中に浸漬し、乾燥させて焼成した後、その両端部を封止した状態でシリカゾル中に浸漬し、乾燥させて焼成して多層薄膜積層多孔質セラミックス中空糸を製造する。		特開平7-313853 B01D 71/02 500
		膜に機能物質添加 少なくとも内表面側にスキン層を有するポリフッ化ビニリデン多孔質中空糸膜で形成されるモジュールの該中空糸膜内部にシリコーンポリマー溶液を注入した後、所定線速を有する空気を通気してシリコーンポリマー溶液の除去および硬化を行う。		特開平9-66224 B01D 69/08

表 2.6.3-1 エヌオーケーの技術開発課題対応保有特許(2/4)

技術要素	課題	概要（解決手段）	（代表図面） 特許番号	特許番号	特許番号 特許分類
製膜	膜製造法開発	膜材質 反応管の内部にPd膜源物質から多孔質アルミナ中空糸（膜担持体）の製膜範囲へ向かって流れるキャリヤーガスによって、昇華させたPd膜源物質を製膜範囲へ供給する。			特開平11-300182 B01D 71/02 500
		膜材質 アルコキシシラン Si(OR)$_{4-n}$(OH)$_n$（R：低級アルキル基、n：0,1,2,3）および（メタ）アクリルオキシアルキル基含有アルコキシシランをアルコール溶媒中で混合し、それを加水分解して得られたゾルを無機多孔質支持体上に塗布して焼成し、無機質分離膜を製造する。			特開2001-162145 B01D 71/02 500
		膜材質	特開平10-52631	特開平11-90194	
		製膜技術全般	特許2946925	特開平8-257375	特開平9-888
		製膜技術全般	特開平10-52631	特開平11-90194	実公平7-11179
		製膜技術全般	特開平8-80426		
	膜の耐久性向上	膜に機能物質添加 少なくとも内表面側にスキン層を有するポリフッ化ビニリデン多孔質中空糸膜で形成されるモジュールの該中空糸膜内部にシリコーンポリマー溶液を注入した後、所定線速を有する空気を通気してシリコーンポリマー溶液の除去および硬化を行う。			特開平9-66224 B01D 69/08
		膜材質 ポリアミドイミドおよび水溶性重合体を含有する製膜原液を、芯液および凝固液に炭素数3以下の低級アルコールまたはそれを30重量%以上含有する水溶液を用いて、乾湿式紡糸または湿式紡糸し、多孔質ポリアミドイミド中空糸膜を製造する。			特開2000-288370 B01D 71/64
		膜材質	特開平11-90194	特開2001-38173	
		製膜技術全般	特開平11-90194	特開2001-38173	
モジュール化	分離性能向上	結束・集束・固定・接着方法	特開平10-156149	特開2001-46843	

表 2.6.3-1 エヌオーケーの技術開発課題対応保有特許(3/4)

技術要素	課題	概要（解決手段）	（代表図面） 特許番号	特許番号	特許番号 特許分類
モジュール化	分離性能向上	モジュール構造	特開平10-156149	特開2001-46843	
		モジュール製造方法	特開平10-156149	特開2001-46843	
		システム・装置化	特開2001-212422		
	調湿性能向上	結束・集束・固定・接着方法	特開平11-76778		
		モジュール構造	特開平11-76778		
		モジュール製造方法	特開平11-76778	特開平10-118465	
	製造能力向上	結束・集束・固定・接着方法	特開平11-347373		
		モジュール構造	特開平11-347373		
		モジュール製造方法	特開平11-347373		
	除去能力向上	モジュール構造 複数の小径の中空糸膜の糸束をケース内に収容した中空糸膜モジュールにおいて、前記複数の小径の中空糸膜の糸束は、相互に絡み合っている。			特開平9-192458 B01D 63/02
	運転保守全般向上	結束・集束・固定・接着方法	特許3104254	特開2001-46843	
		モジュール構造	特許2720364	特開2001-46843	
		モジュール製造方法	特開2001-46843		
		システム・装置化	特開2001-212422		
システム化・保守	除去能力向上	保守方法全般	特開平9-239246		
	運転保守全般向上	保守方法全般	特許2882649	特許3184631	特開平9-239246
窒素分離	膜製造法開発	膜材質 アルコキシシラン Si(OR)$_{4-n}$(OH)$_n$（R：低級アルキル基、n：0,1,2,3）および（メタ）アクリルオキシアルキル基含有アルコキシシランをアルコール溶媒中で混合し、それを加水分解して得られたゾルを無機多孔質支持体上に塗布して焼成し、無機質分離膜を製造する。			特開2001-162145 B01D 71/02 500
水素分離	膜製造法開発	膜材質 反応管の内部にPd膜源物質から多孔質アルミナ中空糸（膜担持体）の製膜範囲へ向かって流れるキャリヤーガスによって、昇華させたPd膜源物質を製膜範囲へ供給する。			特開平11-300182 B01D 71/02 500
		膜材質 アルコキシシラン Si(OR)$_{4-n}$(OH)$_n$（R：低級アルキル基、n：0,1,2,3）および（メタ）アクリルオキシアルキル基含有アルコキシシランをアルコール溶媒中で混合し、それを加水分解して得られたゾルを無機多孔質支持体上に塗布して焼成し、無機質分離膜を製造する。			特開2001-162145 B01D 71/02 500
	膜の耐久性向上	システム・装置化全般	特開2001-212422		

表 2.6.3-1 エヌオーケーの技術開発課題対応保有特許(4/4)

技術要素	課題	概要（解決手段）	（代表図面）		特許番号 特許分類
			特許番号	特許番号	
水蒸気分離	膜製造法開発	膜材質	特開平10-52631		
		製膜技術	特開平10-52631		
	モジュール製造法開発	モジュール製造全般	特開2001-46843		
	膜の耐久性向上	モジュール製造全般	特開2001-46843		
二酸化炭素分離	膜製造法開発	膜材質 アルコキシシラン Si(OR)$_{4-n}$(OH)$_n$（R：低級アルキル基、n：0,1,2,3）および（メタ）アクリルオキシアルキル基含有アルコキシシランをアルコール溶媒中で混合し、それを加水分解して得られたゾルを無機多孔質支持体上に塗布して焼成し、無機質分離膜を製造する。	特開2001-162145		特開2001-162145 B01D 71/02 500
	膜の耐久性向上	システム・装置化全般	特開2001-212422		

2.6.4 技術開発拠点

表2.6.4-1 エヌオーケーの技術開発拠点

No.	都道府県名	本社・事業所・研究所
1	東京都	本社
2	茨城県	筑波技術研究所
3	鳥取県	鳥取技術研究所
4	福島県	福島事業場、二本松事業場
5	神奈川県	藤沢事業場
6	静岡県	静岡事業場、東海事業場
7	佐賀県	佐賀事業場
8	熊本県	熊本事業場

2.6.5 研究開発者

図 2.6.5-1 エヌオーケーにおける発明者数と出願件数

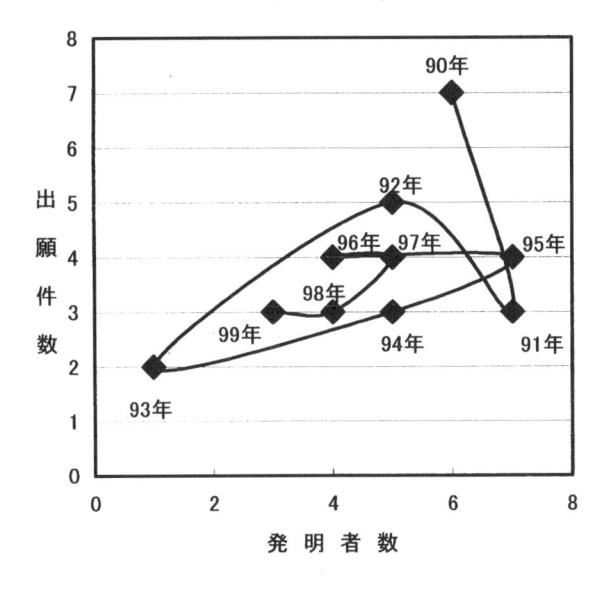

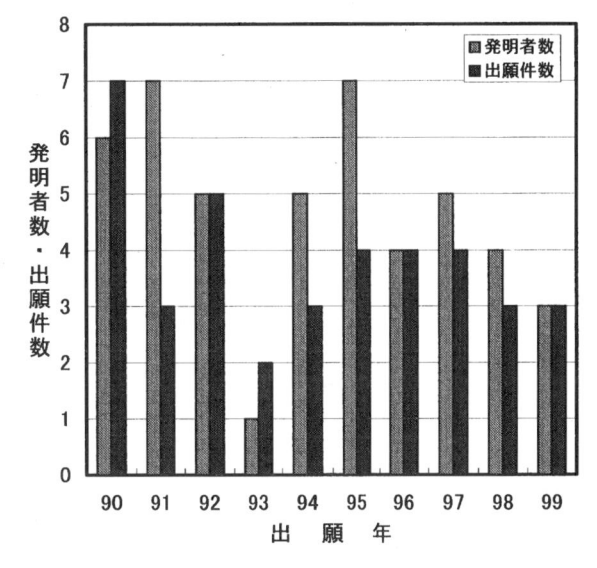

2.7 日本碍子

2.7.1 企業の概要

表2.7.1-1 日本碍子の企業概要(1/2)

1)	商号	日本碍子（株）
2)	設立年月日	大正8年5月5日
3)	資本金	69,849（百万円　平成13年3月）
4)	従業員	人員 3,921人
5)	事業内容	◆電力関連事業＝がいし・架線金具、送電・変電・配電用機器、がいし洗浄装置・防災装置、電力貯蔵用ナトリウム/硫黄電池等製造・販売 ◆セラミックス事業＝自動車用セラミックス製品、化学工業用セラミックス製品・機器類、燃焼装置・耐火物、計測装置等製造・販売メンテナンス ◆エンジニアリング事業＝上水・下水処理装置、汚泥脱水・焼却装置、騒音防止装置、ごみ処理装置、ホーロー建材、放射性廃棄物処理装置等設計・施工・販売 ◆エレクトロニクス事業＝ベリリウム銅圧延製品・加工製品、金型製品、金属ベリリウム、電子工業用・半導体製造装置用セラミック製品等製造販売 ◆素形材事業＝一般自動車部品（含むアルミホイール）、産業建機部品、がいし用金具、送・配電専用金具、環境装置、プラント等製造・販売
6)	事業所	本社/愛知県、支社/東京都・大阪府、営業所/愛知県・北海道・宮城県・富山県・広島県・香川県・福岡県、工場/愛知県
7)	関連会社	国内/明知碍子・エナジーサポート・池袋琺瑯工業・エヌジーケイケミテック・エヌジーケイフィルテック・エヌジーケイアドレック・エヌジーケイキルンテック・日碍環境サービス・日本フリット・エヌジーケイメテックス・エヌジーケイファインモールド・エヌジーケイオプトセラミックス・エヌジーケイプリンターセラミックス・エヌジーケイオホーツク・双信電機・旭テック・豊栄工業・東北エナジス・北陸エナジス・中部エナジス・関西エナジス・九州エナジス・エナジス産業・東海エナジス・高信エレクトロニクス・エムエレック・双商販売・双立電子・立信電子
8)	業績推移 （単位:百万円）	<table><tr><th></th><th>売上高</th><th>経常利益</th><th>当期利益</th></tr><tr><td>1997年3月期</td><td>225,933</td><td>20,030</td><td>9,043</td></tr><tr><td>1998年3月期</td><td>234,500</td><td>20,360</td><td>10,632</td></tr><tr><td>1999年3月期</td><td>235,630</td><td>22,959</td><td>11,500</td></tr><tr><td>2000年3月期</td><td>223,265</td><td>16,001</td><td>10,064</td></tr><tr><td>2001年3月期</td><td>231,194</td><td>20,775</td><td>12,020</td></tr></table>
9)	主要製品	ガス分析計、セラミック膜フィルター、セラミックポンプ・真空ポンプ、高温ガス集塵装置、グラスライニング、ローラーハースキルン、トンネルキルン、シャトルキルン、雰囲気バッチ炉、HRS燃焼システム、遠赤外線加熱システム、PDP用乾燥炉、PDP用焼成炉、炭化ケイ素質耐火物、ムライト質耐火物、軽量セッター、NEWSIC、不定形耐火物、曝気装置、セラミック膜ろ過装置、オキシデーションディッチ、ベルトプレス、フィルタープレス、遠心脱水機、スクリュープレス、ロータリープレス、流動焼却炉、循環流動焼却炉、溶融炉、水蒸気乾燥機、高度処理装置、排熱利用、透水性ブロック、コンポスト、バイオリアクター、騒音防止装置、NGKウォール、ハイセラール、抗菌アルミホーロー、低レベル放射性廃棄物処理システム、不燃性雑固体溶融固化システム、乾留炉、高圧縮プレスシステム、ドライブラスト除染装置、NGKガス化溶融システム、RDF（ごみ固形燃料化システム）、リサイクルプラザ

表 2.7.1-1 日本碍子の企業概要(2/2)

9)	主要製品（続き）	埋立処分場浸出水処理システム、NGK触媒オゾンシステム、ベリリウム銅展伸材、ベリリウム銅展伸材、安全工具、海底光通信ケーブル中継器筐体、金属ベリリウム、ベリリウム銅二次品、チルベント、タイヤ用金型、プラスチック成形用金型、金型用鋳造キャビティ、金型機材、半導体製造プロセス用セラミック部品、産業用セラミック部品、光ファイバーアレイ、光並列インターコネクト、インクジェットプリンター用圧電マイクロアクチュエーター、透光性アルミナ、磁気ヘッド用フェライト
10)	主な取引先	セイコーエプソン、東京電力、中部電力
11)	技術移転窓口	法務部 知的財産グループ　名古屋市瑞穂区須田町2-56　TEL:052-872-7726

2.7.2 気体膜分離装置に関連する製品・技術

製品リストに挙げたものが、セラミック系統の膜を支持体とする製品であるが、イオン伝導性膜を使用した酸素分離膜、セラミックを支持体とするパラジウム膜は、共に、これから適用分野が拡大していくと考えられる。

表2.7.2-1 日本碍子の製品・技術

分離ガス	製品名 発売時期	出典	製品概要
酸素	酸素富化装置 （1996）	日本碍子技術資料 （1997）	① 膜材質：イオン伝導性気体分離中空系膜 ② 空気より酸素富化ガスの製造装置
水素	高純度水素製造装置 （1998）	日本碍子技術資料 （1999）	① 膜材質：Pd膜とセラミック支持膜の複合膜　ハニカム型 ② 改質ガスから高純度水素製造、電気自動車用水素分離器
	水素製造膜反応器 （1998）	日本碍子技術資料 （1999）	① 膜材質：Pd膜とセラミック支持膜の複合膜　管状型 ② 改質ガスから高純度水素製造

2.7.3 技術開発課題対応保有特許の概要

図2.7.3-1に日本碍子の気体膜分離装置の課題対応保有特許を示す。出願取下げ、拒絶査定の確定、権利放棄、抹消、満了したものは除かれている。

図2.7.3-1によると、課題の解決手段として膜材質、膜製造技術全般、補助機能全般の出願数が多い。表2.7.3-1に、注目すべき出願については、概要を付記して示す。

図2.7.3-1 日本碍子の気体膜分離装置の課題と解決手段

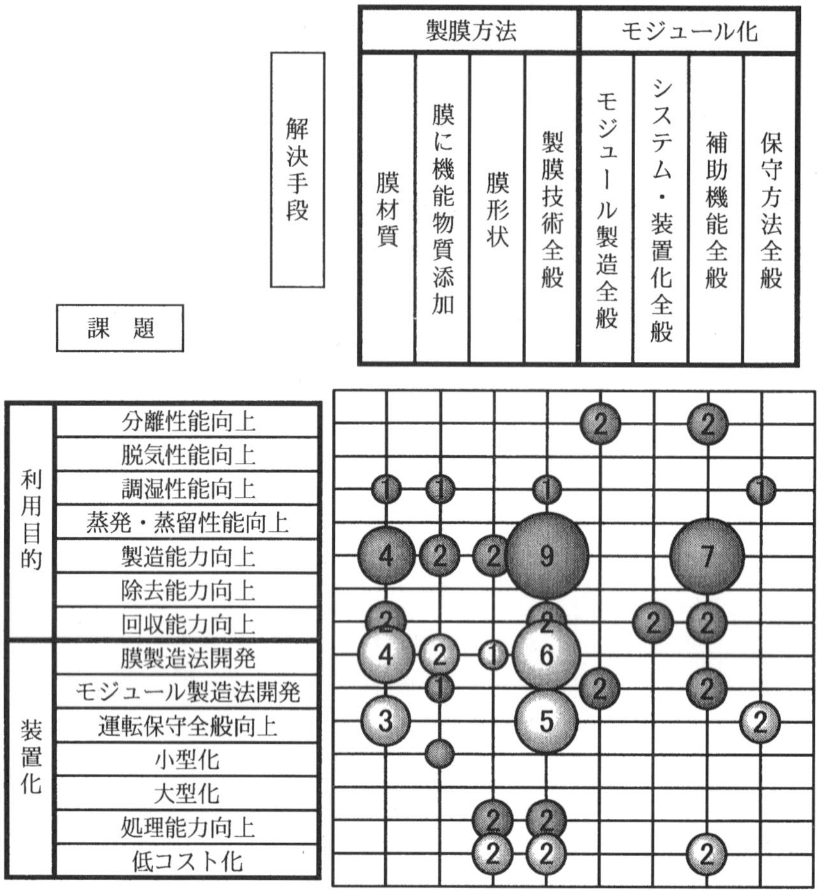

表2.7.3-1 日本碍子の技術開発課題対応保有特許(1/6)

技術要素	課題	概要（解決手段）	（代表図面）	特許番号 特許分類
製膜	膜製造法開発	製膜技術 イオン伝導式気体分離装置の気体分離体が、多孔質の基体と、基体の気孔を気密に充填している緻密質マトリックスとを備えている。この気体分離体を製造するのに際して、基体の一方の側に第一の反応性ガスを供給し、基体の他方の側に第二の反応性ガスを供給し、基体の気孔内で各反応性ガスを電気化学的プロセスによって反応させることによって、基体の空隙内に緻密質マトリックスを生成させる。		特開平9-24233 B01D 53/22
		膜材質 積層焼結体は、互いに異なる複数種の材質からなる複数のセラミックス層を備えている。各セラミックス層中に、それぞれ、積層焼結体を貫通する貫通孔が設けられている。積層焼結体は、好ましくは、電気化学セル用の積層焼結体であり、板状をなしており、電極層とセパレータ層とを備えている。 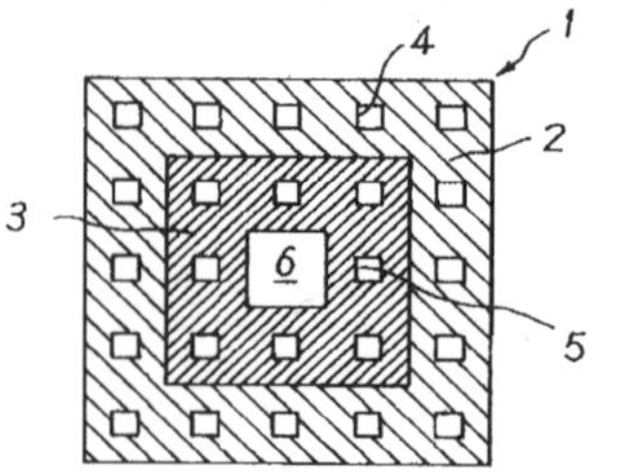		特許3126939 B32B 18/00

表 2.7.3-1 日本碍子の技術開発課題対応保有特許(2/6)

技術要素	課題	概要（解決手段）	（代表図面）		特許番号 特許分類
			特許番号	特許番号	
製膜	膜製造法開発	膜材質 多孔質セラミック基体に不活性ガスと不活性ガスと水蒸気の混合ガスを用いて、金属化合物のガスとの反応を行った後、酸素濃度ガスを用いて、前記金属化合物のガスとの反応を行い、緻密質マトリックスを生成した複合材料の製造方法。			特開平11-229145 C23C 16/30
		膜材質	特開平11-104468	特開2000-189771	
		膜に機能物質添加	特開2000-189771		
		製膜技術全般	特開平11-104468	特開2000-189771	特開平8-38863
	膜の耐久性向上	製膜技術 イオン伝導式気体分離装置の気体分離体が、多孔質の基体と、基体の気孔を気密に充填している緻密質マトリックスとを備えている。この気体分離体を製造するのに際して、基体の一方の側に第一の反応性ガスを供給し、基体の他方の側に第二の反応性ガスを供給し、基体の気孔内で各反応性ガスを電気化学的プロセスによって反応させることによって、基体の空隙内に緻密質マトリックスを生成させる。			特開平9-24233 B01D 53/22
		製膜技術 多孔質の基体の一方の側に第一の反応性ガスを供給し、基体の他方の側に第二の反応性ガスを供給し、基体の気孔内で第一の反応性ガスと第二の反応性ガスとを電気化学的プロセスによって反応させることによって、基体の気孔内にマトリックスを生成させる。			特開平9-24234 B01D 53/22
		膜材質	特開平7-265673	特許2991609	
		製膜技術全般	特開平7-265673	特許2991609	
	小型化	膜形状 混合ガス中から特定ガスを分離又は供給するガス分離膜構造体である。ガス分離膜構造体は、ハニカム一体構造であり、且つガス分離能を有する材料からなる緻密体である。			特開2001-104742 B01D 53/22

表 2.7.3-1 日本碍子の技術開発課題対応保有特許(3/6)

技術要素	課題	概要（解決手段）	（代表図面）		特許番号 特許分類
			特許番号	特許番号	
製膜	小型化	膜形状 混合ガス中から特定ガスを分離又は供給するガス分離膜構造体である。ガス分離膜構造体は、ハニカム一体構造であり、且つブラウンミラーライト構造の酸化物からなる緻密体である。			特開2001-104741 B01D 53/22
	処理能力向上	膜形状 混合ガス中から特定ガスを分離又は供給するガス分離膜構造体である。ガス分離膜構造体は、ハニカム一体構造であり、且つガス分離能を有する材料からなる緻密体である。			特開2001-104742 B01D 53/22
		膜形状 混合ガス中から特定ガスを分離又は供給するガス分離膜構造体である。ガス分離膜構造体は、ハニカム一体構造であり、且つブラウンミラーライト構造の酸化物からなる緻密体である。			特開2001-104741 B01D 53/22
	低コスト化	膜形状 混合ガス中から特定ガスを分離又は供給するガス分離膜構造体である。ガス分離膜構造体は、ハニカム一体構造であり、且つガス分離能を有する材料からなる緻密体である。			特開2001-104742 B01D 53/22
		膜形状 混合ガス中から特定ガスを分離又は供給するガス分離膜構造体である。ガス分離膜構造体は、ハニカム一体構造であり、且つブラウンミラーライト構造の酸化物からなる緻密体である。			特開2001-104741 B01D 53/22
モジュール化	分離性能向上	他の単位操作との組合せ 水素分離装置に用いられる水素分離膜の水素ガス透過性能を回復させる際、水素分離膜を酸素含有ガス中で加熱処理することにより、繰り返し使用により水素透過性能が低下した水素分離膜を効果的に回復できる。			特開平8-257376 B01D 65/00
		他の単位操作との組合せ 燃料と空気から改質ガスを生成する改質器と、改質ガスから水素のみを分離する水素分離膜と、水素分離膜から精製された水素を燃料電池に供給する水素供給ラインと、改質器に空気を供給する空気供給ラインと、燃料電池に酸素又は空気を供給する酸素供給ラインと、水素分離膜及び燃料電池の排気ラインに接続された燃焼器を備え、燃料電池システムの停止時に、改質器への燃料の供給を停止し、水素供給ラインの開閉弁を閉弁し、水素分離膜の改質ガス側に空気を導入して、水素分離膜の改質ガス側及び透過側の水素を除去する。			特開2001-118594 H01M 8/04
	分離性能向上	結束・集束・固定・接着方法	特開平8-299768	特開平11-114358	
		モジュール構造	特開平8-299768	特開平11-114358	

表2.7.3-1 日本碍子の技術開発課題対応保有特許(4/6)

技術要素	課題	概要（解決手段）	（代表図面）		特許番号 特許分類
			特許番号	特許番号	
モジュール化	分離性能向上	モジュール製造方法	特開平8-299768	特開平11-114358	
	製造能力向上	モジュール構造 水素ガス分離膜を、その一端をフランジに貫通させて同フランジに接着固定した状態で吊下状に支持し、前記流入孔から流入する被処理ガス中の水素ガス成分を前記透過膜を透過させて第1の流出孔から流出されるとともに、被処理ガス中の残りのガス成分を前記第2の流出孔から流出させる。			特許 2756071 C01B 3/56
		膜材質 水素ガス分離管を形成する多孔質セラミックス管とセラミックス製フランジとを接合した後、これらの接合部表面と多孔質セラミックス管とに金属膜を被覆する。			特許 3207635 B01D 53/22
		膜に機能物質添加 多孔質基体と、多孔質基体の所定表面に形成された水素を選択的に分離する水素分離膜とからなり、炭化水素を改質するための改質触媒が、多孔質基体の細孔内部に担持されている。ハニカム状担体に、該炭化水素を改質するための改質触媒を担持し、ハニカム状担体の下流側に位置した水素分離膜を備えた水素製造装置である。			特開平8- 40703 C01B 3/40
		他の単位操作との組合せ 水素生成反応側で生成した水素を水素分離膜を用いて水素分離側へ分離除去し、反応の転化率を向上させるメンブレンリアクタにおいて、メンブレンリアクタの水素分離側に水蒸気及び/又は二酸化炭素を添加する。			特開平10- 259002 C01B 3/38

表 2.7.3-1 日本碍子の技術開発課題対応保有特許(5/6)

技術要素	課題	概要（解決手段）	（代表図面）特許番号	特許番号 特許分類
モジュール化	製造能力向上	補助機能・構成機器の改良 H_2とCOを主成分とする混合ガスから、ガス分離膜を用いてCOを分離精製することによるCOの製造方法であり、ガス分離膜がH_2選択透過能を有する金属膜を用いる。		特開2000-70655 B01D 53/22
		他の単位操作の組合せ	特開平7-315801 / 特開平7-320763	特開2001-213611
		他の単位操作の組合せ	特開2000-7303	
	回収能力向上	他の単位操作との組合せ 水素炉に使用した後の水素ガスを回収し、精製する回収・精製ラインと、精製した水素ガスを貯蔵する貯蔵タンクと、貯蔵した水素ガスを水素炉に再度供給する再供給ラインとから構成される水素ガスの回収・精製・貯蔵装置である。回収・精製ライン中に配設したパラジウム膜に水素ガスを透過させることにより水素ガスの精製を行う。		特開平10-203803 C01B 3/56
		システム・装置化	特開平11-116203 / 特開平11-116204	
		他の単位操作の組合せ	特開平7-315802	
	運転保守全般向上	モジュール構造 水素ガス分離膜を、その一端をフランジに貫通させて同フランジに接着固定した状態で吊下状に支持し、前記流入孔から流入する被処理ガス中の水素ガス成分を前記透過膜を透過させて第1の流出孔から流出されるとともに、被処理ガス中の残りのガス成分を前記第2の流出孔から流出させる。		特許2756071 C01B 3/56

表 2.7.3-1 日本碍子の技術開発課題対応保有特許(6/6)

技術要素	課題	概要（解決手段）	（代表図面）特許番号	特許番号	特許番号 特許分類
モジュール化	運転保守全般向上	膜材質 水素ガス分離管を形成する多孔質セラミックス管とセラミックス製フランジとを接合した後、これらの接合部表面と多孔質セラミックス管とに金属膜を被覆する。			特許 3207635 B01D 53/22
システム化・保守	調湿性能向上	保守方法全般	特開平10-202071		
	製造能力向上	他の単位操作の組合せ	特開平7-315801		
	運転保守全般向上	保守方法全般	特許2721787	特開平10-202071	
酸素分離	膜製造法開発	膜材質	特開平11-104468		
		製膜技術	特開平11-104468		
水素分離	膜製造法開発	膜材質	特開平11-104468	特開2000-189771	
		膜に機能物質添加	特開2000-189771		
		製膜技術	特開平11-104468	特開2000-189771	
		複合化	特開平11-104468	特開平8-38863	
	モジュール製造法開発	膜に機能物質添加 多孔質基体と、多孔質基体の所定表面に形成された水素を選択的に分離する水素分離膜とからなり、炭化水素を改質するための改質触媒が、多孔質基体の細孔内部に担持されている。ハニカム状担体に、該炭化水素を改質するための改質触媒を担持し、ハニカム状担体の下流側に位置した水素分離膜を備えた水素製造装置である。			特開平8-40703 C01B 3/40
		補助機能全般	特開2000-7303		
	膜の耐久性向上	膜材質 水素ガス分離管を形成する多孔質セラミックス管とセラミックス製フランジとを接合した後、これらの接合部表面と多孔質セラミックス管とに金属膜を被覆する。			特許 3207635 B01D 53/22
		膜材質	特開平7-265673	特許2991609	
		複合化	特開平7-265673	特許2991609	
	小型化	膜に機能物質添加 多孔質基体と、多孔質基体の所定表面に形成された水素を選択的に分離する水素分離膜とからなり、炭化水素を改質するための改質触媒が、多孔質基体の細孔内部に担持されている。ハニカム状担体に、該炭化水素を改質するための改質触媒を担持し、ハニカム状担体の下流側に位置した水素分離膜を備えた水素製造装置である。			特開平8-40703 C01B 3/40
		補助機能全般	特開平7-315802		
	低コスト化	補助機能全般	特開平7-315801	特開平7-315802	
	小型化	補助機能全般	特開平7-315802		
二酸化炭素分離	低コスト化	補助機能全般	特開平7-315802		

2.7.4 技術開発拠点

表2.7.4-1 日本碍子の技術開発拠点

No.	都道府県名	本社・事業所・研究所
1	愛知県	本社、知多事業所、小牧事業所

2.7.5 研究開発者

図 2.7.5-1 日本碍子における発明者数と出願件数の推移

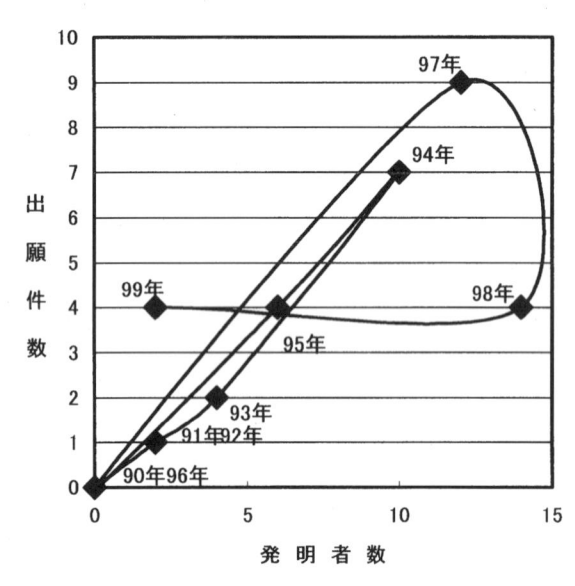

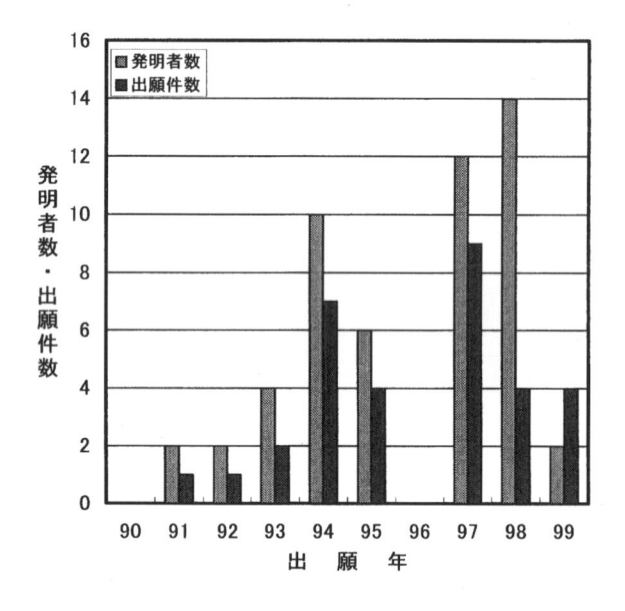

2.8 ダイセル化学工業

2.8.1 企業の概要

表2.8.1-1 ダイセル化学工業の企業概要

1)	商号	ダイセル化学工業（株）
2)	設立年月日	大正8年9月8日
3)	資本金	36,275（百万円　平成13年3月）
4)	従業員	人員2,374人
5)	事業内容	◆セルロース事業＝酢酸セルロース、硝酸セルロース、アセテート・トウ、CMC、アセテート・プラスチック他 ◆有機合成事業＝酢酸、モノクロル酢酸、酢酸ブチル、合成樹脂エマルジョン他 ◆合成樹脂事業＝AS樹脂、ABS樹脂、ポリアセタール樹脂、各種合成樹脂成型加工品、コーテッドOPPフィルム他 ◆その他事業＝発射薬、逆浸透膜、限外濾過膜、自動車エアバッグ用インフレータ、運輸倉庫業他
6)	技術・資本提携関係	技術提携／オーイーエーエアロスペースインク・アメリカンセイフティフライトシステムズインコーポレイテッド・ユニバーサルプロパルションカンパニーインク・シェブロンリサーチアンドテクノロジーカンパニー・リンデアクチェンゲゼルシャフト・オーイーエーインク・オーイーエーエアロスペースインク 資本提携／ティコナLLC・三菱瓦斯化学・電気化学工業・協和醗酵工業・チッソ・国営恵安化工廠・中国烟草総公司陝西省公司・三井物産・長春石油化学股・長春人造樹脂廠股・長連産業股・帝人
7)	事業所	本社／大阪府、東京本社／東京都、営業事務所／大阪府、支社／愛知県、営業所／福岡県、研究所／兵庫県・大阪府・茨城県、工場／大阪府・兵庫県・新潟県・広島県・静岡県
8)	関連会社	国内／ダイセルテップス・ポリプラスチックス・協同酢酸・大日本プラスチックス・三国プラスチックス・ダイセルファイナンス・ダイセルヒュルス
9)	業績推移 （単位:百万円）	<table><tr><td></td><td>売上高</td><td>経常利益</td><td>当期利益</td></tr><tr><td>1997年3月期</td><td>260,884</td><td>11,701</td><td>3,141</td></tr><tr><td>1998年3月期</td><td>257,177</td><td>5,037</td><td>-845</td></tr><tr><td>1999年3月期</td><td>249,111</td><td>7,900</td><td>1,401</td></tr><tr><td>2000年3月期</td><td>238,240</td><td>9,510</td><td>3,124</td></tr><tr><td>2001年3月期</td><td>261,520</td><td>13,778</td><td>3,381</td></tr></table>
10)	主要製品	酢酸セルロース、硝酸セルロース、たばこフィルター用アセテート、CMC（カルボキシメチルセルロース）、HEC（ヒドロキシエチルセルロース）、カチオン化セルロース、微小繊維状セルロース、酢酸、酢酸エステル、アルコール類、アルキルアミン類、塩素化物、ケテン誘導体、ε-カプロラクトン誘導体、脂環式エポキシ誘導体、グリシドール誘導体、コーティング用オリゴマー製品、電子材料用オリゴマー製品、ポリウレタン樹脂用オリゴマー製品、ヘルスケア関連オリゴマー製品、エポキシ化スチレン系熱可塑性エラストマー、医薬原体、医農薬中間体、光学活性化合物、光学異性体分離カラム、包装用防湿フィルム、長繊維強化樹脂、自動車エアバック用インフレータ、生分解性プラスチック、道路関連資材、環境共生資材、情報インフラ資材、発射薬、推進薬、航空機用緊急脱出装置、救命装備品、火工品応用装置
11)	主な取引先	三井物産、三菱アセテート、長瀬産業

2.8.2 気体膜分離装置に関連する製品・技術

製品は装置よりもモジュールが多く、製品リストに挙げたもの以外に顧客のニーズに応じて種々の気体分離用モジュールを販売している。ただし、水素分離については、動力源として重要視されている高純度水素製造装置を製品としている。

表2.8.2-1 ダイセル化学工業の製品・技術

分離ガス	製品名 発売時期	出典	製品概要
酸素	酸素富化膜 (1993)	ダイセル化学工業 カタログ (1997)	① 膜材質：セルロース・アセテート中空糸複合膜 ② 空気より酸素富化空気の製造
水素	高純度水素/一酸化炭素製造装置 (1997)	ダイセル化学工業 カタログ (1997)	① 膜材質：Pd 膜とセラミック支持膜の複合膜中空糸型 ② 改質ガスから高純度水素製造と一酸化炭素の製造
水蒸気	脱湿膜 (1997)	ダイセル化学工業 カタログ (1997)	① 膜材質：ポリイミド中空糸 ② 水と有機酸、アルコール、アルデヒドなどの水/有機物分離

2.8.3 技術開発課題対応保有特許の概要

図2.8.3-1にダイセル化学工業の気体膜分離装置の課題対応保有特許を示す。出願取下げ、拒絶査定の確定、権利放棄、抹消、満了したものは除かれている。

図2.8.3-1によると、特許出願件数は少ないが、課題の解決手段として膜材質、製膜技術全般、モジュール製造全般、システム・装置化全般、保守方法全般の出願数が見られる。表2.8.3-1に、注目すべき出願については、概要を付記して示す。

図2.8.3-1 ダイセル化学工業の気体膜分離装置の課題と解決手段

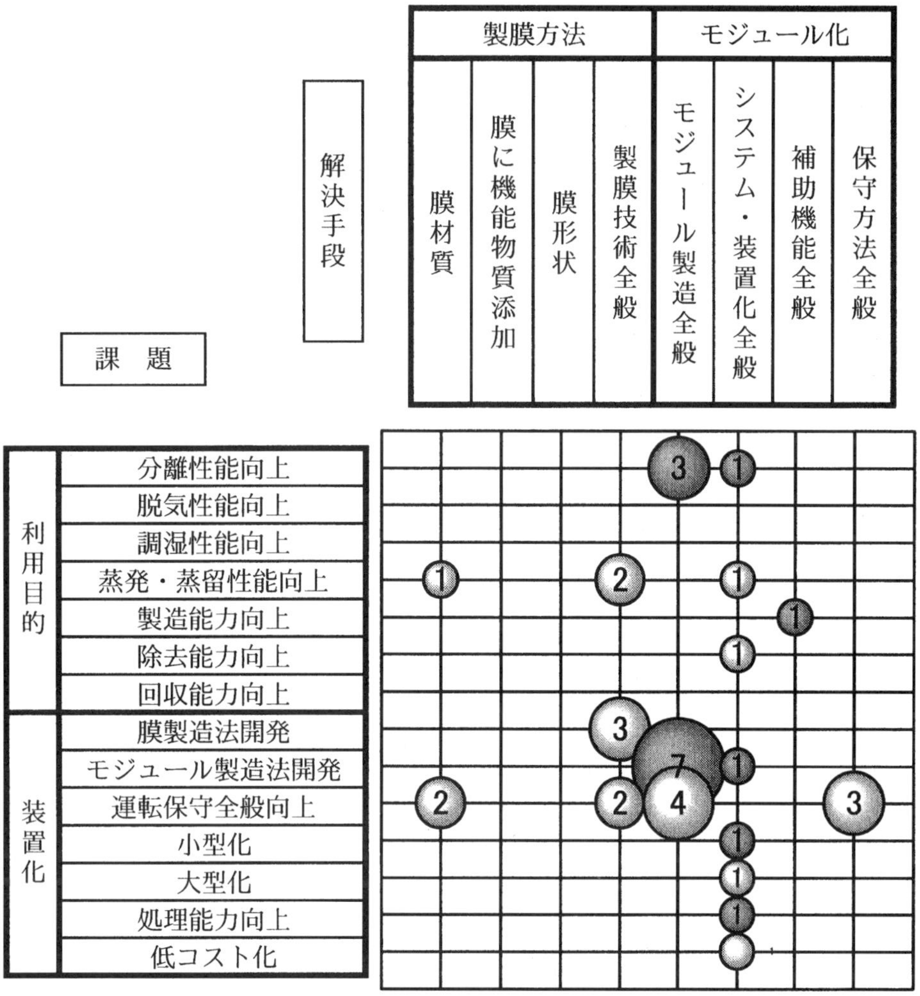

製膜方法
モジュール化
解決手段
膜材質
膜に機能物質添加
膜形状
製膜技術全般
モジュール製造全般
システム・装置化全般
補助機能全般
保守方法全般
課 題
利用目的
分離性能向上
脱気性能向上
調湿性能向上
蒸発・蒸留性能向上
製造能力向上
除去能力向上
回収能力向上
装置化
膜製造法開発
モジュール製造法開発
運転保守全般向上
小型化
大型化
処理能力向上
低コスト化
3
1
1
2
1
1
1
3
7
1
2
2
4
3
1
1
1

表2.8.3-1 ダイセル化学工業の技術開発課題対応保有特許(1/3)

技術要素	課題	概要（解決手段）	（代表図面）		特許番号 特許分類
			特許番号	特許番号	
製膜	蒸発・蒸留性能向上	膜材質	特許 2984716		
		製膜技術全般 マイクロボイドが内外表面を貫通することなく一方の表面に開孔している中空糸膜において、マクロボイドの内表面部分を高分子物質で被覆する。			特開平 7-68142 B01D 69/08
		製膜技術全般	特許 3171947		
	膜製造法開発	製膜技術全般 マイクロボイドが内外表面を貫通することなく一方の表面に開孔している中空糸膜において、マクロボイドの内表面部分を高分子物質で被覆する。			特開平 7-68142 B01D 69/08
		製膜技術全般	特許 2739510	特許 3171947	
	膜の耐久性向上	膜材質 特定構造式を主な繰り返し単位とするポリイミド水選択分離膜を用いる。			特許 3018093 B01D 71/64

表 2.8.3-1 ダイセル化学工業の技術開発課題対応保有特許(2/3)

技術要素	課題	概要（解決手段）	（代表図面）		特許番号 特許分類
			特許番号	特許番号	
製膜	膜の耐久性向上	膜材質	特許 2984716		
		製膜技術全般 マイクロボイドが内外表面を貫通することなく一方の表面に開孔している中空糸膜において、マクロボイドの内表面部分を高分子物質で被覆する。			特開平 7-68142 B01D 69/08
		製膜技術全般	特許 3171947	特許 2739510	
モジュール化	分離性能向上	結束・集束・固定・接着方法	実公平 7-33864	実公平 7-33865	実公平 7-46345
		モジュール構造	特開平 6-170175	実公平 7-33864	実公平 7-33865
		モジュール構造	実公平 7-46345		
		モジュール製造方法	実公平 7-33864	実公平 7-33865	実公平 7-46345
		システム・装置化	特開 2000-117278		
	蒸発・蒸留性能向上	モジュール構造 中空糸膜の外面側に被処理流体を加圧して供給する場合、中空糸膜の束に対する被処理流体の流れを均一化し、有効な膜面積を大きくする。			特開平 6-226060 B01D 63/02
		モジュール構造	特開平 7-204470		
		システム・装置化	特許 2894573		
	製造能力向上	補助機能・構成機器の改良 H_2 と CO を主成分とする混合ガスから、ガス分離膜を用いて CO を分離精製することによる CO の製造方法であり、ガス分離膜が H_2 選択透過能を有する金属膜を用いる。			特開 2000-70655 01D 53/22

130

表 2.8.3-1 ダイセル化学工業の技術開発課題対応保有特許(3/3)

技術要素	課題	概要（解決手段）	（代表図面）		特許番号 特許分類
			特許番号	特許番号	
モジュール化	除去能力向上	システム・装置化	特許 2894573		
	運転保守全般向上	モジュール構造 複数の中空糸膜からなる中空糸束の端部に封止固定部を形成し、前記中空糸束を通気又は通液可能な保護筒内に挿入する。保護筒の両端部は封止固定部に固着している。ケーシングの供給口及び流出口に対応する保護筒の部位は、流体の通過を規制する遮蔽部として形成されている。			特許 3210468 B01D 63/02
		結束・集束・固定・接着方法	実公平7-33864	実公平7-33865	
		モジュール構造	特開平5-301032	実公平7-33864	実公平7-33865
		モジュール製造方法	特許 3115624	特許 3070998	実公平7-33864
		モジュール製造方法	実公平7-33865		
		保守方法全般	特許 2774340	特許 3150796	特開平7-299341
システム化・保守	運転保守全般向上	保守方法全般	特許 3150796	特許 2774340	特開平7-299341
酸素、窒素分離	運転保守全般向上	システム・装置化	特開2000-117278		
水蒸気分離	膜の耐久性向上	膜材質 特定構造式を主な繰り返し単位とするポリイミド水選択分離膜を用いる。			特許 3018093 B01D 71/64
		膜材質	特許 2984716		
有機ガス分離	膜製造法開発	製膜技術	特許 3171947		
	膜の耐久性向上	膜材質	特許 2984716		
		製膜技術	特許 3171947		

2.8.4 技術開発拠点

表2.8.4-1 ダイセル化学工業の技術開発拠点

No.	都道府県名	本社・事業所・研究所
1	大阪府	大阪本社、堺工場
2	東京都	東京本社
3	兵庫県	総合研究所、神崎工場、姫路製造所網干工場、姫路製造所広畑工場、播磨工場
4	茨城県	筑波研究所
5	新潟県	新井工場
6	広島県	大竹工場

2.8.5 研究開発者

図 2.8.5-1 ダイセル工業における発明者数と出願件数の推移

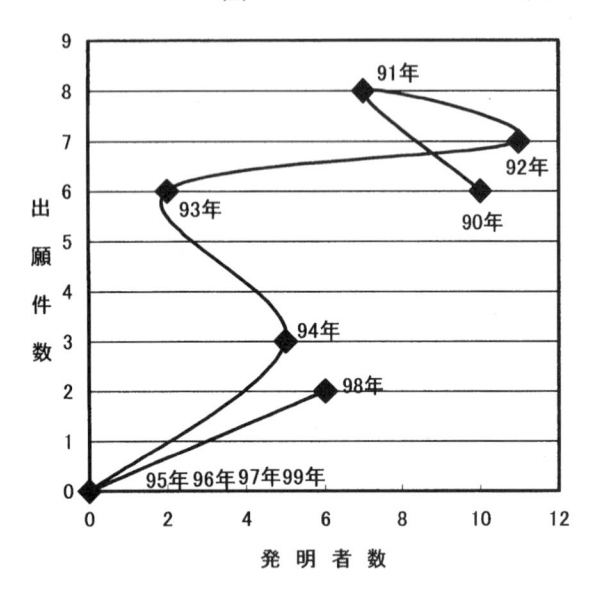

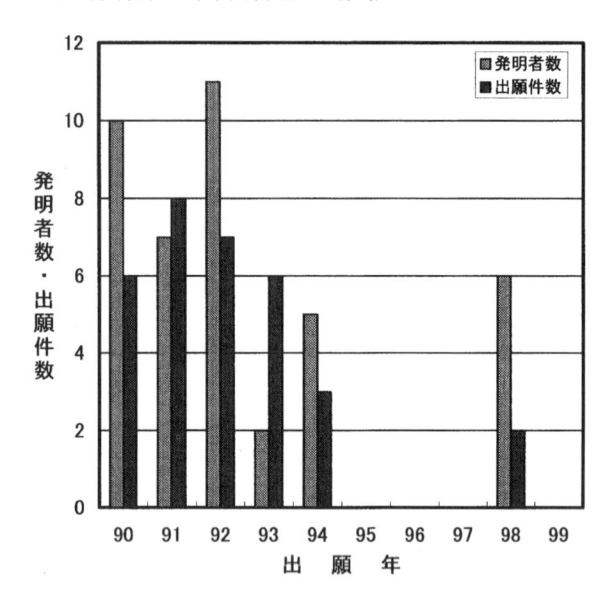

2．9 日立製作所

2.9.1 企業の概要

表2.9.1-1 日立製作所の企業概要(1/2)

1)	商号	（株）日立製作所
2)	設立年月日	大正9年2月1日
3)	資本金	281,754（百万円　平成13年3月）
4)	従業員	人員 54,017人
5)	事業内容	◆情報エレクトロニクス＝汎用コンピュータ、コンピュータ周辺・端末装置、ワークステーション、パソコン、磁気ディスク装置、交換機、ブラウン管、ディスプレイ管、液晶ディスプレイ、IC、LSI、理化学機器、医療機器、放送機器の製造販売及び関連ソフトウェアの開発 ◆電力・産業システム＝原子力機器、火力発電機器、水力発電機器、計算制御装置、気体機、ポンプ、圧延機、化学プラント、空調装置、産業用ロボット、建設機械、車両、運行管理システム、エレベーター、エスカレーター、電装品、エンジン機器の製造・販売、サービス ◆家庭電器＝冷蔵庫、洗濯機、掃除機、エアコン、カラーテレビ、VTR、ビデオカメラ、オーディオ、照明器具、家庭用熱器具、電子レンジ、厨房機器、電池オーディオ及びビデオテープ、情報記録媒体の製造・販売、サービス ◆材料＝電線・ケーブル、伸銅品、鋳鉄品、鋳鍛造品、高級特殊鋼、管継手、化学素材、電気絶縁材料、合成樹脂、炭素製品、プリント基板、セラミック材料の製造・販売、サービス ◆サービス他＝電気・電子機器の販売、貨物輸送、不動産の管理・売買・賃貸、印刷、金融サービス
6)	技術・資本提携関係	技術提携/G.E.・Mondex International・Qualcomm・Lucent Technologies・IBM・Hewlett-Packard・ST Microelectronics・セイコーエプソン・ソニー・Fortum Engineering・LG Chemical・VacumschmelzeGmbH・DEGREMONT
7)	事業所	本社/東京都、支社/北海道・宮城県・神奈川県・富山県・愛知県・大阪府・広島県・香川県・福岡県、支店/茨城県・千葉県・新潟県・東京都・石川県・静岡県・愛知県・京都府・兵庫県・岡山県・山口県・愛媛県・福岡県・熊本県・沖縄県、研究所/東京都・茨城県・神奈川県・埼玉県、工場/茨城県・山口県・千葉県・神奈川県・東京都・愛知県・栃木県・山梨県・群馬県
8)	関連会社	国内/バブコック日立・中央商事・日立空調システム・日立ビルシステム・日立電線・日立キャピタル・日立化成工業・日立建機・日立電子エンジニアリング・日立電子サービス・日立エンジニアリング・日立エンジニアリングサービス・日立北海セミコンダクタ・日立ホームテック・日立情報システムズ・日立機電工業・日立ライフ・日立マクセル・日立メディアエレクトロニクス・日立メディコ・日立金属・日立モバイル・日立プラント建設・日立セミコンデバイス・日立東サービスエンジニアリング・日立西サービスエンジニアリング・日立ソフトエンジニアリング・日立システムアンドサービス・日立テクノエンジニアリング・日立テレコムテクノロジー・日立東部セミコンダクタ・日立東京エレクトロニクス・日立物流・日立ピアメカニクス・日本サーボ・日京クリエイト・日製産業・トレセンティテクノロジーズ・日立工機・日立国際電気・日東電工・新明和工業・トキコ

表 2.9.1-1 日立製作所の企業概要(2/2)

9)	業績推移		売上高	経常利益	当期利益
		1997年3月期	4,310,787	84,318	58,018
		1998年3月期	4,078,030	17,220	10,236
		1999年3月期	3,781,118	-114,920	-175,534
		2000年3月期	3,771,948	31,787	11,872
	(単位:百万円)	2001年3月期	4,015,824	56,058	40,121
10)	主要製品	AV機器、パソコン、情報通信機器、家電、住設・店舗、福祉介護・リフォーム、パソコン周辺機器、ソフトウェア、DVDカメラ、DVDビデオ、DVDプレーヤー、DVD-RAMドライブ、CDレコーダー、液晶ディスプレイ、テレビ、プラズマディスプレイ・プラズマテレビ、BSデジタル放送受信機、エアコン、冷蔵庫、IHクッキングヒーター、携帯電話、福祉・介護用品、リフォーム、ホームエレベーター、MultiMediaCard(TM)、Secure MultiMediaCard(TM)、CompactFlash(TM)、PC-ATA Card、エレベーター、エスカレーター、昇降機、冷凍空調装置、業務用掃除機、ポンプ、換気・送風機、無停電電源装置(UPS)、吸煙機、ウォータークーラー、業務用生ごみ処理機、マルチ破砕器、インターホン、防犯用監視カメラシステム、除湿・乾燥ユニット、臨床用医療機器・自動化システム、DNAシーケンサ、電子顕微鏡、計装システム・機器、分析計・分析システム、医療機器、診断装置・システム、理化学機器、義歯用磁性アタッチメント、電動ベッドなど福祉・介護用品、情報通信機器、電装品、エンジン・パワートレイン機器、モーター応用機器、HEV・EV用機器、大型冷凍機システム、空気圧縮機、大型製品[SDS]、変速機、開閉器・遮断器、変圧器、ホイスト・モートルブロック、業務用掃除機、空気圧縮機、ポンプ、換気・送風機、インクジェットプリンタ、精密金型、半導体、液晶、磁気ヘッド、周辺機器・材料、半導体製造装置・検査装置				
11)	技術移転窓口	知的財産権本部 ライセンス第一部 東京都千代田区丸の内1-5-1 TEL:03-3212-1111				

2.9.2 気体膜分離装置に関連する製品・技術

　製品リストにあげたものは、同社のプラント(たとえば発電プラントなど)に組み込まれるものが多い。製品リストに挙げた製品以外に、顧客のニーズに応じた各種ガス分離装置を製品として送り出している。

表2.9.2-1 日立製作所の製品・技術

分離ガス	製品名 発売時期	出典	製品概要
酸素	酸素富化装置 (1993)	日立製作所化学プラント技術資料 (1997)	① 膜材質:ポリ中空糸複合膜 ② 空気より酸素富化空気の製造
水蒸気	脱湿装置 (1995)	日立製作所化学プラント技術資料 (1997)	① 膜材質:ポリイミド中空糸 ② 空気脱湿装置
	有機溶剤回収装置 (1996)	日立製作所化学プラント技術資料 (1997)	① 膜材質:不明、平膜 ② 有機溶剤と水蒸気の分離

2.9.3 技術開発課題対応保有特許の概要

　図2.9.3-1に日立製作所の気体膜分離装置の課題対応保有特許を示す。出願取下げ、拒絶査定の確定、権利放棄、抹消、満了したものは除かれている。

　図2.9.3-1によると、課題の解決手段として膜に機能物質添加、膜形状、製膜技術全般、モジュール製造全般、システム・装置化全般、補助機能全般、保守方法全般に出願されているが、出願件数はシステム・装置化全般に集中している。特に、注目すべきはエンジニ

アリング部門を有するのでシステム・装置化全般に出願が多く、きめ細かい装置化開発を行っているものと思われる。表2.9.3-1に、注目すべき出願については、概要を付記して示す。

図2.9.3-1 日立製作所の気体膜分離装置の課題と解決手段

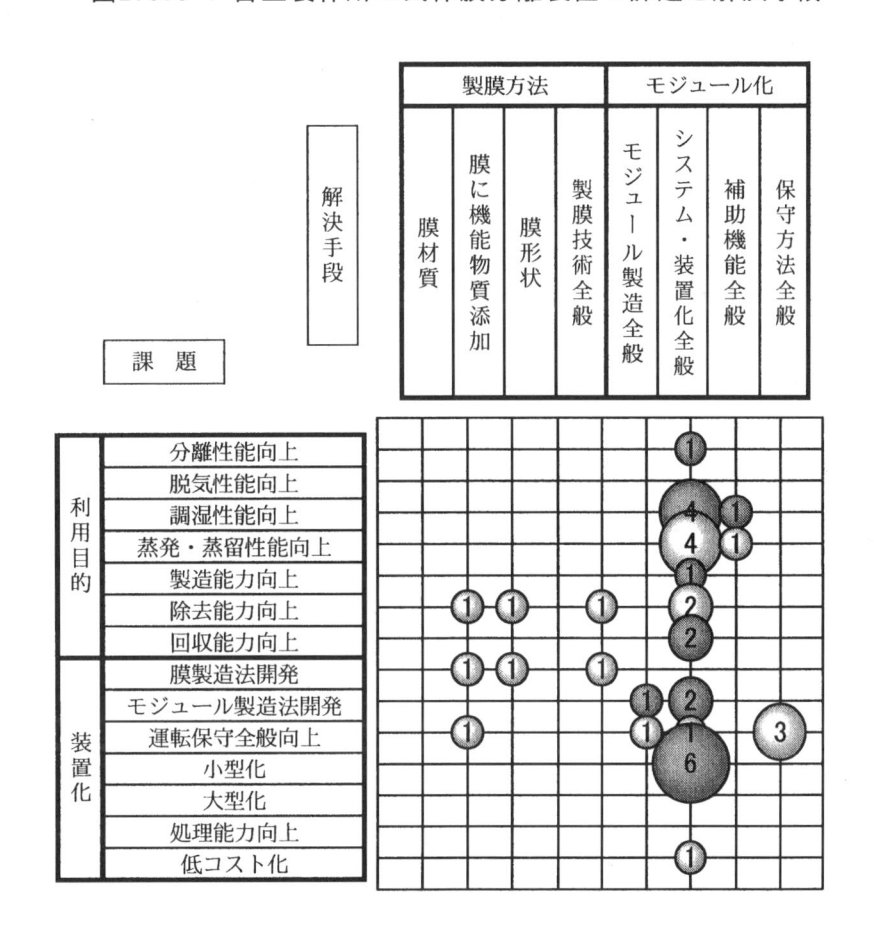

表2.9.3-1 日立製作所の技術開発課題対応保有特許(1/2)

技術要素	課題	概要（解決手段）	（代表図面）特許番号	特許番号	特許番号特許分類
製膜	膜製造法開発	膜材質	特開2000-102598		
		膜に機能物質添加	特開2000-102598		
		製膜技術全般	特開2000-102598		
	膜の耐久性向上	膜材質	特許2826346		
モジュール化	分離性能向上	システム・装置化	特開2000-254674		
	調湿性能向上	システム・装置化	特許3094505	特開2000-279743	特開平8-941
		補助機能・構成機器の改良	特開2001-120941		
		モジュール構造	特開平11-114380		

135

表 2.9.3-1 日立製作所の技術開発課題対応保有特許(2/2)

技術要素	課題	概要（解決手段）	（代表図面）特許番号	特許番号	特許番号 特許分類
モジュール化	蒸発・蒸留性能向上	システム・装置化	特許 2894573	特公平 8-17921	特公平 7-57301
		システム・装置化	特開平 9-24249		
		他の単位操作の組合せ	特許 2690233		
	製造能力向上	システム・装置化	特許 3107215		
	除去能力向上	システム・装置化	特許 2894573	特開平 8-941	
	回収能力向上	システム・装置化	特公平 8-17921	特開平 11-345545	
	運転保守全般向上	モジュール構造	特開平 9-131518		
		モジュール製造方法	特開平 9-131518		
		システム・装置化	特許 3094505		
		保守方法全般	特開平 9-38470	特開平 9-271642	
システム化・保守	運転保守全般向上	システム・装置化	特許 3094505		
	保守方法全般		特許 2845651		
水蒸気分離	膜の耐久性向上	システム・装置化	特許 3094505		
	小型化	システム・装置化全般	特開平 9-24249	特開平 7-328370	
	低コスト化	システム・装置化全般	特開平 7-328370		

2.9.4 技術開発拠点

表 2.9.4-1 日立製作所の技術開発拠点

No.	都道府県名	本社・事業所・研究所
1	東京都	本社、中央研究所、デザイン研究所国分寺オフィス、デザイン研究所青山オフィス
2	埼玉県	基礎研究所
3	茨城県	日立研究所、機械研究所、電力・電機開発研究所
4	神奈川県	生産技術研究所、システム開発研究所川崎ラボラトリ、システム開発研究所横浜ラボラトリ

2.9.5 研究開発者

図 2.9.5-1 日立製作所における発明者数と出題件数の推移

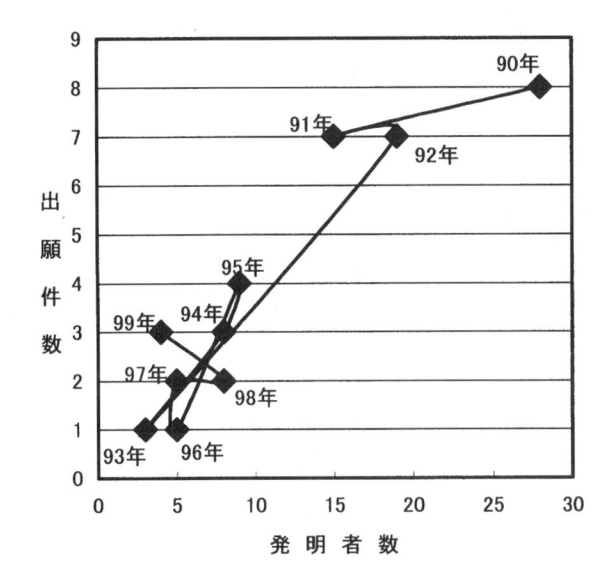

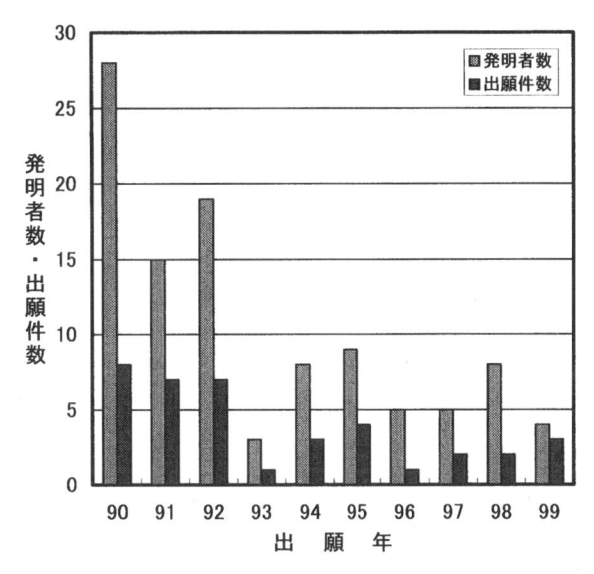

2.10 ダイキン工業

2.10.1 企業の概要

表2.10.1-1 ダイキン工業の企業概要

1)	商号	ダイキン工業（株）
2)	設立年月日	昭和9年2月14日
3)	資本金	28,023（百万円　平成13年3月）
4)	従業員	人員5,662人
5)	事業内容	◆空調・冷凍機事業＝住宅用機器、業務用機器、舶用機器、極低温・超高真空機器、電子システム、医療機器、半導体製造関連装置の製造・販売 ◆化学事業＝フルオロカーボンガス、フッ素樹脂、化成品、化工機の製造・販売 ◆その他事業＝産業機械用油圧機器・装置、建機・車両用油圧機器、集中潤滑機器・装置、機械式立体駐車場システム、砲弾、誘導弾用弾頭、航空機部品、FRP複合容器の製造・販売、情報処理サービス
6)	技術・資本提携関係	技術提携/サウアーインコーポレーション・イーアイデュポンデニモアスアンドカンパニーインク・ハネウェルインターナショナルインク 資本提携/松下電器産業
7)	事業所	本社/大阪府、支社/東京都、製作所/大阪府・滋賀県 工場/茨城県
8)	関連会社	国内/ダイキンプラント・ダイキン空調東京・ダイキン空調大阪・ダイキン空調神奈川・ダイキン空調関東・ダイキン空調千葉・ダイキン空調茨城・ダイキン空調京滋・ダイキン空調神戸・ダイキン空調静岡・ダイキン空調四国・ダイキン空調新潟・ダイキン空調鹿児島・ダイキン空調中国・ダイキン空調東北・ダイキン空調北海道・ダイキン空調九州・ダイキン空調北陸・ダイキン空調沖縄・ダイキン空調東海・ダイキン宮崎・千代田ダイキン機設・三信ダイキン機設・ダイキン機設・中京ダイキン機設・九州ダイキン機設・ディーエステック・オーケー器材・ダイキン電子部品・ダイキンパイピング・ダイキンシートメタル・ダイキンファシリテーズ・ダイキントレーディング・ダイキンシステムソリューソンズ研究所・ダイキン空調技術研究所・ダイキン環境研究所・東邦化成・ダイキン化成品販売・ダイキンハイドロリックス・ダイキン潤滑機設
9)	業績推移			売上高	経常利益	当期利益
		1997年3月期	332,594	12,391	5,922
		1998年3月期	330,569	8,515	4,181
		1999年3月期	320,030	10,720	3,826
		2000年3月期	320,507	12,717	6,791
	（単位:百万円）	2001年3月期	367,506	24,928	12,933
10)	主要製品	ルームエアコン、空気清浄機、店舗・オフィス用エアコン、フッ素化学製品、油圧機器油圧式立体駐車場、COMTEC、半導体機器
11)	主な取引先	ダイキン空調東京、ダイキンヨーロッパ、住友商事、ダイキン空調大阪、ダイキン空調関東

2.10.2 気体膜分離装置に関連する製品・技術

　膜分離装置は同社の空調機器に使用する脱湿装置であり、脱湿用各種タイプモジュールと脱湿装置を有している。この外の膜分離装置として少量の水素を製造する膜分離装置も有している。

表2.10.2-1 ダイキン工業の製品・技術

分離ガス	製品名 発売時期	出典	製品概要
水素	水素製造装置 (1999)	ダイキン工業水素 製造装置カタログ (1999)	① 膜材質：不明、中空糸 ② 改質ガスより水素の製造
水蒸気	脱湿装置 (1996)	ダイキン工業空調 機器技術資料 (1997)	① 膜材質：不明、中空糸 ② 空気脱湿装置、吸湿液体脱水装置

2.10.3 技術開発課題対応保有特許の概要

図2.10.3-1にダイキン工業の気体膜分離装置の課題対応保有特許を示す。出願取下げ、拒絶査定の確定、権利放棄、抹消、満了したものは除かれている。

図2.10.3-1によると、課題の解決手段として、システム・装置化全般に出願数が集中し、空調器用脱湿装置、水素回収装置などの開発が行われている。表2.10.3-1に、注目すべき出願については、概要を付記して示す。

図2.10.3-1 ダイキン工業の気体膜分離装置の課題と解決手段

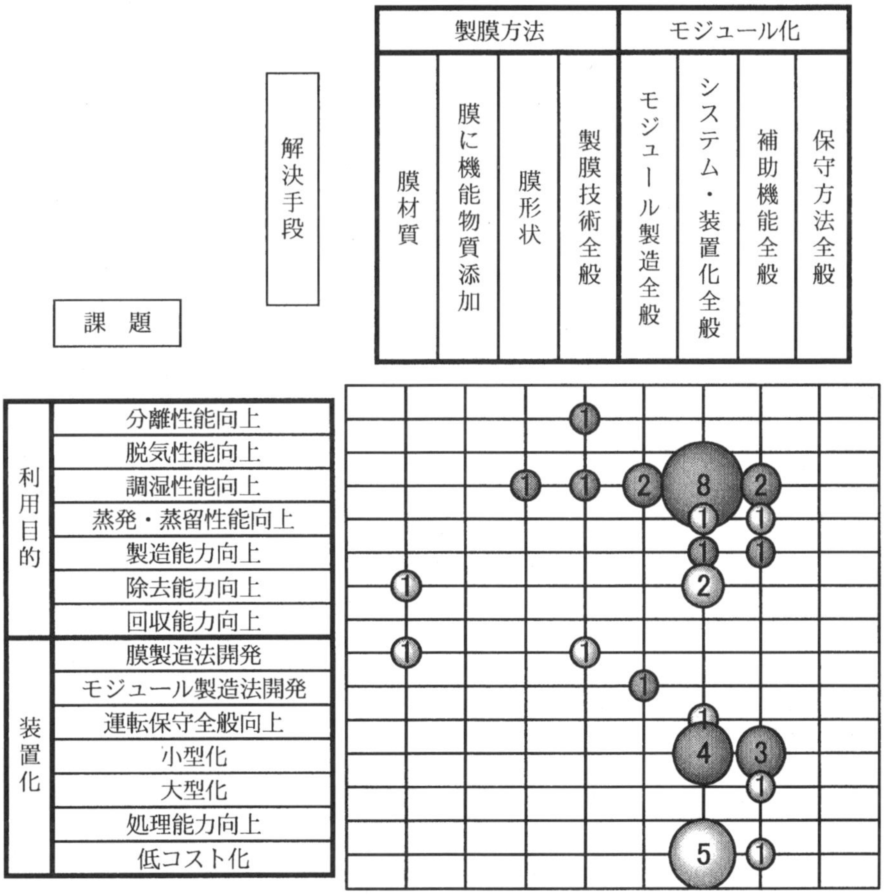

表2.10.3-1 ダイキン工業の技術開発課題対応保有特許

技術要素	課題	概要（解決手段）	代表図面	特許番号
			特許番号	特許番号	特許分類
製膜	膜製造法開発	膜材質	特許3003500		
		製膜技術全般	特許3003500		
	調湿性能向上	結束・集束・固定・接着方法	特開2000-291988		
	膜製造法開発	モジュール構造	特許2867800	特開平9-119684	特開平11-294806
		モジュール構造	特開2000-291988		
		モジュール製造方法	特開平11-294806	特開2000-291988	
		システム・装置化	特許2707866	特開平5-123503	特許2967665
		システム・装置化	特開平9-119684	特開平11-132593	特開平11-132505
		システム・装置化	特開2000-179963	特開平7-328375	
		他の単位操作の組合せ	特許2677105	特開平11-137948	
	蒸発・蒸留性能向上	システム・装置化	特開平5-123503		
		補助機能・構成機器の改良	実公平8-4097		
	製造能力向上	他の単位操作との組合せ 原燃料の部分酸化反応に対して活性を呈する第1触媒層と、水性ガスシフト反応に対して活性を呈する第2触媒層とを備える。両反応により生成される水素を透過させる水素透過膜を筒状体に形成し、管内にスイープガスとしての水蒸気を流通させる。		特開2001-146404 C01B 3/38
		システム・装置化	特開2001-212440		
	除去能力向上	システム・装置化	特開平10-286437	特開2000-179963	
	運転保守全般向上	システム・装置化	特許2707866		
	小型化	他の単位操作との組合せ 原燃料の部分酸化反応に対して活性を呈する第1触媒層と、水性ガスシフト反応に対して活性を呈する第2触媒層とを備える。両反応により生成される水素を透過させる水素透過膜を筒状体に形成し、管内にスイープガスとしての水蒸気を流通させる。		特開2001-146404 C01B 3/38
水蒸気分離	膜の耐久性向上	システム・装置化全般	特許2707866		
	小型化	システム・装置化	特許2707866	特開平5-123503	
	低コスト化	システム・装置化	特許2707866	特開平5-123503	特許2967665
有機ガス分離	大型化	補助機能全般	実公平8-4097		

2.10.4 技術開発拠点

表2.10.4-1 ダイキン工業の技術開発拠点

No.	都道府県名	本社・事業所・研究所
1	大阪府	本社、堺製作所金岡工場、堺製作所臨海工場、淀川製作所
2	滋賀県	滋賀製作所
3	茨城県	鹿島工場

2.10.5 研究開発者

図 2.10.5-1 ダイキン工業における発明者数と出願件数の推移

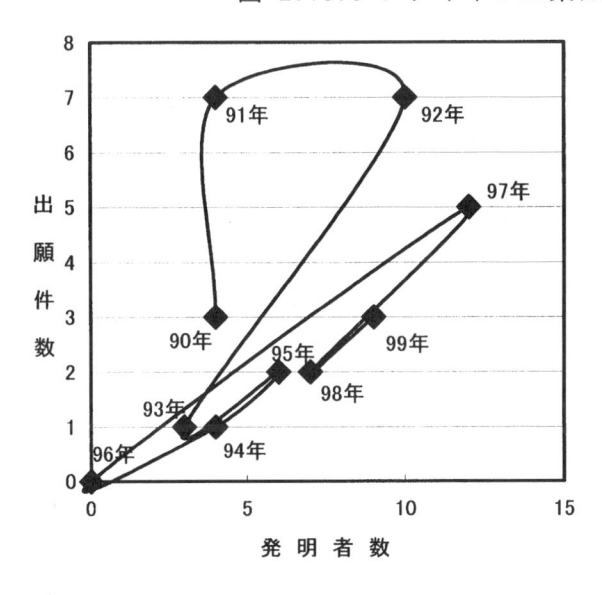

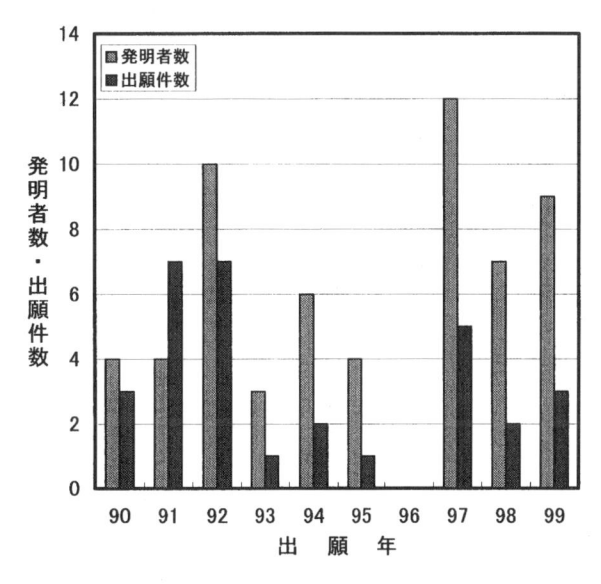

2.11 京セラ

2.11.1 企業の概要

表2.11.1-1 京セラの企業概要(1/2)

1)	商号	京セラ（株）
2)	設立年月日	昭和34年4月1日
3)	資本金	115,703（百万円　平成13年3月）
4)	従業員	人員14,659人
5)	事業内容	◆ファインセラミック関連事業＝ファインセラミック部品（通信関連セラミック部品、半導体製造装置用部品、光通信用部品、OA関連セラミック部品、自動車用部品等）、半導体部品（電子部品用表面実装（SMD）パッケージ、レイヤーパッケージ、メタライズ製品等）、切削工具、宝飾品、バイオセラム、ソーラーシステム、セラミック応用品（切削工具、太陽電池セル及びモジュール、宝飾品、医科用、歯科用インプラント等）の製造販売 ◆電子デバイス関連事業＝セラミックコンデンサ、タルタルコンデンサ、温度補償型水晶発振器（TCXO）、電圧制御発振器、高周波モジュール、サーマルプリントヘッド、コネクタ等の製造販売 ◆機器関連事業＝通信機器（PDC、CDMA方式などの各種移動体通信端末及びPHS端末、基地局等のPHS関連製品）、情報機器（「エゴシス」プリンタや複写機）、光学精密機器（一眼レフカメラ、コンパクトカメラ、デジタルカメラ及び光学関係部品等）の製造販売 ◆その他の事業＝通信ネットワークシステム事業、コンピュータネットワークシステム事業、コンサルティング事業、リース事業、ホテル事業、不動産賃貸業
6)	技術・資本提携関係	技術提携/ハネウェルインコーポレーテッド・日立製作所・フィリップスエレクトロニクスN.V.・半導体エネルギー研究所・日本碍子・インターナショナルビジネスマシーンズコーポレーション・ソーラーフィジックスコーポレーション・ディフェンスエヴァリュエイションアンドリサーチエイジェンシー・ジョンソンマッセーセミコンダクターパッケージーズインク・東芝・クアルコムインコーポレーテッド・セイコーエプソン・ルーセントテクノロジーズGRLコーポレーション・NEC・アドバンストセラミックスリサーチインコーポレーテッド 資本提携：GS/K Japan L.P.
7)	事業所	本社/京都府、営業所/京都府・東京都・福岡県・愛知県・宮城県・静岡県・北海道・群馬県・栃木県・埼玉県・神奈川県・石川県・長野県・大阪府・岡山県・広島県・香川県・山梨県・愛媛県、工場/滋賀県・鹿児島県・北海道・福島県・千葉県・長野県・三重県・鹿児島県、事業所/東京都・京都府・神奈川県・大阪府、研究所/鹿児島県・京都府・神奈川県
8)	関連会社	国内/京セラミタ・京セラミタジャパン・京セラエルコ・京セラコミュニケーションシステム・京セラオプテック・ホテル京セラ・京セラソーラーコーポレーション・京セラリーシング・京セラ興産・京セラインターナショナル・タイトー・キンセキ
9)	業績推移 （単位:百万円）	<table><tr><td></td><td>売上高</td><td>経常利益</td><td>当期利益</td></tr><tr><td>1997年3月期</td><td>524,031</td><td>96,908</td><td>51,033</td></tr><tr><td>1998年3月期</td><td>491,739</td><td>65,738</td><td>36,607</td></tr><tr><td>1999年3月期</td><td>453,595</td><td>52,009</td><td>27,738</td></tr><tr><td>2000年3月期</td><td>507,802</td><td>69,471</td><td>39,296</td></tr><tr><td>2001年3月期</td><td>652,510</td><td>114,500</td><td>31,398</td></tr></table>
10)	主要製品	環境対応型産業機械用部品、自動車用セラミック部品、アモルファスシリコンドラム、太陽電池、デジタルカメラ、エコシス・プリンタ、ソーラー発電システム、ソーラー給湯システム、人工関節、人工歯根、切削工具、セラミックヒータ、ファインセラミック、宝飾品、カメラ、光学反応機器、液晶ディスプレイ、プリンタ/FAXデバイス、半導体パッケージ、各種電子部品、半導体製造装置用部品、光通信部品、コネクタ

表 2.11.1-1 京セラの企業概要(2/2)

11)	主な取引先	富士通、ＮＥＣ、松下電器産業、三菱電機、東芝、ソニー、三洋電機、日立製作所、シャープ
12)	技術移転窓口	法務本部　京都市伏見区竹田鳥羽殿町6　TEL:075-604-3582

2.11.2 気体膜分離装置に関連する製品・技術

　主な製品は製品リストに示したもので、二酸化炭素、溶存ガス、有機ガス、酸素／二酸化炭素の分離膜モジュールであり、この外に顧客のニーズに応じた各種のガス分離モジュールの製品を有している。

表2.11.2-1 京セラの製品・技術

分離ガス	製品名 発売時期	出典	製品概要
二酸化炭素	二酸化炭素分離膜 （1998）	京セラ膜技術資料 （1997）	① 膜材質：シリコンアルコキシドとジルコニウムアルコキシドの複合アルコキシド膜、中空糸 ② 燃焼排ガスから二酸化炭素の分離
溶存ガス	脱気膜 （1998）	京セラ膜技術資料 （1998）	① 膜材質：シリコンとフッ素系の複合膜、中空糸 ② 水、有機液体からの脱気
有機ガス	有機蒸気分離膜 （1997）	京セラ膜技術資料 （1997）	① 膜材質：フッ素系シリコンアルコキシドの複合膜、中空糸 ② 有機蒸気の分離
その他	酸素/二酸化炭素分離膜 （1997）	京セラ膜技術資料 （1997）	① 膜材質：シリカ質多孔分離複合膜、中空糸 ② 酸素と二酸化炭素の分離

2.11.3 技術開発課題対応保有特許の概要

　図2.11.3-1に京セラの気体膜分離装置の課題対応保有特許を示す。出願取下げ、拒絶査定の確定、権利放棄、抹消、満了したものは除かれている。

　図2.11.3-1によると、課題の解決手段として膜材質、膜に機能物質添加、製膜技術全般、モジュール製造全般に出願数が多く、製膜とモジュール化技術に絞って開発が行われている。表2.11.3-1に、注目すべき出願については、概要を付記して示す。

図2.11.3-1 京セラの気体膜分離装置の課題と解決手段

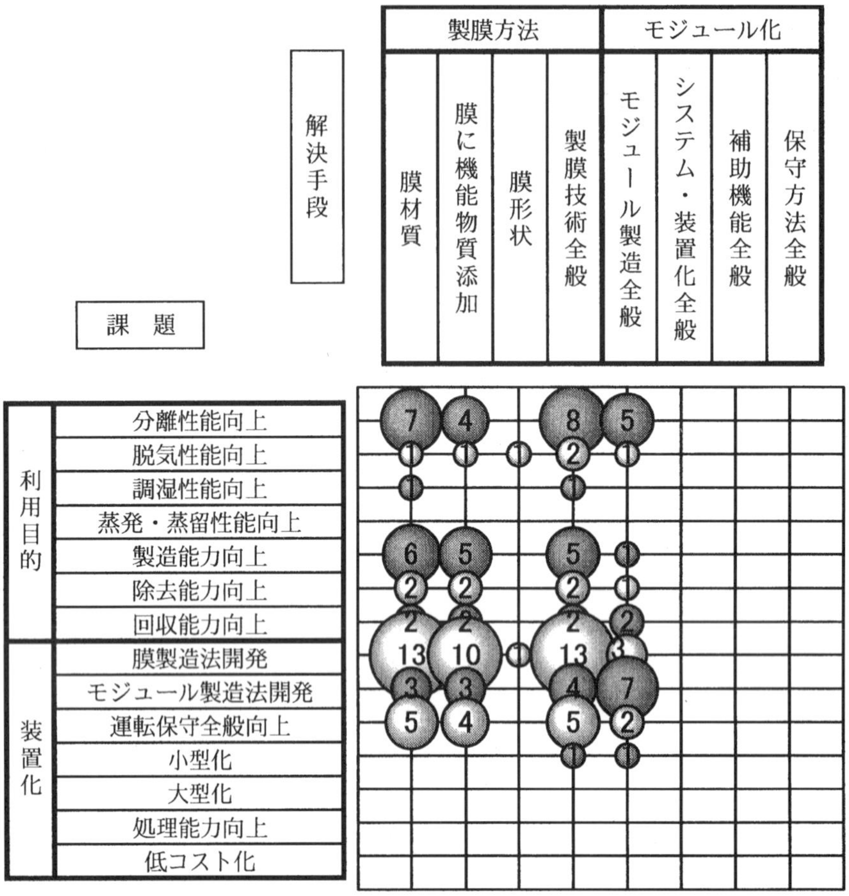

表2.11.3-1 京セラの技術開発課題対応保有特許(1/7)

技術要素	課題	概要（解決手段）	（代表図面）		特許番号 特許分類
			特許番号	特許番号	
製膜	膜製造法開発	膜材質 シリコンのアルコキシドと、Si原子に直接結合した有機官能基を有するシリコンのアルコキシドと、ジルコニウムのアルコキシドと、アルカリ金属及びアルカリ土類金属のアルコキシドとの複合アルコキシドを作製し、該複合アルコキシドを加水分解して得た前駆体ゾルを無機多孔質体に塗布後、乾燥し、350～600℃の温度で焼成してシリカ質の二酸化炭素分離膜とする。	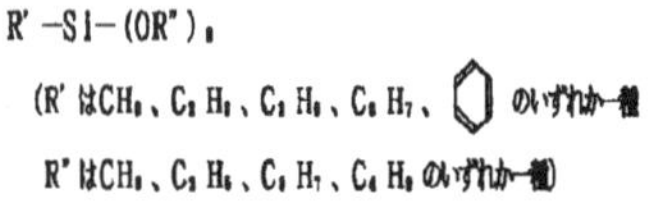 R'-Si-(OR")₃ (R'はCH₃、C₂H₅、C₃H₇、C₄H₇、⬡のいずれか一種) R"はCH₃、C₂H₅、C₃H₇、C₄H₇のいずれか一種)		特開平11-207160 B01D 71/70 500

表 2.11.3-1 京セラの技術開発課題対応保有特許(2/7)

技術要素	課題	概要(解決手段)	(代表図面)	特許番号 特許分類
製膜	膜製造法開発	膜材質 平均細孔径が 2.0μm 以下の多孔質支持体と、その細孔内壁に撥水性を有するシリコンアルコキシドを用いて被着形成したフッ素とシリコンとの複合膜から成る脱気用セラミック複合部材であって、該脱気用セラミック複合部材の片側に液体あるいは液状物質を接触させ、該液体あるいは液状物質に溶解している気体又は揮発性物質を選択的に前記脱気用セラミック複合部材に透過させてこれを分離する。		特開平11-226368 B01D 71/02 500
		膜材質 多孔質支持体の少なくとも一方の表面に通気性を有する Si と Zr とを含有する非晶質の酸化物からなる分離膜を被着形成した水素ガス分離フィルタを用いて、水素ガスを含む混合ガスから該水素ガスを選択的かつ効率的に透過、分離する。		特開 2000-189772 B01D 71/02 500
		膜材質 多孔質支持体の少なくとも一方の表面に、側鎖に有機官能基が結合してなるシロキサン結合を有するゲル膜からなる分離膜を被着形成したフィルタを用いて特定の有機ガスを分離する。		特開 2000-246075 B01D 71/70
		膜材質 セラミックガス分離フィルタを 100℃以上に加熱してセラミックガス分離フィルタの一方の表面に前記 2 種類の特定ガスを供給するとともに、セラミックガス分離フィルタを透過した前記種類の特定ガスのガス透過係数比 α1 を前記ガス透過係数比 α とを比較し、セラミックガス分離モジュールの欠陥を検査する。		特開 2001-120967 B01D 65/10
		膜材質 非晶質シリカ質骨格と骨格内に形成された細孔径が 10nm 以下の多数の細孔とを有する水素ガス分離フィルタの骨格 2 内および/または水素ガス分離フィルタの少なくとも表面および/または細孔内壁に平均粒径 0.2～10nm の周期律表第 8 族金属粒子が分散する水素ガス分離フィルタを用いる。		特開 2001-120969 B01D 71/02 500

145

表 2.11.3-1 京セラの技術開発課題対応保有特許(3/7)

技術要素	課題	概要(解決手段)	(代表図面) 特許番号	特許番号	特許番号 特許分類
製膜	膜製造法開発	膜材質	特開平10-323547	特開2000-5579	特開2000-84350
		膜材質	特開2000-157853	特開2000-279773	特開2000-334250
		膜材質	特開2001-62265	特開2001-62241	
		膜に機能物質添加	特開2000-5579	特開2000-157853	特開2000-279773
		膜に機能物質添加	特開2000-334250	特開2001-62265	特開2001-62241
		製膜技術全般	特開平10-323547	特開2000-5579	特開2000-84350
		製膜技術全般	特開2000-157853	特開2000-334250	特開2001-62265
		製膜技術全般	特開2001-62241		
		結束・集束・固定・接着方法	特開2001-62265	特開2001-62241	
		モジュール構造	特開2001-62265	特開2001-62241	
		モジュール製造方法	特開2001-62265		
	膜の耐久性向上	膜材質 シリコンのアルコキシドと、Si原子に直接結合した有機官能基を有するシリコンのアルコキシドと、ジルコニウムのアルコキシドと、アルカリ金属及びアルカリ土類金属のアルコキシドとの複合アルコキシドを作製し、該複合アルコキシドを加水分解して得た前駆体ゾルを無機多孔質体に塗布後、乾燥し、350～600℃の温度で焼成してシリカ質の二酸化炭素分離膜とする。	特開平11-207160 B01D 71/70 500		
		膜材質 多孔質支持体の少なくとも一方の表面に通気性を有するSiとZrとを含有する非晶質の酸化物からなる分離膜を被着形成した水素ガス分離フィルタを用いて、水素ガスを含む混合ガスから該水素ガスを選択的かつ効率的に透過、分離する。	特開2000-189772 B01D 71/02 500		
		膜材質	特開2000-279773	特開2000-334250	
		膜に機能物質添加	特開2000-279773	特開2000-334250	
		製膜技術全般	特開2000-279773		
モジュール化	分離性能向上	結束・集束・固定・接着方法	特開2001-62265	特開2001-62241	特開2001-212435
		結束・集束・固定・接着方法	特開2001-219037		
		モジュール構造	特開2001-62265	特開2001-62241	特開2001-79331
		モジュール構造	特開2001-212435	特開2001-219037	
		モジュール製造方法	特開2001-62265	特開2001-79331	特開2001-212435
		モジュール製造方法	特開2001-219037		

表 2.11.3-1 京セラの技術開発課題対応保有特許(4/7)

技術要素	課題	概要（解決手段）	（代表図面）特許番号	特許番号	特許番号 特許分類
モジュール化	脱気性能向上	結束・集束・固定・接着方法	特開2000-93729		
		モジュール構造	特開2000-93729	特開平11-333204	
		モジュール製造方法	特開2000-93729		
	製造能力向上	膜材質 多孔質支持体の少なくとも一方の表面に通気性を有するSiとZrとを含有する非晶質の酸化物からなる分離膜を被着形成した水素ガス分離フィルタを用いて、水素ガスを含む混合ガスから該水素ガスを選択的かつ効率的に透過、分離する。			特開2000-189772 B01D 71/02 500
	除去能力向上	モジュール構造	特開2000-157851		
		モジュール製造方法	特開2000-157851		
	回収能力向上	結束・集束・固定・接着方法	特開2000-93729		
		モジュール構造	特開2000-157851	特開2000-93729	
		モジュール製造方法	特開2000-157851	特開2000-93729	
	運転保守全般向上	膜材質 多孔質支持体の少なくとも一方の表面に通気性を有するSiとZrとを含有する非晶質の酸化物からなる分離膜を被着形成した水素ガス分離フィルタを用いて、水素ガスを含む混合ガスから該水素ガスを選択的かつ効率的に透過、分離する。			特開2000-189772 B01D 71/02 500
		結束・集束・固定・接着方法	特開2001-62241		
		モジュール構造	特開2001-62241		
窒素分離	膜製造法開発	膜材質	特開2001-62265		
		製膜技術	特開2001-62265		
		複合化	特開2001-62265		
	モジュール製造法開発	膜材質	特開2001-62265		
		製膜技術	特開2001-62265		
		複合化	特開2001-62265		
水素分離	膜製造法開発	膜材質 多孔質支持体の少なくとも一方の表面に通気性を有するSiとZrとを含有する非晶質の酸化物からなる分離膜を被着形成した水素ガス分離フィルタを用いて、水素ガスを含む混合ガスから該水素ガスを選択的かつ効率的に透過、分離する。			特開2000-189772 B01D 71/02 500
		膜材質 非晶質シリカ質骨格と骨格内に形成された細孔径が10nm以下の多数の細孔とを有する水素ガス分離フィルタの骨格2内および/または水素ガス分離フィルタの少なくとも表面および/または細孔内壁に平均粒径 0.2〜10nm の周期律表第8族金属粒子が分散する水素ガス分離フィルタを用いる。			特開2001-120969 B01D 71/02 500

表 2.11.3-1 京セラの技術開発課題対応保有特許(5/7)

技術要素	課題	概要（解決手段）	（代表図面）		特許番号 特許分類
			特許番号	特許番号	
水素分離	膜製造法開発	膜材質	特開2001-62265		
		膜に機能物質添加	特開2001-62265		
		製膜技術	特開2001-62265		
		複合化	特開2001-62265		
		モジュール製造全般	特開2001-62265		
	モジュール製造法開発	膜材質 多孔質支持体の少なくとも一方の表面に通気性を有するSiとZrとを含有する非晶質の酸化物からなる分離膜を被着形成した水素ガス分離フィルタを用いて、水素ガスを含む混合ガスから該水素ガスを選択的かつ効率的に透過、分離する。			特開2000-189772 B01D 71/02 500
		膜材質	特開2001-62265		
		膜に機能物質添加	特開2001-62265		
		製膜技術	特開2001-62265		
		複合化	特開2001-62265		
		モジュール製造全般	特開2001-62265		
	膜の耐久性向上	膜材質 多孔質支持体の少なくとも一方の表面に通気性を有するSiとZrとを含有する非晶質の酸化物からなる分離膜を被着形成した水素ガス分離フィルタを用いて、水素ガスを含む混合ガスから該水素ガスを選択的かつ効率的に透過、分離する。			特開2000-189772 B01D 71/02 500
水蒸気分離	膜製造法開発	膜材質	特開2001-62265		
		膜に機能物質添加	特開2001-62265		
		製膜技術	特開2001-62265		
		複合化	特開2001-62265		
		モジュール製造全般	特開2001-62265		
	モジュール製造法開発	膜材質	特開2001-62265		
		膜に機能物質添加	特開2001-62265		
		製膜技術	特開2001-62265		
		複合化	特開2001-62265		
		モジュール製造全般	特開2001-62265	特開2001-79331	
	処理能力向上	モジュール製造全般	特開2001-79331		

表 2.11.3-1 京セラの技術開発課題対応保有特許(6/7)

技術要素	課題	概要（解決手段）	（代表図面）		特許番号 特許分類
			特許番号	特許番号	
二酸化炭素分離	膜製造法開発	膜材質 シリコンのアルコキシドと、Si 原子に直接結合した有機官能基を有するシリコンのアルコキシドと、ジルコニウムのアルコキシドと、アルカリ金属及びアルカリ土類金属のアルコキシドとの複合アルコキシドを作製し、該複合アルコキシドを加水分解して得た前駆体ゾルを無機多孔質体に塗布後、乾燥し、350〜600℃の温度で焼成してシリカ質の二酸化炭素分離膜とする。			特開平11-207160 B01D 71/70 500
		膜材質	特開平10-323547	特開2000-279773	特開2001-62265
		膜に機能物質添加	特開2000-279773	特開2001-62265	
		製膜技術	特開平10-323547	特開平11-207160	特開2001-62265
		複合化	特開2001-62265		
		モジュール製造全般	特開2001-62265		
	モジュール製造法開発	膜材質	特開2001-62265		
		膜に機能物質添加	特開2001-62265		
		製膜技術	特開2001-62265		
		複合化	特開2001-62265		
		モジュール製造全般	特開2001-62265		
	膜の耐久性向上	膜材質 シリコンのアルコキシドと、Si 原子に直接結合した有機官能基を有するシリコンのアルコキシドと、ジルコニウムのアルコキシドと、アルカリ金属及びアルカリ土類金属のアルコキシドとの複合アルコキシドを作製し、該複合アルコキシドを加水分解して得た前駆体ゾルを無機多孔質体に塗布後、乾燥し、350〜600℃の温度で焼成してシリカ質の二酸化炭素分離膜とする。			特開平11-207160 B01D 71/70 500
		膜材質	特開2000-279773		
		膜に機能物質添加	特開2000-279773		
		製膜技術	特開2000-279773		
溶存ガス分離	膜製造法開発	膜材質 平均細孔径が 2.0μm 以下の多孔質支持体と、その細孔内壁に撥水性を有するシリコンアルコキシドを用いて被着形成したフッ素とシリコンとの複合膜から成る脱気用セラミック複合部材であって、該脱気用セラミック複合部材の片側に液体あるいは液状物質を接触させ、該液体あるいは液状物質に溶解している気体又は揮発性物質を選択的に前記脱気用セラミック複合部材に透過させてこれを分離する。			特開平11-226368 B01D 71/02 500
有機ガス分離	膜製造法開発	膜材質 多孔質支持体の少なくとも一方の表面に、側鎖に有機官能基が結合してなるシロキサン結合を有するゲル膜からなる分離膜を被着形成したフィルタを用いて特定の有機ガスを分離する。			特開2000-246075 B01D 71/70

表 2.11.3-1 京セラの技術開発課題対応保有特許(7/7)

技術要素	課題	概要（解決手段）	（代表図面）特許番号	特許番号	特許番号 特許分類
有機ガス分離	膜製造法開発	膜材質、製膜技術、複合化	特開2000-84350		
	モジュール製造法開発	膜材質	特開2000-157851		
		膜に機能物質添加	特開2000-157851		
		複合化	特開2000-157851		
		モジュール製造全般	特開2000-157851		

2.11.4 技術開発拠点

表2.11.4-1 京セラの技術開発拠点

No.	都道府県名	本社・事業所・研究所
1	京都府	本社、中央研究所、京都伏見事業所
2	北海道	北海道北見工場
3	福島県	福島棚倉工場
4	東京都	東京八重洲事業所、東京原宿事業所、東京用賀事業所
5	神奈川県	横浜事業所、横浜R＆Dセンター
6	千葉県	千葉佐倉工場
7	長野県	長野岡谷工場
8	三重県	三重工場（玉城ブロック）、三重工場（伊勢ブロック）
9	滋賀県	滋賀蒲生工場、滋賀八日市工場
10	大阪府	大阪玉造事業所
11	鹿児島県	鹿児島川内工場、鹿児島国分工場、鹿児島隼人工場、総合研究所

2.11.5 研究開発者

図 2.11.5-1 京セラにおける発明者数と出願件数の推移

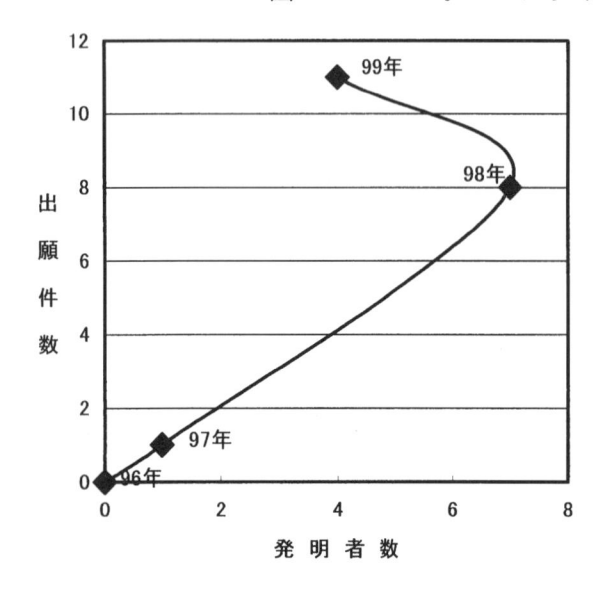

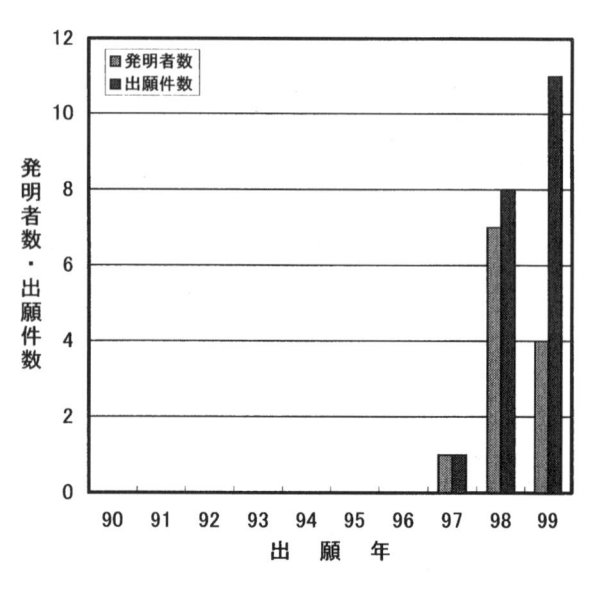

2.12 大日本インキ化学工業

2.12.1 企業の概要

表2.12.1-1 大日本インキ化学工業の企業概要

1)	商号	大日本インキ化学工業（株）
2)	設立年月日	昭和12年3月15日
3)	資本金	82,423（百万円　平成13年3月）
4)	従業員	人員 5,461人
5)	事業内容	◆グラフィック事業部門＝印刷インキ、印刷関連機材、化成品、記録材料等の製造販売 ◆ポリマー関連事業部門＝合成樹脂石化関連製品、包装材料、樹脂関連製品、接着剤等の製造販売 ◆高分子機能材事業部門＝合成樹脂コンパウド、着色剤、プラスチック成型品の製造販売 ◆その他部門＝建材、粘着製品、バイオ製品の製造販売他
6)	事業所	本社/東京都、支社/大阪府、支店/大阪府・愛知県・北海道・静岡県・福岡県・京都府・宮城県・香川県・広島県、工場/東京都・埼玉県・千葉県・石川県・愛知県・大阪府・福岡県・茨城県・三重県・滋賀県・北海道・群馬県
7)	関連会社	国内/大日本インキ機材・大日本インキ機械技術センター・北日本ディック・新ディック化工・日本ピーエムシー・ディックプラスチック・ディック精密部品・日栄プラ販・ディーアイシーイーピー・大日建材工業・日本デコール・不二レーベル・日本パッケージング・ディックルネサンス・天ヶ代ゴルフ倶楽部・ディック物流・ディックテクノ・ディックキャピタル・日本バイリーン
8)	業績推移 （単位:百万円）	<table><tr><td></td><td>売上高</td><td>経常利益</td><td>当期利益</td></tr><tr><td>1997年3月期</td><td>484,046</td><td>15,206</td><td>6,201</td></tr><tr><td>1998年3月期</td><td>472,874</td><td>14,045</td><td>4,912</td></tr><tr><td>1999年3月期</td><td>428,081</td><td>8,986</td><td>4,435</td></tr><tr><td>2000年3月期</td><td>436,209</td><td>12,836</td><td>-12,412</td></tr><tr><td>2001年3月期</td><td>413,565</td><td>15,430</td><td>4,931</td></tr></table>
9)	主要製品	景観舗装材、スチレン系特殊共重合樹脂、脱酸素水灌水システム、セラミックバインダー、DICの農薬、FRP成形化工品、高周波加熱装置、液晶材料、ジェットインキ、DVD貼り合せ装置、磁気シート、磁気テープ、静電トナー、界面活性剤対応脱気モジュール、DICの有機顔料、薬液用脱気モジュール、超純水用帯電防止装置、プラスチックパレット、プラスチックコンテナー、DAITACステッカー、DAITACマーキングフィルム、共押出多層フィルム、液晶ポリマー、高機能ウィンドーフィルム、ポリオレフィン・フィルム用着色剤、金属用印刷機及び塗装機、脂環式酸無水物（四塩基酸無水物）、DIC標準色プロファイル、一般包装用接着剤製品、紙用・及びフィルム用アルミ蒸着関連製品、フィルム・アルミ箔用コーティング剤関連製品、ダンボールシート用滑り止めOPニス、DIC UVFC SYSTEM、泡消火薬剤、DICのスピルリナ食品、常温硬化型水性シリコン-アクリル樹脂、フッ素系化学品、THERMOPLASTIC POLYESTERS PBT、機能性樹脂、DICカラーガイドシリーズ、DIC-PPS、メンブレン
10)	主な取引先	伊藤忠商事、大日本印刷、東洋製罐、長瀬産業、日本ペイント、丸紅、三井物産、三菱商事、三菱化学、凸版印刷
11)	技術移転窓口	知的財産部　東京都中央区日本橋3-7-20　TEL:03-5203-7760

2.12.2 気体膜分離装置に関連する製品・技術

製品リストに示したのは、主なガス膜分離モジュール製品であるが、この外に顧客のニーズに応じた各種のガス分離モジュールの製品を有している。

表2.12.2-1 大日本インキ化学工業の製品・技術

分離ガス	製品名 発売時期	出典	製品概要
酸素	酸素分離膜 (1995)	大日本インキ分離膜カタログ (1999)	① 膜材質：ポリイミド重合体の中空糸 ② 空気からの酸素富化ガス製造
窒素	窒素分離膜 (1995)	大日本インキ分離膜カタログ (1999)	① 膜材質：ポリイミド重合体の中空糸 ② 空気からの窒素富化ガス製造
溶存ガス	脱気膜 (1999)	大日本インキ分離膜カタログ (1999)	① 膜材質：ポリオレフィン重合体の中空糸 ② 水からの脱気
その他	酸素/ 二酸化炭素分離 (1997)	大日本インキ分離膜カタログ (1999)	① 膜材質：不明、中空糸 ② 医療用人工肺などに使用

2.12.3 技術開発課題対応保有特許の概要

図2.12.3-1に大日本インキ化学工業の気体膜分離装置の課題対応保有特許を示す。出願取下げ、拒絶査定の確定、権利放棄、抹消、満了したものは除かれている。

図2.12.3-1によると、課題の解決手段として膜材質、膜に機能物質添加、膜形状、製膜技術全般、モジュール製造全般、システム・装置化全般の開発が行われているが、出願件数の多いのは、製膜技術全般、モジュール製造全般、システム・装置化全般の開発である。表2.12.3-1に、注目すべき出願については、概要を付記して示す。

図2.12.3-1 大日本インキ化学工業の気体膜分離装置の課題と解決手段

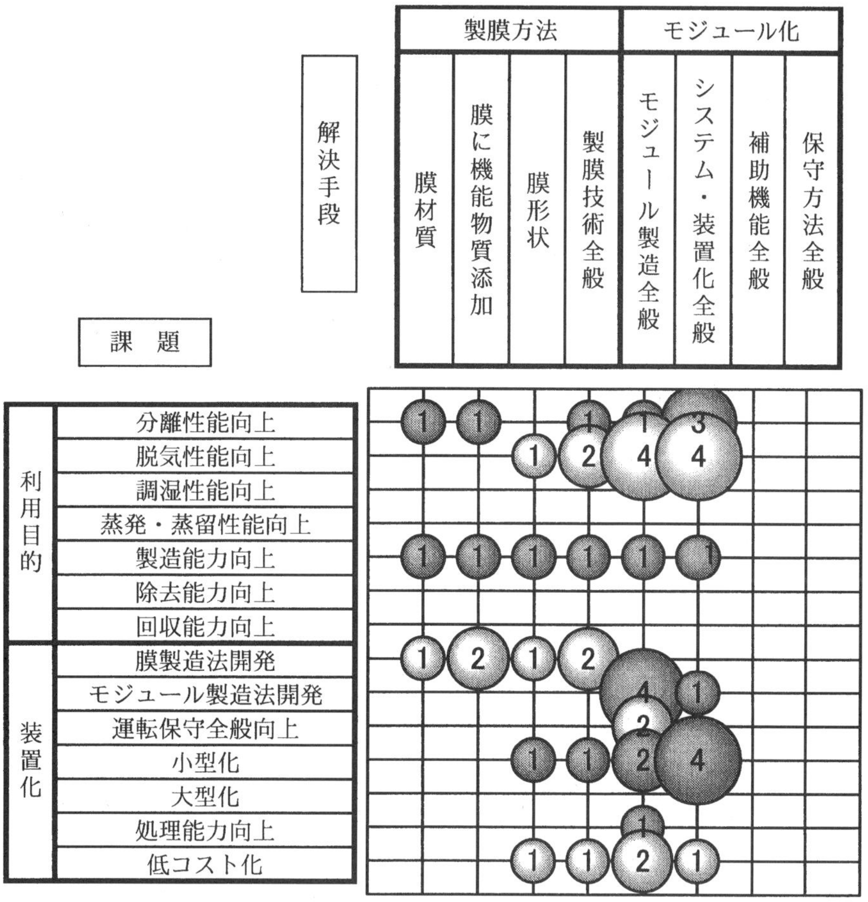

解決手段

		製膜方法	製膜方法	製膜方法	モジュール化	モジュール化	モジュール化	モジュール化
		膜材質	膜に機能物質添加	膜形状	製膜技術全般	モジュール製造全般	システム・装置化全般	補助機能全般	保守方法全般
利用目的	分離性能向上	1	1		1	1	3		
利用目的	脱気性能向上			1	2	4	4		
利用目的	調湿性能向上								
利用目的	蒸発・蒸留性能向上								
利用目的	製造能力向上	1	1	1	1	1	1		
利用目的	除去能力向上								
利用目的	回収能力向上								
装置化	膜製造法開発	1	2	1	2				
装置化	モジュール製造法開発					4	1		
装置化	運転保守全般向上					2			
装置化	小型化		1	1		2	4		
装置化	大型化								
装置化	処理能力向上					1			
装置化	低コスト化				1	2	1		

表2.12.3-1 大日本インキ化学工業の技術開発課題対応保有特許(1/3)

技術要素	課題	概要（解決手段）	(代表図面) 特許番号	(代表図面) 特許番号	特許番号 特許分類
製膜	膜製造法開発	膜に機能物質添加 分離膜の有機高分子からなる緻密層表面を、塩素含有化合物とフッ素含有化合物との混合ガスの低温プラズマで処理することにより、気体透過性能をそれほど低下させずに分離特性を向上させ、気体透過・選択特性をバラツキ無く向上させることを可能にする。			特開平8-323166 B01D 67/00 500
製膜	膜製造法開発	膜材質 ポリイミド分離膜の緻密層を特定の繰り返し単位を含有してなるポリイミドから形成することにより、気体の透過・選択特性に優れた分離膜の製造を可能にする。			特開平9-70523 B01D 71/64
製膜	膜製造法開発	膜形状	特公平7-121340		
製膜	膜製造法開発	製膜技術全般	特公平7-121340	特開平10-192669	
モジュール化	分離性能向上	結束・集束・固定・接着方法	特開平11-299884		
モジュール化	分離性能向上	モジュール構造	特開平11-299884		
モジュール化	分離性能向上	システム・装置化	特開平10-324502	特開平11-139804	特開2000-84369

表 2.12.3-1 大日本インキ化学工業の技術開発課題対応保有特許(2/3)

技術要素	課題	概要（解決手段）	（代表図面）		特許番号
			特許番号	特許番号	特許分類
モジュール化	脱気性能向上	膜形状 中空糸の外側に水を流し、中空糸の内側を減圧することにより、液体を脱気する外部還流型脱気モジュールにおいて、中空糸膜の水蒸気透過速度が 0.5×10^{-5} cm³(STP)/cm²・sec・cmHg 以上 5000×10^{-5} cm³(STP)/cm²・sec・cmHg 以下であり、中空糸の有効長が中空糸の内径の500倍以上5000倍以下であることを特徴とする。			特開平11-9902 B01D 19/00
		結束・集束・固定・接着方法	特開平9-187629	特開平11-5024	実登2570592
		モジュール構造	特開平9-187629	特開平11-5024	実登2570592
		モジュール製造方法	特開平9-187629	特開平11-5024	実登2570592
		多段・集積化	特開平10-296005		
		システム・装置化	特開平7-303802	特開平9-94447	特開平9-262406
	蒸発・蒸留性能向上	モジュール構造	特開平8-108049		
	製造能力向上	結束・集束・固定・接着方法	特開平9-206563		
		モジュール構造	特開平9-206563		
		モジュール製造方法	特開平9-206563		
		多段・集積化	特開平10-296005		
	運転保守全般向上	結束・集束・固定・接着方法	特開平9-150041	特開平9-206563	
		モジュール構造	特開平9-150041	特開平9-206563	
		モジュール製造方法	特開平9-150041	特開平9-206563	
	脱気性能向上	システム・装置化	特開平9-262406		
	小型化	モジュール製造全般	特開平11-299884		
		システム・装置化全般	特開2000-84369		
窒素分離	膜製造法開発	製膜技術	特公平7-121340		
	小型化	システム・装置化全般	特開平7-303802		
	処理能力向上	モジュール製造全般	実登2570592		
二酸化炭素分離	小型化	モジュール製造全般	特開平11-299884		

表 2.12.3-1 大日本インキ化学工業の技術開発課題対応保有特許(3/3)

技術要素	課題	概要（解決手段）	（代表図面）特許番号	特許番号	特許番号 特許分類
二酸化炭素分離	小型化	システム・装置化全般	特開2000-84369	特開平10-324502	特開平11-139804
	処理能力向上	モジュール製造全般	実登2570592		
溶存ガス分離	膜の製造	製膜技術	特公平7-121340	特開平10-192669	
	モジュール製造法開発	モジュール製造全般	特開平9-187629		
	小型化低コスト化	膜形状 中空糸の外側に水を流し、中空糸の内側を減圧することにより、液体を脱気する外部還流型脱気モジュールにおいて、中空糸膜の水蒸気透過速度が $0.5×10-5\ cm^3\ (STP)/cm^2・sec・cmHg$ 以上 $5000×10-5\ cm^3\ (STP)/cm^2・sec・cmHg$ 以下であり、中空糸の有効長が中空糸の内径の500倍以上5000倍以下である。			特開平11-9902 B01D 19/00
		システム・装置化全般	特開平7-303802		

2.12.4 技術開発拠点

表2.12.4-1 大日本インキ化学工業の技術開発拠点

No.	都道府県名	本社・事業所・研究所
1	東京都	本店、本社本店事務取扱所、東京工場
2	千葉県	総合研究所、関東ポリマ関連技術研究所、千葉工場
3	大阪府	関西ポリマ関連技術研究所、吹田工場、堺工場
4	愛知県	名古屋工場、小牧工場
5	福岡県	福岡工場
6	石川県	美川工場
7	茨城県	鹿島工場
8	三重県	四日市工場
9	滋賀県	滋賀工場
10	北海道	石狩工場

2.12.5 研究開発者

図 2.12.5-1 大日本インキ化学工業における発明者数と出願件数の推移

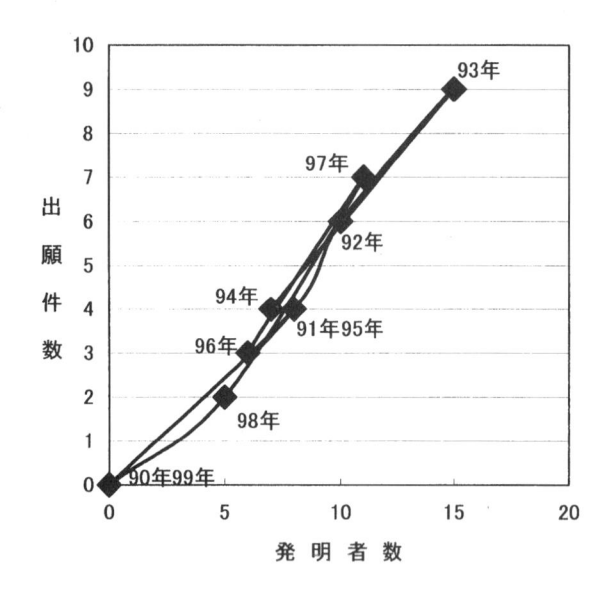

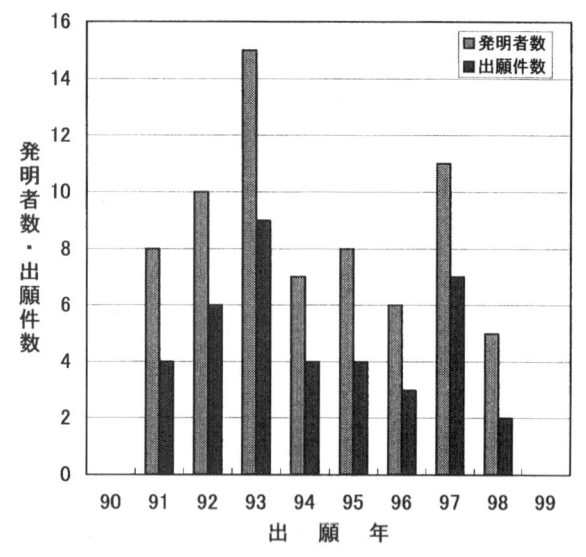

2.13 東芝

2.13.1 企業の概要

表 2.13.1-1 東芝の企業概要(1/2)

1)	商号	（株）東芝
2)	設立年月日	明治37年6月25日
3)	資本金	274,922（百万円　平成13年3月）
4)	従業員	人員53,202人
5)	事業内容	◆情報通信・社会システム＝官公庁システム、製造業システム、流通・金融業システム、放送システム、光通信システム、衛星通信システム、マイクロ波通信システム、CATVシステム、レーダ装置、宇宙開発機器、自動化・省力機器、電機制御システム、電動機、産業用インバータ、モータードライブ、電力量計、計装制御システム、交通機器、X線診断装置、CT装置、MRI装置、超音波診断装置、エレベーター、エスカレーター、複写機、ファクシミリ等 ◆デジタルメディア＝コンピュータ、サーバ、ワークステーション、ビジネス用電話、携帯電話、PHS、移動体基地局、モバイル・コンピューティング機器、パソコン、ワードプロセッサ、DVDビデオプレーヤ、DVD-ROMドライブ、CD-ROMドライブ、磁気ディスク装置、テレビ、VTR、映像システム等 ◆重電システム＝原子力発電機器、水車、送電・変電・配電機器、蒸気タービン、ガスタービン、発電機、超電導応用機器、燃料電池等 ◆電子デバイス＝半導体、液晶ディスプレイ、ブラウン管、特殊金属材料、電池等 ◆家庭電器＝冷蔵庫、電子レンジ、洗濯機、家庭用機器、コールドチェーン機器、エアコン、暖房器具、扇風機、照明器具等 ◆その他＝産業用ロボット、電器絶縁材料、電線、測量機、セラミックス、工作機械、超硬合金、不動産の賃貸・販売、金融サービス、物流サービス、資材調達等
6)	技術・資本提携関係	技術提携/マイクロソフトライセンシング・テキサスインスツルメンツ・クァルコム・ラムバス・ウィンボンドエレクトロニクス・ハンスターディスプレイ・ワールドワイドセミコンダクタマニュファクチュアリング・ドンブエレクトロニクス
7)	事業所	本社/東京都、支社/大阪府・愛知県・福岡県・広島県・富山県・宮城県・北海道・香川県・神奈川県・千葉県・埼玉県、支店/東京都・新潟県・長野県・静岡県・京都府・兵庫県・愛知県・三重県・福岡県・大分県・沖縄県・岡山県・石川県・福井県・福島県・岩手県・愛媛県・神奈川県・茨城県・群馬県・栃木県、営業所/長野県・静岡県・山梨県・兵庫県・和歌山県・岐阜県・佐賀県・長崎県・熊本県・宮崎県・鹿児島県・山口県・鳥取県・秋田県・青森県・山形県・北海道・高知県・徳島県、研究開発センター/神奈川県、生産技術センター/神奈川県、事業所/東京都・神奈川県、工場/東京都・神奈川県・栃木県・埼玉県・大阪府・愛知県・三重県・兵庫県・福岡県・大分県
8)	関連会社	国内/エイティーバッテリー・デバイスリンク・フレッシュアイ・福岡東芝エレクトロニクス・ハリソン東芝ライティング・岩手東芝エレクトロニクス・ジョイントフュエル・加賀東芝エレクトロニクス・北芝電機・芝浦メカトロニクス・テルム・東芝空調・東芝不動産総合リース・東芝キャピタル・東芝キャリア空調システムズ・東芝キャリア・東芝ケミカル・東芝クレジット・東芝デバイス・東芝デジタルフロンティア・東芝機器・東芝エレベータ

表 2.13.1-1 東芝の企業概要(2/2)

8)	関連会社 (続き)	国内/東芝エレベータプロダクツ・東芝エンジニアリング・東芝総合ファイナンス・東芝ジーイーオートメーションシステムズ・東芝ジーイータービンコンポーネンツ・東芝ホクト電子・東芝ホームテクノ・東芝産業機器製造・東芝産業機器システム・東芝情報機器・東芝情報システム・東芝関西ライフエレクトロニクス・東芝ライテック・東芝物流・東芝医用ファイナンス・東芝メディカル・東芝マイクロエレクトロニクス・東芝メディア機器・東芝プラント建設・東芝首都圏ライフエレクトロニクス・東芝テック・東芝ビデオプロダクツジャパン・東洋キャリア工業・四日市東芝エレクトロニクス・ディーティーサーキットテクノロジー・ディスプレイテクノロジー・ジーイー東芝シリコーン・西芝電機・ティーエムエイエレクトロニック・トプコン・東芝セラミックス・東芝ジーイータービンサービス・東芝機械・東芝タンガロイ・東芝イーエムアイ・フラッシュヴィジョン社・東芝電池
9)	業績推移 (単位:百万円)	<table><tr><td></td><td>売上高</td><td>経常利益</td><td>当期利益</td></tr><tr><td>1997年3月期</td><td>3,821,676</td><td>96,801</td><td>60,135</td></tr><tr><td>1998年3月期</td><td>3,699,969</td><td>38,601</td><td>33,047</td></tr><tr><td>1999年3月期</td><td>3,407,612</td><td>4,921</td><td>-15,578</td></tr><tr><td>2000年3月期</td><td>3,505,339</td><td>16,280</td><td>-244,516</td></tr><tr><td>2001年3月期</td><td>3,678,977</td><td>95,327</td><td>26,412</td></tr></table>
10)	主要製品	デジタルスチルカメラ、メディアカード、PCカード・PC周辺機器、PCカード型ハードディスク、外付CD-R/RW/ROM & DVD-ROM、携帯電話/PHS/メール端末・データ通信、Pocket PC、ポータブルDVD-ROM/ビデオプレーヤー、日本語音声認識/合成ソフト、英日/日英翻訳ソフト、DVDソフトウェア、簡単画像メール作成ソフト、パーソナルファクシミリ、パーソナルワープロ、フラットワイドテレビ、ビデオデッキ、液晶プロジェクタ/ビデオウォール、モバイルオーディオプレーヤー、調理器具、家事用品、リビンググッズ、空調機器、電球・電池、ディスクアレイ装置、ICカード・データキャリア、MFP、複写機、ファクシミリ、診断用X線装置、医用X線CT装置、磁気共鳴画像診断装置（MRI）、超音波画像診断装置、診断用核医学装置、治療用機器、臨床化学検査装置、医用内視鏡、医用コンピュータ・システム、燃料電池、エレベーター、エスカレーター
11)	主な取引先	東芝キャピタルアジア社、東芝インターナショナルファイナンス英国社、東芝アメリカ電子部品社、東芝デバイス、東京電力
12)	技術移転窓口	知的財産部　東京都港区芝浦1-1-1 TEL: 03-3457-2501

2.13.2 気体膜分離装置に関連する製品・技術

製品リストに示したのは、主なガス膜分離装置製品であるが、膜モジュールよりもシステム（装置）化を指向しており、同社が製作するプラントにサブシステムとして組み入れられている。

表2.13.2-1 東芝の製品・技術(1/2)

分離ガス	製品名 発売時期	出典	製品概要
水蒸気	脱湿装置 (1996)	東芝機器技術資料 (1997)	① 膜材質：不明、中空糸 ② 空気脱湿装置、吸湿液体脱水装置
二酸化炭素	二酸化炭素分離装置 (1994)	東芝機器技術資料 (1997)	① 膜材質：リチウムジルコネート、ジルコニアと支持膜の複合膜、中空糸 ② 燃焼排ガスから二酸化炭素の分離
溶存ガス	水中の揮発性有機ガス除去装置 (1997)	東芝機器技術資料 (1997)	① 膜材質：不明、中空糸 ② 水中の揮発性有機ガスの除去

表 2.13.2-1 東芝の製品・技術(2/2)

分離ガス	製品名 発売時期	出典	製品概要
その他	硫化水素/メタン分離装置 (1997)	東芝機器技術資料 (1997)	① 膜材質：不明、中空糸 ② メタン醗酵などの消化ガスの硫化水素の除去
	MEMBRALOX (1992)	東芝機器技術資料 (1997)	① 膜材質：セラミック ② 気体全般の分離

2.13.3 技術開発課題対応保有特許の概要

図2.13.3-1に東芝の気体膜分離装置の課題対応保有特許を示す。出願取下げ、拒絶査定の確定、権利放棄、抹消、満了したものは除かれている。

図2.13.3-1によると、課題の解決手段として、システム・装置化全般、補助機能全般に出願件数が集中している。表2.13.3-1に、注目すべき出願については、概要を付記して示す。

図2.13.3-1 東芝の気体膜分離装置の課題と解決手段

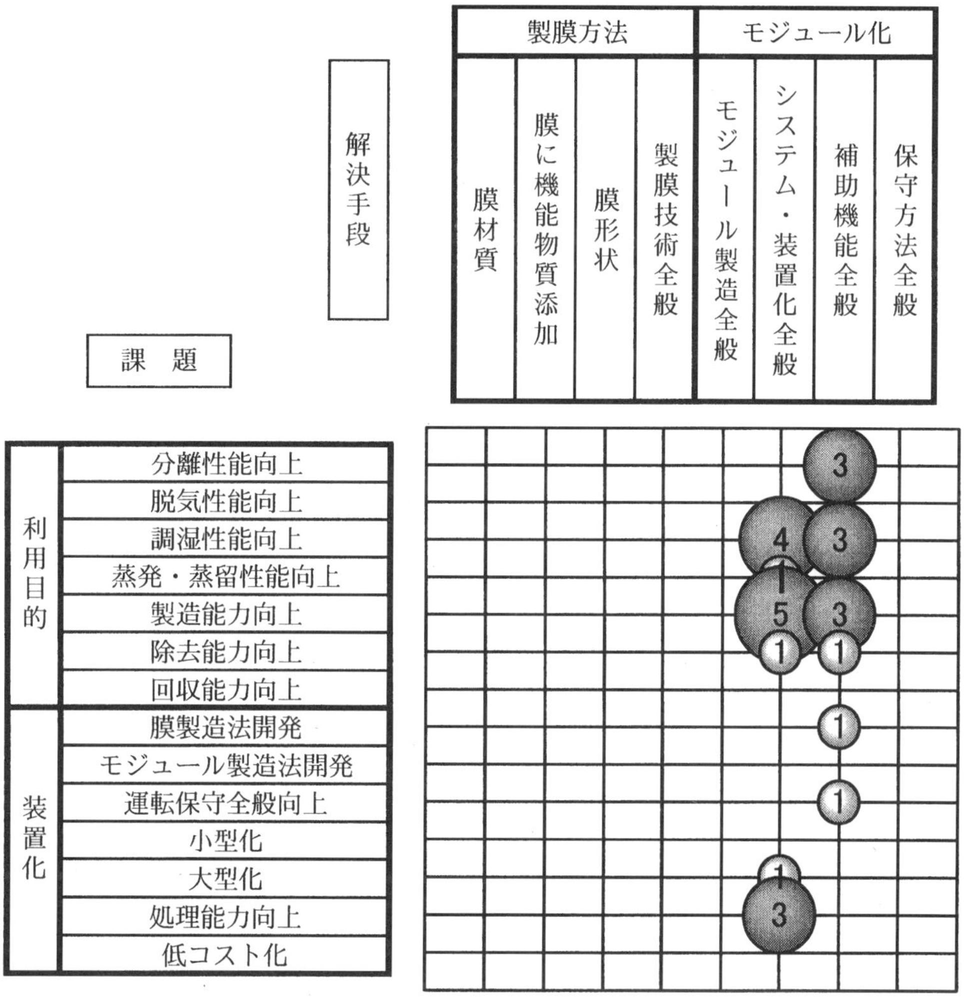

表2.13.3-1 東芝の課題の技術開発課題対応保有特許(1/2)

技術要素	課題	概要（解決手段）	（代表図面）特許番号	特許番号	特許番号 特許分類
モジュール化	分離性能向上	他の単位操作との組合せ メタン発酵を酸生成反応とメタン発酵反応に分け、酸生成反応で発生する気体から水素を分離し、この水素をメタン発酵反応へ供給して水素分圧を高くする。グラニュールを形成させ、メタンガスを生成するので、水素利用メタン生成菌の増殖及び活性を高くすることができ、メタン発酵の効率を高くすることが可能となる。			特開2000-157994 C02F 3/28
		他の単位操作の組合せ	特開平10-85552	特開平10-85553	
	調湿性能向上	システム・装置化	特開平10-235135	特開平11-156139	特開平11-226345
		他の単位操作の組合せ	特開平10-31092	特開平11-47542	
		補助機能・構成機器の改良	特開平11-47542	特開2000-334253	
	製造能力向上	システム・装置化	特開平7-290084		
	除去能力向上	システム・装置化 地下水または排水中の揮発性有機塩素化合物の処理方法であり、地下水または排水を大気圧よりも低い圧力に曝露する第一の工程と、この第一の工程から排出される気体を、揮発性有機塩素化合物の吸着体、吸収剤、揮発性有機塩素化合物を分解する微生物、およびこれらの組合せからなる群から選ばれる処理剤に接触させる第二の工程とを具備する。			特開2000-342904 B01D 19/00 101
		システム・装置化	特開平10-235135	特開平11-156139	特開2000-174001
		他の単位操作の組合せ	特開平10-31092	特開平11-47542	特開平11-57786
		補助機能・構成機器の改良	特開平11-47542		
	回収能力向上	システム・装置化	特開2000-93983		
		補助機能・構成機器の改良	特開2000-210527		
システム化・保守	調湿性能向上	システム・装置化	特許2953770		
	除去能力向上	システム・装置化 消化ガスを気体分離膜に通すことによって硫化水素を含むガスとメタンとを分離し、次に硫化水素を含むガスを好気処理槽に注入する。			特開平7-155787 C02F 3/28 ZAB

表 2.13.3-1 東芝の課題の技術開発課題対応保有特許(2/2)

技術要素	課題	概要（解決手段）	（代表図面）特許番号	特許番号	特許番号 特許分類
酸素分離	低コスト化	システム・装置化全般	特開平7-290084		
窒素分離	モジュール製造法開発	補助機能全般	特開2000-210527		
水蒸気分離	小型化	補助機能全般	特開2000-334253		
	処理能力向上	システム・装置化全般	特開平11-156139		
有機ガス分離	低コスト化	システム・装置化 地下水または排水中の揮発性有機塩素化合物の処理方法であり、地下水または排水を大気圧よりも低い圧力に曝露する第一の工程と；この第一の工程から排出される気体を、揮発性有機塩素化合物の吸着体、吸収剤、揮発性有機塩素化合物を分解する微生物、およびこれらの組合せからなる群から選ばれる処理剤に接触させる第二の工程とを具備する。			特開2000-342904 B01D 19/00 101

2.13.4 技術開発拠点

表2.13.4-1 東芝の技術開発拠点

No.	都道府県名	本社・事業所・研究所
1	東京都	本社事務所、コンピュータ＆ネットワーク開発センター、モバイルコンピューティング＆コミュニケーション開発センター、光・磁気ストレージ開発センター、COS開発センター、家電機器開発センター、府中事業所
2	神奈川県	研究開発センター、生産技術センター、パーソナル＆マルチメディア開発センター、磯子エンジニアリングセンター、電力・産業システム技術開発センター、環境機器開発研究所、原子力技術研究所、CS評価センター、柳町事業所、京浜事業所、横浜事業所
3	埼玉県	液晶開発センター
4	栃木県	医用機器・システム開発センター
5	愛知県	中部システムセンター
6	福岡県	九州システムセンター

2.13.5 研究開発者

図2.13.5-1 東芝における発明者数と出題件数の推移

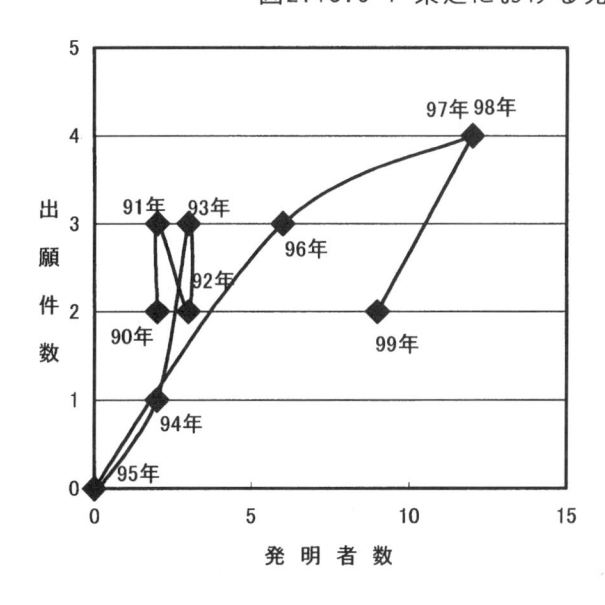

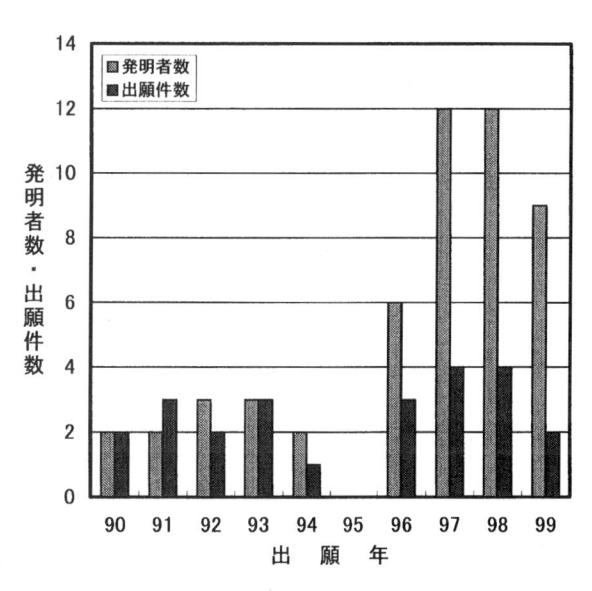

2.14 旭化成

2.14.1 企業の概要

表2.14.1-1 旭化成の企業概要(1/2)

1)	商号	旭化成(株)
2)	設立年月日	昭和6年5月21日
3)	資本金	103,388(百万円 平成13年3月)
4)	従業員	人員 12,218人
5)	事業内容	◆化成品・樹脂事業＝化成品、樹脂製品の製造・販売 ◆住宅・建材事業＝住宅関連の受注・施工 ◆繊維事業＝化学繊維、合成繊維の製造・加工・販売、織物・編物等の販売 ◆多角化事業＝エレクトロニクス、膜・システム、バイオ・メディカルの製造販売等
6)	技術・資本提携関係	技術提携/デュポン・日立製作所・中国化工建設総公司 資本提携/新日鐵化学・東芝
7)	事業所	本社/東京都、大阪本社/大阪府、支社/宮崎県・静岡県・滋賀県・岡山県・北海道・愛知県・福岡県・福井県・石川県、事務所/宮崎県・広島県・宮城県・神奈川県、海外事務所/北京・上海、研究所/静岡県・岡山県・神奈川県・大分県・大阪府・宮崎県、工場/宮崎県・岡山県・神奈川県・滋賀県・静岡県・福島県・千葉県・愛知県・三重県・京都府・大分県・福岡県・熊本県・和歌山県、建材製造所/山口県・岐阜県・千葉県・鳥取県・北海道、医薬医療事業部門支店/北海道・宮城県・東京都・愛知県・大阪府・福岡県、酒類事業部支店/北海道・宮城県・東京都・静岡県・愛知県・大阪府・福岡県
8)	関連会社	国内/山陽石油化学・日本エストラマー・サランラップ販売・旭化成プロマックス・旭化成ポリフレックス・旭化成商事サービス・旭化成テクノプライス・旭化成ホームズ・旭化成住工・旭化成建材・旭化成不動産販売・旭化成リフォーム・旭陽産業・旭化成マイクロシステム・旭化成電子・旭シュエーベル・旭メディカル・旭ヴェット・旭化成アイミー・富久娘酒造・新日本ソルト・赤穂海水・旭エンジニアリング・向陽鉄工・旭リサーチセンター・旭化成情報システム・旭ファイナンス・旭化成新港基地・旭化成環境事業・エーアンドエムスチレン・岡山化成・蝶理・旭有機材工業・富士チタン工業
9)	業績推移 (単位:百万円)	<table><tr><td></td><td>売上高</td><td>経常利益</td><td>当期利益</td></tr><tr><td>1997年3月期</td><td>1,100,228</td><td>48,515</td><td>17,131</td></tr><tr><td>1998年3月期</td><td>1,069,771</td><td>43,317</td><td>17,326</td></tr><tr><td>1999年3月期</td><td>959,624</td><td>34,409</td><td>18,365</td></tr><tr><td>2000年3月期</td><td>955,624</td><td>62,556</td><td>11,185</td></tr><tr><td>2001年3月期</td><td>990,430</td><td>56,345</td><td>11,710</td></tr></table>
10)	主要製品	アンモニア、硝酸、カ性ソーダ、アクリロニトリル、スチレンモノマー、メタクリル酸メチルモノマー、高度化成肥料、ポリエチレン、ポリスチレン、アクリル・スチレン樹脂、アクリル・ブタジエン・スチレン樹脂、アクリル樹脂、合成ゴム、熱可塑性エラストマー、シクロヘキサノール、アジピン酸、塗料原料、硝化綿、アクリルラテックス、サランラテックス、食品包装用ラップフィルム、食品保存用袋、食品密閉容器、各種フィルム・シート・発泡体、結晶セルロース、洗浄剤、接着系アンカー、産業用火薬、防衛用火薬、金属加工品、感光性樹脂・製版システム、限外ろ過膜、精密ろ過膜、微多孔膜、電気透析膜・電気透析装置、イオン交換膜法食塩電解システム、軽量気泡コンクリート、パイル、断熱材、人工魚礁、アクリル短繊維、アクリル長繊維、ナイロン66繊維、ポリエステル長繊維、キュプラ、ポリウレタン弾性繊維、スパンボンド、キュプラ不織布、人工皮革、感光性ドライフィルムレジスト、プリント配線板用ガラスクロス、感光性ポリイミド樹脂、フォトマスク防塵フィルム、CMOSアナログ・デジタル混載LSI、ホール素子、医薬品、医薬品原料

表2.14.1-1 旭化成の企業概要(2/2)

10)	主要製品 (続き)	飼料添加物、診断薬、ウィルス除去フィルター、人工腎臓、白血球除去フィルター、体外循環型白血球除去装置、コンタクトレンズ、清酒、合成清酒、焼酎、チューハイ、ドライ酎ハイ
11)	主な取引先	蝶理、伊藤忠商事、スズケン

2.14.2 気体膜分離装置に関連する製品・技術

製品リストに示したのは、膜モジュール製品であるが、顧客のニーズに応じた各種のガス分離膜およびモジュールの製品を有している。

表2.14.2-1 旭化成の製品・技術

分離ガス	製品名 発売時期	出典	製品概要
酸素	酸素富化膜 (1995)	旭化成カタログ (1997)	① 膜材質：ポリオレフィン中空糸複合膜 ② 空気より酸素富化空気の製造
窒素	窒素富化膜 (1995)	旭化成カタログ (1997)	① 膜材質：ポリオレフィン中空糸複合膜 ② 空気より酸素富化空気の製造
その他	加湿器 (1996)	旭化成カタログ (1997)	① 膜材質：フッ化ビニリデン系樹脂膜、中空糸 ② 空調器、固体高分子燃料電池用加湿器

2.14.3 技術開発課題対応保有特許の概要

図2.14.3-1に旭化成の気体膜分離装置の課題対応保有特許を示す。出願取下げ、拒絶査定の確定、権利放棄、抹消、満了したものは除かれている。

図2.14.3-1によると、課題の解決手段として膜材質、モジュール製造全般の出願数が多く主として製膜方法とモジュール化の開発が行われている。表2.14.3-1に、注目すべき出願については、概要を付記して示す。

図2.14.3-1 旭化成の気体膜分離装置の課題と解決手段

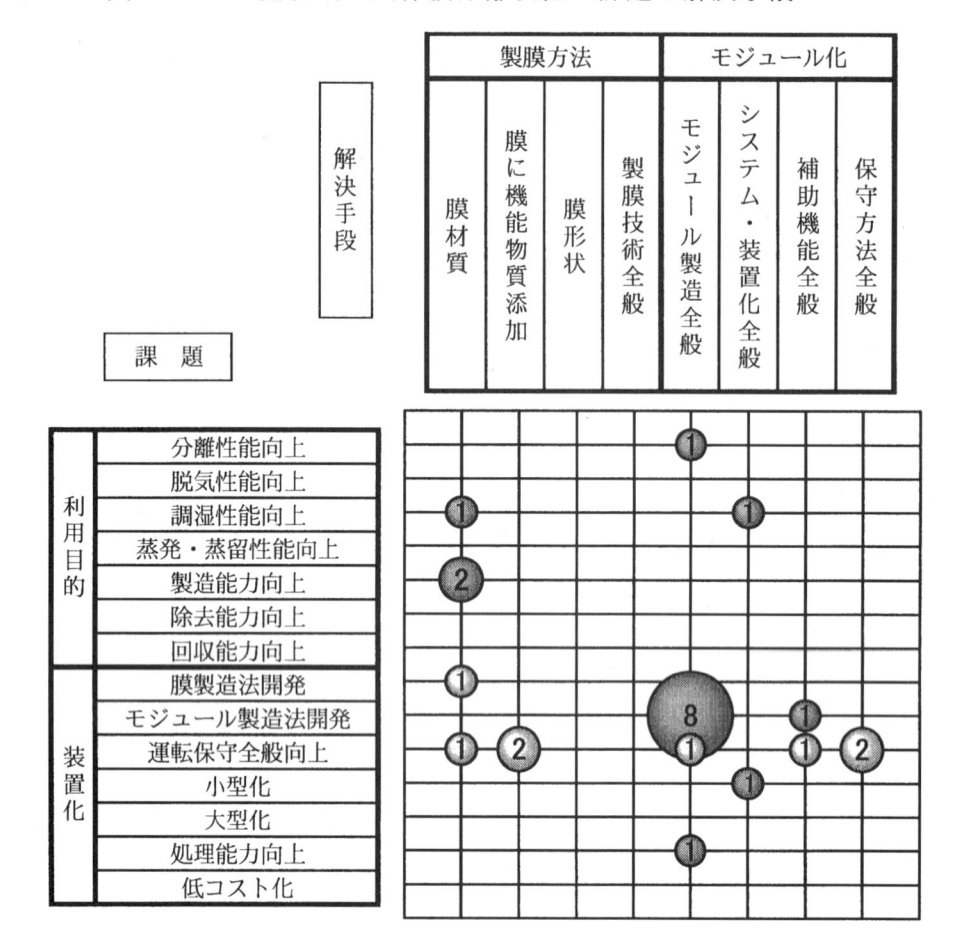

表2.14.3-1 旭化成の課題の技術開発課題対応保有特許(1/3)

技術要素	課題	概要（解決手段）	（代表図面）特許番号	特許番号	特許番号 特許分類
製膜	製造能力向上	膜材質 銅アンモニアセルロース溶液からセルロース分離膜を製造するに際し、凝固浴としてカルシウム塩の水溶液を用い、凝固浴の温度、濃度及び凝固時間から選ばれた少なくとも1種を変化させることにより均一緻密構造からスキン・コア構造の範囲にわたって任意に分離膜の構造を制御する。			特開2000-61279 B01D 71/12
		製膜技術	特開平4-354523		

164

表 2.14.3-1 旭化成の課題の技術開発課題対応保有特許(2/3)

技術要素	課題	概要（解決手段）	（代表図面）特許番号	特許番号	特許番号 特許分類
製膜	膜製造法開発 / 膜の耐久性向上	膜材質 セルロース系中空繊維膜を炭化焼成して、炭素中空繊維膜を製造する時の原料となるセルロース系中空繊維膜の水分率Fが25℃、相対湿度65％の環境条件下で、水分率の変化が特定式の範囲にあり、かつ水分率の変化を時間で積分した時の積分値がそれぞれ特定値以上になる。	表1（試料番号No.1〜No.19の内径・膜厚・紡糸直後水分率・a・b・T・焼成後良品率データ）		特開2001-9247 B01D 71/02
モジュール化	分離性能向上	結束・集束・固定・接着方法	特開平9-225270		
	調湿性能向上	システム・装置化	特開2000-15066		
	モジュール製造法開発	結束・集束・固定・接着方法	特許2932394	特開平6-55040	特開平9-220446
		結束・集束・固定・接着方法	特開平9-225269	特開平9-225270	特開平11-33365
		結束・集束・固定・接着方法	特開2000-262869		
		モジュール構造	特開平8-71380	特開平9-220446	特開平9-225269
		モジュール構造	特開平11-33365	特開2000-262869	
		モジュール製造方法	特許3118810	特開平9-220446	特開平9-225269
		モジュール製造方法	特開平9-225270	特開平11-33365	特開2000-262869
		補助機能・構成機器の改良	特開平9-220446		
	運転保守全般向上	結束・集束・固定・接着方法	特開平9-220446		
		モジュール構造	特開平9-220446		
		モジュール製造方法	特開平9-220446		
		補助機能・構成機器の改良	特開平9-220446		
	小型化	システム・装置化	特開2000-15066		
	処理能力向上	結束・集束・固定・接着方法	特許2932394		
システム化・保守	モジュール製造法開発	結束・集束・固定・接着方法	特許2932394		

表 2.14.3-1 旭化成の課題の技術開発課題対応保有特許(3/3)

技術要素	課題	概要（解決手段）	（代表図面）特許番号	特許番号	特許番号 特許分類
システム化・保守	運転保守全般向上	洗浄・乾燥方法	特開平6-10208		
		膜の検査方法	特開平6-99043		
酸素分離	製造能力向上	製膜技術	特開平4-354523		
窒素分離	製造能力向上	製膜技術	特開平4-354523		
水蒸気分離	調湿性能向上	システム・装置化	特開2000-15066		
	小型化	システム・装置化全般	特開2000-15066		
有機ガス分離	モジュール製造法開発	モジュール製造方法	特許3118810		

2.14.4 技術開発拠点

表2.14.4-1 旭化成の技術開発拠点

No.	都道府県名	事業所・研究所
1	東京都	東京本社
2	大阪府	大阪本社、繊維商品科学研究所
3	静岡県	中央技術研究所、電子応用研究所、大仁工場、富士工場
4	岡山県	化学・プロセス研究所、化成品樹脂開発研究所、水島工場
5	神奈川県	製品技術研究所、住環境システム・材料研究所、電池開発研究所、川崎工場
6	大分県	化薬研究所
7	宮崎県	繊維技術研究所、延岡工場、日向工場
8	滋賀県	守山工場

2.14.5 研究開発者

図 2.14.5-1 旭化成における発明者数と出願物件数の推移

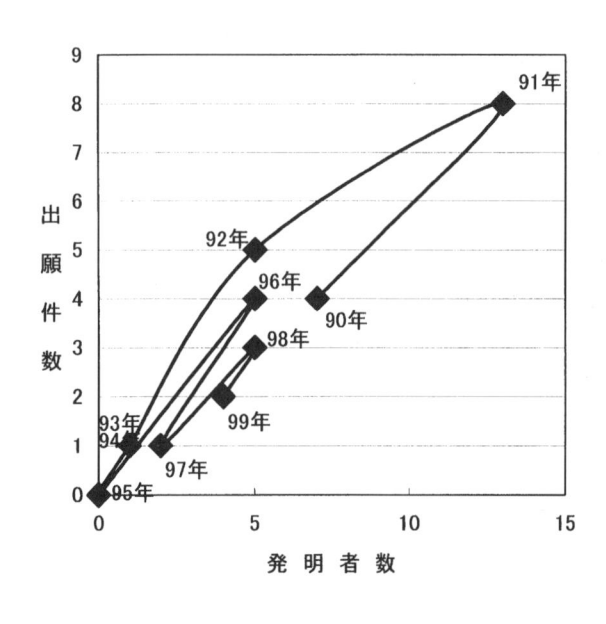

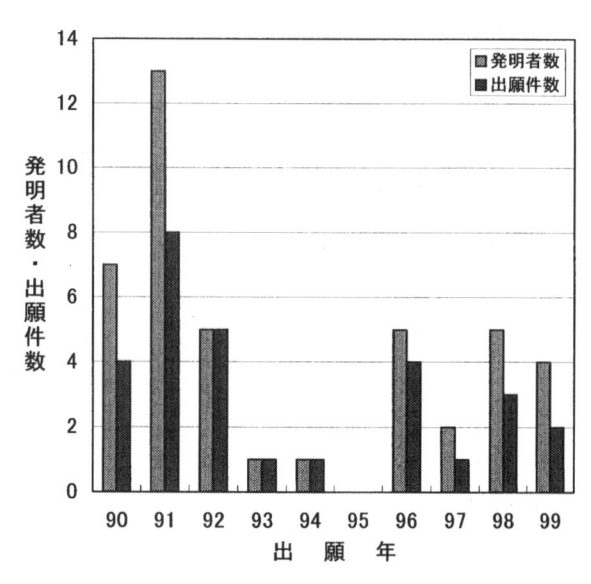

2.15 東洋紡績

2.15.1 企業の概要

表2.15.1-1 東洋紡績の企業概要

1)	商号	東洋紡績（株）
2)	設立年月日	大正3年6月26日
3)	資本金	43,341（百万円　平成13年3月）
4)	従業員	人員4,078人
5)	事業内容	◆繊維事業＝紡績・織・編・染等の繊維加工及び合成繊維・繊維二次製品等の製造・販売 ◆化成品事業＝化学製品及びフィルム、高機能性樹脂等の化成品の製造・加工・販売 ◆その他事業＝エンジニアリング、自動車組立・車体製造加工、ゴム製品の製造・販売、生化学品・医用機材・電子材料・活性炭素繊維等の製造・加工・販売、等
6)	技術・資本提携関係	技術提携/モレキュラーバイオシステムズ・メトプロ・C.J.B.デベロップメンツ・デュールアンラーゲンバウ・斗山機械・清隆企業・デュールインダストリーズ
7)	事業所	本社/大阪府、支社/東京都・愛知県、事務所/福井県、研究所/滋賀県、研修所/滋賀県、工場/福井県・山口県・徳島県・香川県・富山県・宮城県・三重県・愛知県・滋賀県
8)	関連会社	国内/東洋紡総合研究所・日本エクスラン工業・東洋紡ファイナンス・新興産業・東洋紡不動産・大同マルタ染工・日本マグファン・ユウホウ・呉羽テック・栄工業・東洋化成工業・クレハエラストマー・コスモ電子・東洋紡インテリア・東洋紡エンジニアリング・呉羽コーポ・エイエフエス・芦森工業・日平トヤマ・水島アロマ・御幸毛織・日本ユニペット・豊科フイルム・日本ユピカ・東洋クロス・パジェロ製造・サンダイヤ
9)	業績推移 （単位:百万円）	<table><tr><td></td><td>売上高</td><td>経常利益</td><td>当期利益</td></tr><tr><td>1997年3月期</td><td>297,058</td><td>4,261</td><td>3,465</td></tr><tr><td>1998年3月期</td><td>298,466</td><td>5,456</td><td>2,797</td></tr><tr><td>1999年3月期</td><td>269,831</td><td>5,122</td><td>2,953</td></tr><tr><td>2000年3月期</td><td>262,389</td><td>6,244</td><td>1,222</td></tr><tr><td>2001年3月期</td><td>255,365</td><td>6,723</td><td>3,528</td></tr></table>
10)	主要製品	各種繊維工業品、合成樹脂およびその成形品、各種化学工業品、ならびに生化学品、医薬品、およびその関連商品の製造、加工、販売。電子機器、理化学機器、医療用具およびその関連機器、包装用フイルム、工業用フイルム、樹脂、エンジニアリングプラスチックス、刷版、プリンタイト用自動現像機、フレキシブルプリント基板、フレキシブル銅張板、活性炭素繊維、KFペーパー、オゾンフィルター、Kフィルターユニット、浄水フィルター、静電フィルター、EFユニット、SLユニット、デソルトユニット、FUユニット、ケミカルフィルターシリーズ、KSユニット、KDユニット、KEユニット、KHユニット、逆浸透モジュール、バグフィルター、海水淡水化・水浄化装置、スーパーファイバー、超吸水性繊維、高吸放湿繊維、スパンボンド不織布、防草シート、型枠シート、塗膜防水、布製型枠、多目的止水材、土壌改良剤、コンクリート用養生マット、洗掘吸出、汚濁防止膜、遮水シート、建築資材（シート）、テントシート、スケートリンク造成、意匠用添加材、寒冷紗、親水性不織布、防根透水シート、底面給水マット、人工培地、テーブルクロス、自動車関連素材
11)	主な取引先	新興産業、伊藤忠商事、ニッショー、丸紅、三井物産

2.15.2 気体膜分離装置に関連する製品・技術

製品リストに示したのは、膜モジュール製品であるが、顧客のニーズに応じた各種のガス分離膜およびモジュールの製品を有している。製品は、主にプラントメーカーへ提供されている。

表2.15.2-1 東洋紡績の製品・技術

分離ガス	製品名 発売時期	出典	製品概要
酸素	酸素富化膜 (1991)	東洋紡カタログ (1997)	① 膜材質：ポリ中空糸複合膜 ② 空気より酸素富化空気の製造
窒素	ホロセップ (1992)	東洋紡カタログ (1995)	① 膜材質：シリアセテート中空糸 ② 石油精製、石油化学プラントからの窒素の回収
水素	ホロセップ (1992)	東洋紡カタログ (1995)	① 膜材質：シリアセテート中空糸 ② 石油精製、石油化学プラントからの水素の回収

2.15.3 技術開発課題対応保有特許の概要

図2.15.3-1に東洋紡績の気体膜分離装置の課題対応保有特許を示す。出願取下げ、拒絶査定の確定、権利放棄、抹消、満了したものは除かれている。

図2.15.3-1によると、課題の解決手段として膜材質と製膜技術全般に出願件数が集中している。表2.15.3-1に、注目すべき出願については、概要を付記して示す。

図2.15.3-1 東洋紡績の気体膜分離装置の課題と解決手段

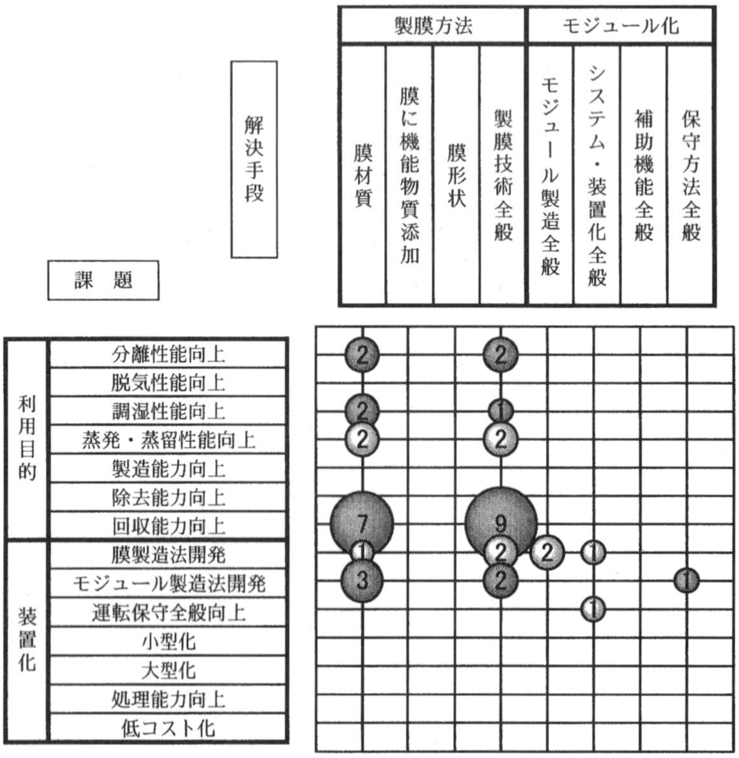

表2.15.3-1 東洋紡績の技術開発課題対応保有特許(1/2)

技術要素	課題	概要（解決手段）	（代表図面）		特許番号 特許分類
			特許番号	特許番号	
製膜	膜製造法開発	製膜技術 中空形成材として気体を用いたセルロースアセテート透析膜用中空糸の乾湿式紡糸において、液中ガイド前後での中空糸の角度を90度以上160度未満とする。			特許 3173617 B01D 71/16
		膜材質 膜厚が10～35μm、内径が100～300μm、空孔率が50～85％で、ポリスルホン系高分子を含む中空糸型選択分離膜であって、ポリスルホン系高分子のジメチルホルムアミド1重量パーセント溶液中の還元粘度が0.55～0.85である。			特開平10- 109023 B01D 71/68
		膜材質 膜厚が10～35μm、内径が100～300μm、空孔率が50～85％で、ポリスルホン系高分子を含む中空糸型選択分離膜であって、ポリスルホン系高分子のジメチルホルムアミド1重量パーセント溶液中の還元粘度が0.6以上である中空糸型選択分離膜。			特開平9- 220455 B01D 71/68
		膜材質 アルブミンの篩い係数（A）が0.25以下であり、β_2-ミクログロブリンの篩い係数（B）が0.35以上であって、B/Aの値が15以上であるセルロース中空糸膜。このセルロース中空糸膜は、セルロースエステルと、N-メチルピロリドンとγ-ブチロラクトンの混合溶媒とを含有する紡糸原液を、気体雰囲気中に中空状を形成するように吐出した後、凝固浴に導いて凝固させることにより得られる。			特開平10- 216489 B01D 71/16
		膜材質	特開2000- 37617	特開2000- 325760	特開2000- 325761
		製膜技術全般	特開平7- 39731	特開2000- 37617	特開2000- 325760
		製膜技術全般	特開2000- 325761		

表 2.15.3-1 東洋紡績の技術開発課題対応保有特許(2/2)

技術要素	課題	概要（解決手段）	（代表図面） 特許番号	特許番号	特許番号 特許分類
製膜	膜の耐久性向上	膜材質 膜厚が 10～35μm、内径が 100～300μm、空孔率が 50～85％で、ポリスルホン系高分子を含む中空糸型選択分離膜であって、ポリスルホン系高分子のジメチルホルムアミド1重量パーセント溶液中の還元粘度が 0.55～0.85 である。			特開平 10-109023 B01D 71/68
		膜材質 膜厚が 10～35μm、内径が 100～300μm、空孔率が 50～85％で、ポリスルホン系高分子を含む中空糸型選択分離膜であって、ポリスルホン系高分子のジメチルホルムアミド1重量パーセント溶液中の還元粘度が 0.6 以上である中空糸型選択分離膜。			特開平 9-220455 B01D 71/68
		膜材質	特開平 4-346814		
	運転保守全般向上	保守方法全般	特開平 8-108051		
酸素分離	膜製造法開発	膜材質	特開 2000-37617		
		製膜技術	特開 2000-37617		
二酸化炭素分離	膜製造法開発	膜材質	特開 2000-37617		
		製膜技術	特開 2000-37617		

2.15.4 技術開発拠点

表2.15.4-1 日東電工の技術開発拠点

No.	都道府県名	本社・事業所・研究所
1	大阪府	本社
2	滋賀県	総合研究所、大津医薬工場
3	福井県	敦賀バイオ研究所、つるがフイルム工場、つるが工場、敦賀バイオ工場
4	山口県	岩国工場、岩国機能膜工場
5	徳島県	小松島工場
6	香川県	渕崎工場
7	富山県	入善工場、井波工場、庄川工場
8	宮城県	宮城工場
9	三重県	三重工場
10	愛知県	犬山工場

2.15.5 研究開発者

図2.15.5-1 東洋紡績における発明者数と出願件数の推移

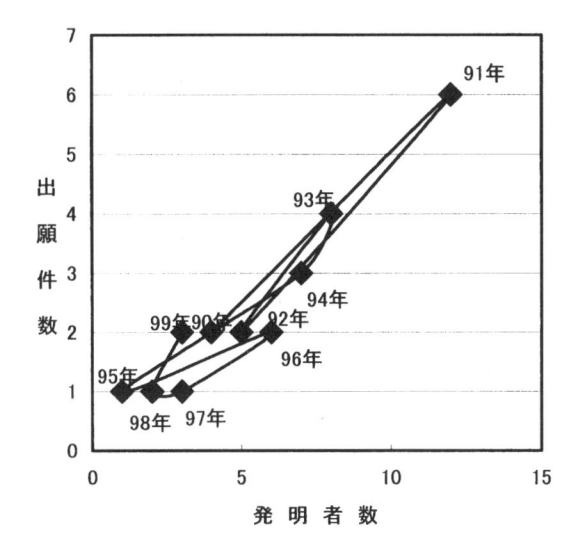

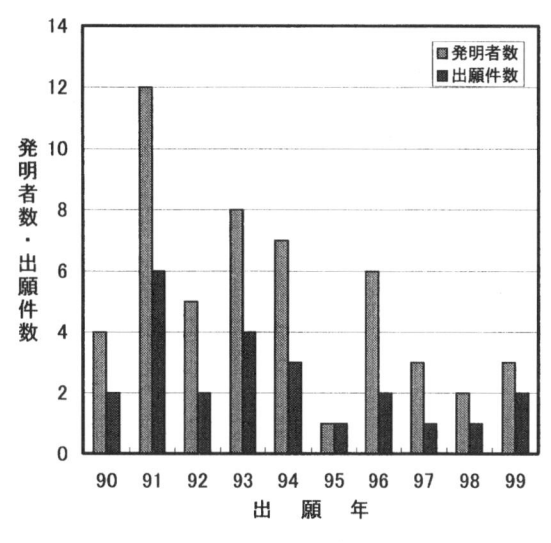

2.16 オリオン機械

2.16.1 企業の概要

表2.16.1-1 オリオン機械の企業概要

1)	商号	オリオン機械（株）
2)	設立年月日	昭和21年11月
3)	資本金	380,000（千円　平成13年3月）
4)	従業員	人員647人
5)	事業内容	冷熱、真空、食品流通機器等機械器具の製造売買・金属工作加工の請負、酪農機器の製造売買、建築一式工事の請負
6)	事業所	本社/長野県、営業統括部/東京都、事業所/北海道・岩手県・長野県・兵庫県・福岡県、営業所/新潟県、研究所/長野県、駐在所/北海道・宮城県・東京都・長野県・埼玉県・愛知県・大阪府・岡山県・福岡県、工場/長野県・北海道
7)	関連会社	国内/西日本オリオン・北海道オリオン・東北オリオン・オリオン精工・中央オリオン・東日本オリオン・中日本オリオン・関西オリオン・リオン熱学・東海オリオン販売・中国オリオン・関東オリオン・長野オリオン販売・児玉製作所・オリオンクレジット・システムクリエイト・高山亭・オリオン建物・オリオンウエストファリアサージ・青森オリオン販売・秋田オリオン販売・房総オリオン・オリオンサンコー・新潟オリオン販売・北陸オリオンデーリィ販売、海外/オリオン機械（上海）・上海オリオン洗浄剤・台湾オリオン産業・オリオン（香港）
8)	業績推移　　（単位:千円）	<table><tr><td></td><td>売上高</td><td>税引利益</td><td>1株当り配当（円）</td></tr><tr><td>1997年3月期</td><td>18,160,031</td><td>476,851</td><td>11</td></tr><tr><td>1998年3月期</td><td>17,448,653</td><td>453,600</td><td>10</td></tr><tr><td>1999年3月期</td><td>16,560,557</td><td>90,311</td><td>7.5</td></tr><tr><td>2000年3月期</td><td>17,203,572</td><td>575,640</td><td>10</td></tr><tr><td>2001年3月期</td><td>19,652,510</td><td>646,541</td><td>11</td></tr></table>
9)	主要製品	ウェーハレベル・バーンイテスタ、鉄道車輌用膜式エアードライヤー、省エネ露点センサ（圧力下）、業務用触媒ヒーター、酪農機器（搾乳ロボット、ミルキングパーラー他）、デバイス・PCBの自動温度特性検査装置、高精度温湿度制御装置、高精度水用温調機、恒温・恒湿試験装置、小型液体用冷却器、電子式温度調節器、冷凍式エアードライヤー、膜式圧縮空気除湿器、膨張分離式圧縮空気除湿器、圧縮空気ドレン処理機、圧縮空気冷却制御装置、吸着式圧縮空気除湿機、圧縮空気清浄器、ドレン自動排出器、ユニットクーラー、省エネチラー、冷却水システム、除湿乾燥機、オイルチラー、蓄氷式氷水冷却機、急速冷却・凍結庫、ドライポンプ、赤外線暖房機、可搬式温風機、遠赤外線暖房機、熱交換式温風機
10)	主な取引先	東日本オリオン、北海道オリオン、長野オリオン販売、関西オリオン、中日本オリオン、東北オリオン、西日本オリオン

2.16.2 気体膜分離装置に関連する製品・技術

製品は脱湿装置であり、各種の脱湿装置用の種々特徴のあるモジュールが開発されている。これらの脱湿装置は主に機器メーカーに提供されている。

表2.16.2-1 オリオン機械の製品・技術

分離ガス	製品名 発売時期	出典	製品概要
水蒸気	脱湿装置 （1996）	オリオン機械製品 カタログ （1999）	① 膜材質：不明、中空糸 ② 空気脱湿装置、吸湿液体脱水装置

2.16.3 技術開発課題対応保有特許の概要

図2.16.3-1にオリオン機械の気体膜分離装置の課題対応保有特許を示す。出願取下げ、拒絶査定の確定、権利放棄、抹消、満了したものは除かれている。

図2.16.3-1によると、課題の解決手段は、システム・装置化全般に出願件数が集中している。表2.16.3-1に、注目すべき出願については、概要を付記して示す。

図2.16.3-1 オリオン機械の気体膜分離装置の課題と解決手段

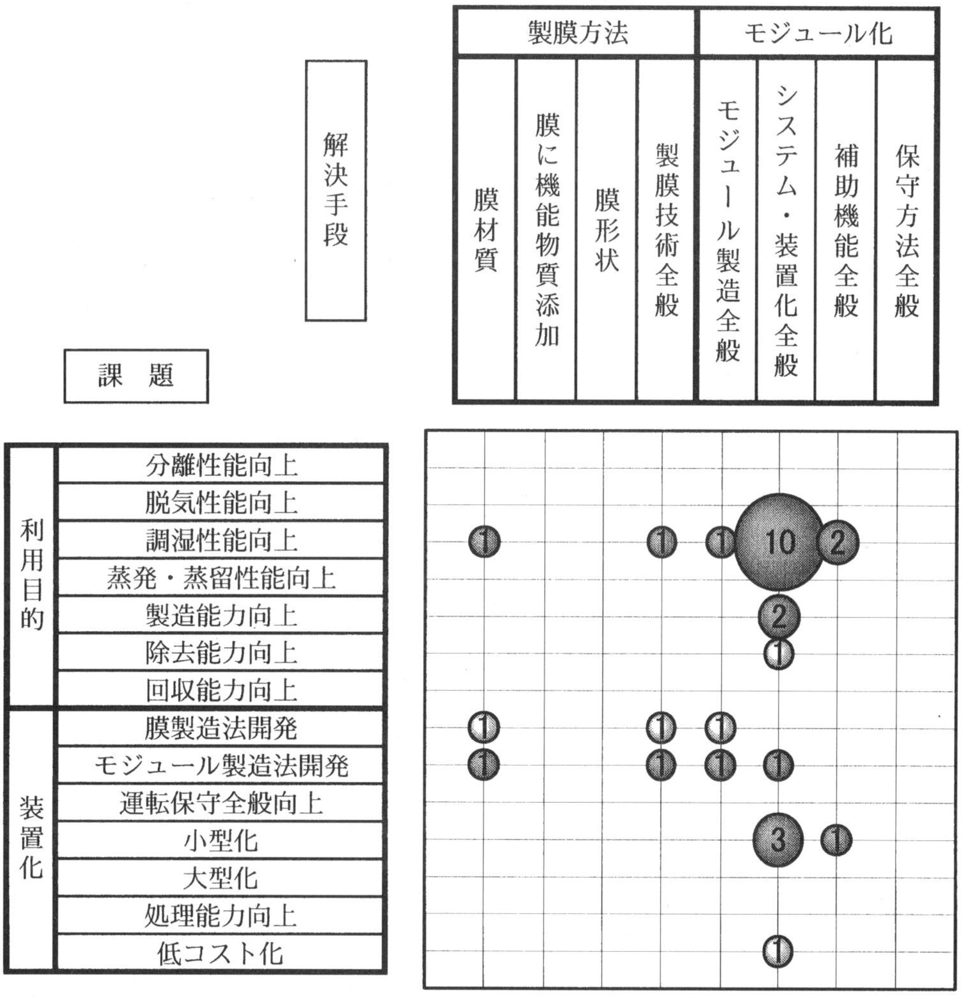

表2.16.3-1 オリオン機械の技術開発課題対応保有特許(1/2)

技術要素	課題	概要（解決手段）	（代表図面）	特許番号
			特許番号	特許分類
			特許番号	
製膜	膜製造法開発	膜材質	特開2001-219041	
		製膜技術全般	特開2001-219041	
		結束・集束・固定・接着方法	特開2001-219041	
		モジュール構造	特開2001-219041	

表 2.16.3-1 オリオン機械の技術開発課題対応保有特許(2/2)

技術要素	課題	概要（解決手段）	（代表図面）		特許番号 特許分類
			特許番号	特許番号	
モジュール化	調湿性能向上	モジュール製造方法	特開 2001-219041		
		結束・集束・固定・接着方法	特開 2001-219041		
		モジュール構造	特許 2846554	特開 2001-219041	特開平 8-155244
		モジュール製造方法	特開 2001-219041		
		システム・装置化	特許 2622058	特開平 6-134246	特開平 8-299743
			特開平 10-43536	特開平 10-76130	特開平 11-253739
			特開平 11-319466	特開 2000-51639	特開平 8-61718
			特許 3083456		
		他の単位操作の組合せ	特開 2000-72406		
		補助機能・構成機器の改良	特開 2000-210528		
	製造能力向上	システム・装置化	特開平 8-61718	特許 3083456	
	除去能力向上	システム・装置化	特開平 11-28395		
	運転保守の向上	モジュール構造	特許 2846554		
水蒸気分離	膜製造法開発	膜材質	特開 2001-219041		
		製膜技術	特開 2001-219041		
		モジュール製造全般	特開 2001-219041		
	モジュール製造法開発	膜材質	特開 2001-219041		
		製膜技術	特開 2001-219041		
		モジュール製造全般	特開 2001-219041		
		システム・装置化全般	特開平 8-61718		
	小型化	システム・装置化全般	特開平 8-61718		

2.16.4 技術開発拠点

表2.16.4-1 オリオン機械の技術開発拠点

No.	都道府県名	本社・事業所・研究所
1	長野県	本社・工場、更埴工場、技術研究所
2	北海道	千歳工場

2.16.5 研究開発者

図 2.16.5-1 オリオン機械における発明者数と出願件数の推移

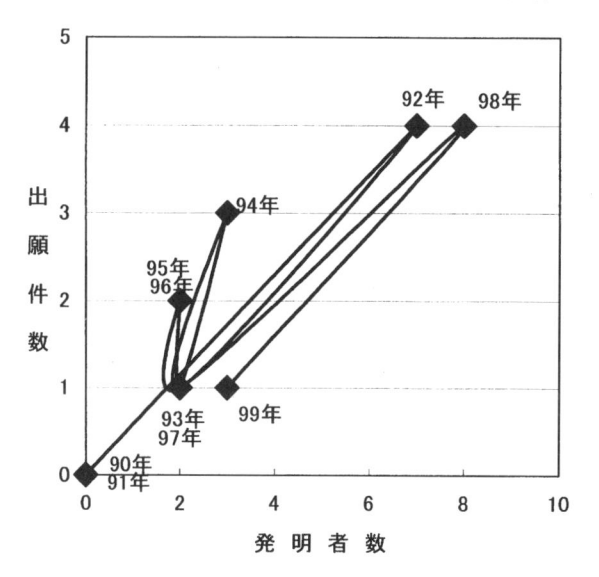

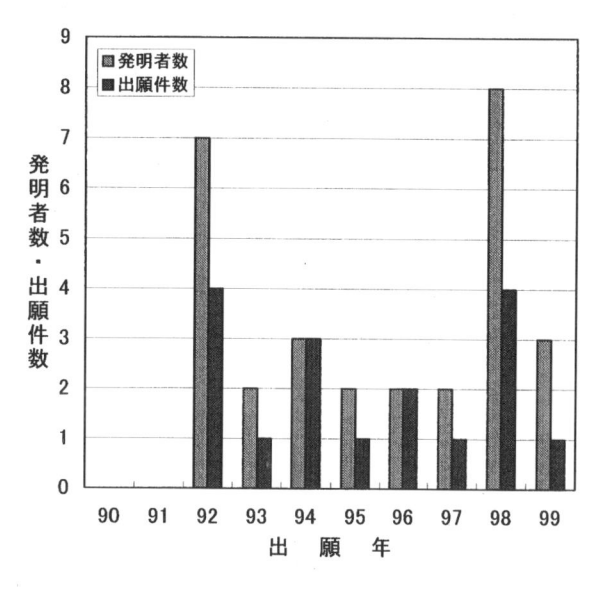

2.17 栗田工業

2.17.1 企業の概要

表2.17.1-1 栗田工業の企業概要

1)	商号	栗田工業（株）
2)	設立年月日	昭和24年7月13日
3)	資本金	13,451（百万円　平成13年3月）
4)	従業員	人員1,725人
5)	事業内容	◆水処理薬品事業＝機器の腐食防止剤、空調関係水処理剤、排水処理剤、土木建築関連処理剤、製造プロセス用処理剤の製造販売並びにメンテナンスサービスの提供 ◆水処理装置事業＝超純水製造装置、用水処理装置、排水処理装置、規格型水処理装置、土壌浄化システム他製造販売並びにメンテナンスサービスの提供
6)	技術・資本提携関係	技術提携/三菱化学・ユーエスフィルターイオンピュア Inc.・ユーエスフィルタージャパン・ゴシューコーサン・バイエル・テトラテクノロジーズ・IT コーポレーション・フィーラブレーターエンバイロメンタルシステムズ・ニューウェイストコンセプッ 資本提携/伊藤忠商事
7)	事業所	本社/東京都、支社/大阪、支店/北海道・宮城県・愛知県・広島県・香川県・福岡県・シンガポール、営業所/茨城県・群馬県・埼玉県・千葉県・神奈川県・新潟県・長野県・静岡県・大分県・沖縄県・岩手県・栃木県・東京都・山梨県・三重県・滋賀県・兵庫県・山口県・熊本県・宮崎県・福島県・岡山県、事業所/栃木県・福井県・静岡県・三重県・兵庫県・山口県・岩手県、駐在所/山形県・和歌山県・長崎県・神奈川県、技術開発センター/神奈川県、商品開発センター/静岡県、事業開発センター/栃木県
8)	関連会社	国内/栗田製造所・クリタ化成・栗田エンジニアリング・クリタス 海外/韓水
9)	業績推移 （単位:百万円）	<table><tr><th></th><th>売上高</th><th>経常利益</th><th>当期利益</th></tr><tr><td>1997年3月期</td><td>137,385</td><td>19,669</td><td>10,545</td></tr><tr><td>1998年3月期</td><td>123,810</td><td>13,037</td><td>7,537</td></tr><tr><td>1999年3月期</td><td>125,675</td><td>13,888</td><td>6,965</td></tr><tr><td>2000年3月期</td><td>107,702</td><td>9,739</td><td>4,162</td></tr><tr><td>2001年3月期</td><td>129,698</td><td>13,547</td><td>6,770</td></tr></table>
10)	主要製品	ボイラ処理薬品、連続活性炭吸着装置、活性炭、電気再生式連続純水装置、シャトル純水器、COD低下剤、有機凝結剤、凝集剤、生物処理用対応薬剤、嫌気処理装置、消臭剤、脱水剤、造粒濃縮装置、回転円板式脱水機、ベルト式脱水機、洗浄剤、水処理薬品、膜脱気装置、電磁流量比例薬液注入ポンプ、冷却水自動管理装置、冷却水自動管理装置、導電率自動管理装置、薬品原液注入装置、上向流式急速ろ過装置、電磁式流量比例薬液注入ポンプ、加湿器用純水器、加湿器用逆浸透膜装置、薬品原液注入装置、原液注入用薬液注入装置、自動軟水器、ボイラ用小型連続ブロー装置、ボイラ用自動ブロー管理装置、ボイラブロー水中和装置、硬度リークセンサー、上向流式急速ろ過装置、冷却水自動管理装置、冷却水自動管理装置、膜脱気装置、多目的ボイラ薬品、清缶剤、脱酸素剤、スラッジ分散剤、給・覆水系防食剤、ボイラ（新缶）スタートアップ処理剤、水質分析器、エンジン冷却水系防食剤、水質分析器、スケール防止剤、海水側スケール洗浄剤、ミネラル剤、殺菌剤、防食剤、飲料水タンク洗浄剤、中性油汚れ洗浄剤、カーボン除去剤、油処理剤、KM膜、電気再生型連続純水装置、加湿器用逆浸透膜装置、膜脱気装置、機能性洗浄水製造装置、連続活性炭吸着装置、CMPリンス排水回収装置、CMPスラリー回収装置、BG排水回収装置、TOC加熱分解装置、有機性ガス除去装置
11)	主な取引先	セイコーエプソン、シャープ、地方公共団体、東京製鐵
12)	技術移転窓口	知的財産部　東京都新宿区西新宿3-4-7　TEL:03-3347-3276

2.17.2 気体膜分離装置に関連する製品・技術

水処理プラントメーカーであり、それに組み込むための空気脱湿装置および吸湿液体の脱水装置を製作している。これらの製品の単品での販売も行っている。

表2.17.2-1 栗田工業の製品・技術

分離ガス	製品名 発売時期	出典	製品概要
溶存ガス	脱気装置 (1995)	栗田工業水処理機器カタログ (1996)	① 膜材質：不明、中空糸 ② 水、有機液体からの脱気

2.17.3 技術開発課題対応保有特許の概要

図2.17.3-1に栗田工業の気体膜分離装置の課題対応保有特許を示す。出願取下げ、拒絶査定の確定、権利放棄、抹消、満了したものは除かれている。

図2.17.3-1によると、課題の解決手段としてシステム・装置化全般、補助機能全般、保守方法全般の出願件数が多く、表2.17.3-1に、注目すべき出願については、概要を付記して示す。

図2.17.3-1 栗田工業の気体膜分離装置の課題と解決手段

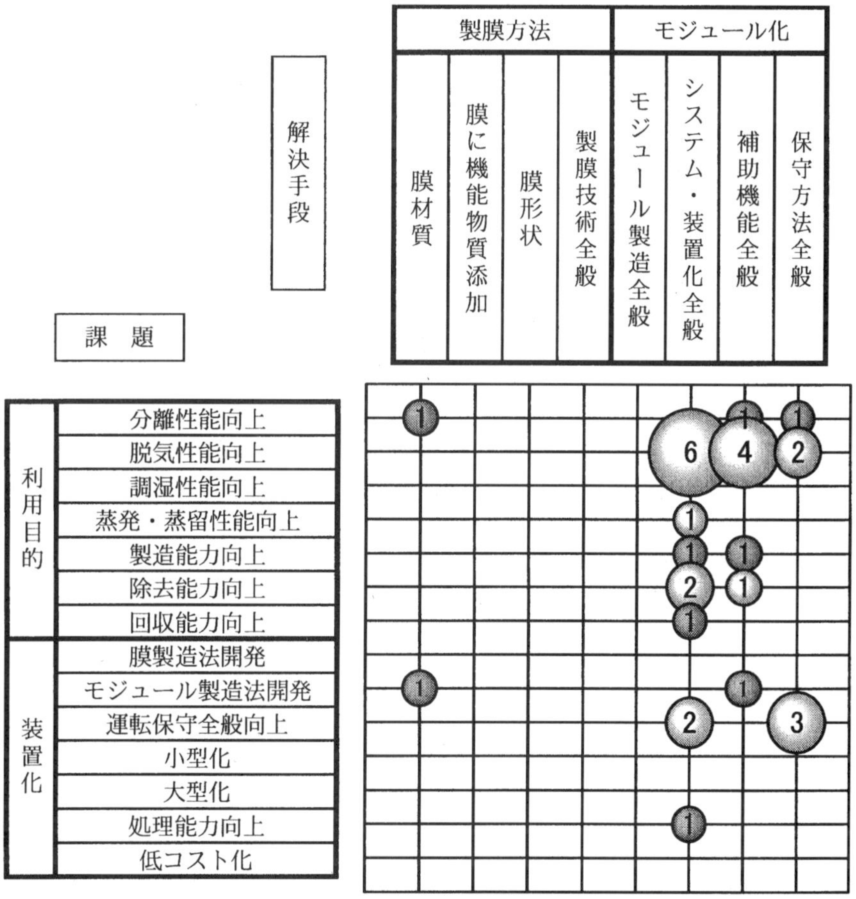

表2.17.3-1 栗田工業の技術開発課題対応保有特許

技術要素	課題	概要（解決手段）	（代表図面） 特許番号	特許番号	特許番号 特許分類
モジュール化	分離性能向上	結束・集束・固定・接着方法	特開平10-76144		
		補助機能・構成機器の改良	特開平10-76144		
	脱気性能向上	多段・集積化	特開平9-253459		
		システム・装置化	特許3198614	特開平8-206407	特開平11-267645
		システム・装置化	特開2000-61464	特開2000-185203	
		他の単位操作の組合せ	特開平10-309566	特開平11-267645	特開2000-271569
		補助機能・構成機器の改良	特開平11-57415		
		保守方法全般	特開平8-206407	特開2000-185203	
	蒸発・蒸留性能向上	システム・装置化	特許3198614		
	製造能力向上	システム・装置化	特開2000-189742		
		他の単位操作の組合せ	特開平10-309566		
	除去能力向上	システム・装置化	特許3198614	特開2000-61464	
		補助機能・構成機器の改良	特開平11-57415		
	回収能力向上	システム・装置化	特許3111463		
	運転保守全般向上	システム・装置化	特開平8-206407	特開2000-185203	
システム化・保守	分離性能向上	保守方法 使用によって分離性能が低下した多孔質分離膜を、気体と接触させて疎水化処理し、次いで酸化剤と接触させたのち、流体を一方の側から多孔質分離膜に透過させる工程と、他方の側から多孔質分離膜に逆流させる工程とを繰り返す多孔質分離膜の性能回復方法。			特開平10-305219 B01D 65/06
	脱気性能向上	システム・装置化	特開2000-185203		
		保守方法全般	特開2000-185203		
	運転保守全般向上	システム・装置化	特開2000-185203		
		保守方法全般	特開2000-185203	特開平8-10590	
酸素分離	低コスト化	システム・装置化全般	特許3198614		

2.17.4 技術開発拠点

表2.17.4-1 栗田工業の技術開発拠点

No.	都道府県名	本社・事業所・研究所
1	東京都	本社
2	岩手県	岩手事業所
3	栃木県	栃木事業所、事業開発センター
4	福井県	敦賀事業所
5	静岡県	静岡事業所
6	三重県	三重事業所
7	兵庫県	赤穂事業所
8	山口県	山口事業所
9	神奈川県	技術開発センター

2.17.5 研究開発者

図 2.17.5-1 栗田工業における発明者数と出願件数の推移

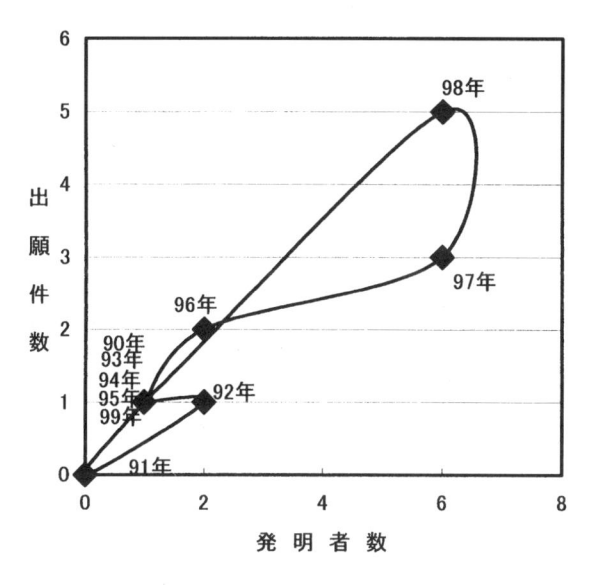

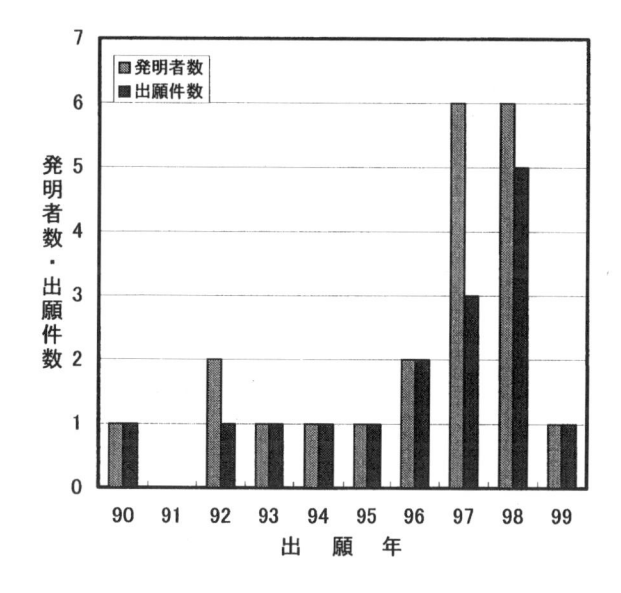

2．18 富士写真フイルム

2.18.1 企業の概要

表2.18.1-1 富士フイルムの企業概要

1)	商号	富士写真フイルム（株）
2)	設立年月日	昭和9年1月20日
3)	資本金	40,363（百万円　平成13年3月）
4)	従業員	人員9,646人
5)	事業内容	◆イメージングシステム＝写真撮影用機材、映画用フィルム、デジタルカメラ及びビデオテープ等 ◆フォトフィニッシングシステム＝映像プリント及びデジタルイメージング用の印画紙・薬品・機器・サービス等 ◆インフォメーションシステム＝印刷用・医療診断用・事務用の各種システム機材、液晶ディスプレイ材料及びデータメディア等
6)	技術・資本提携関係	技術提携/Sarriopapely Celulosa,S.A. 資本提携/Xerox Corporation
7)	事業所	本社/東京都、支社/大阪府、営業所/愛知県・福岡県・北海道・宮城県・広島県、富士テクニカルコミュニケーションセンター/東京都、工場/神奈川県・静岡県、研究所/神奈川県・埼玉県・静岡県、技術開発センター/神奈川県
8)	関連会社	国内/富士ゼロックス・富士写真光機・水戸富士光機・佐野富士光機・岡谷富士光機・富士フイルムマイクロデバイス・富士フイルムフォトニックス・富士フイルムアクシア・富士フイルムバッテリー・富士機器工業・フジカラー販売・フジカラーサービス・富士マグネディスク・富士フイルムオーリン・富士フイルムメディカル・富士フイルムメディカル西日本・千代田メディカル・富士フイルムビジネスサプライ・富士フイルムロジスティックス・富士フイルムコンピューターシステム・富士ゼロックスオフィスサプライ・鈴鹿富士ゼロックス・富士ゼロックス流通・富士ゼロックス情報システム・富士ゼロックスキャリアネット・富士ゼロックスシステムサービス・フェイザープリンティングジャパン・北海道ゼロックス・東京ゼロックス・神奈川ゼロックス・愛知ゼロックス・大阪ゼロックス・福岡ゼロックス・三協化学・プロセス資材
9)	業績推移 （単位:百万円）	<table><tr><td></td><td>売上高</td><td>経常利益</td><td>当期利益</td></tr><tr><td>1997年3月期</td><td>829,240</td><td>125,982</td><td>68,059</td></tr><tr><td>1998年3月期</td><td>847,759</td><td>129,448</td><td>69,724</td></tr><tr><td>1999年3月期</td><td>807,706</td><td>123,665</td><td>68,706</td></tr><tr><td>2000年3月期</td><td>817,051</td><td>103,064</td><td>59,141</td></tr><tr><td>2001年3月期</td><td>849,154</td><td>110,831</td><td>63,145</td></tr></table>
10)	主要製品	フイルム、カメラ、デジタルカメラ、プリンター、光ディスク・メディア、磁気ディスク・メディア/ドライブ、磁気テープ・メディア、オーディオ・ビデオテープ、ソフトウェア・ASPサービス、デジタル周辺機器、業務用デジタル機器、印刷システム、メディカル製品、ミニラボシステム機器、画像データベースシステム、電子帳票システム、COMシステム、PC用ファイリングシステム、トータルイメージマネージングシステム、大サイズプリンター、完全ドライ方式青焼き機、オーバーヘッドプロジェクター、インクジェットプリンター、インクジェットペーパー、ノーカーボン紙、サーマル紙、圧力測定システム、紫外線カットフィルム、ミクロフィルター、ファインケミカル、日本の風景カレンダー、バイオイメージング機器
11)	主な取引先	代理店

2.18.2 気体膜分離装置に関連する製品・技術

フィルム製造用の塗工液や感光性液の脱気に使用特殊なもので、主に自社用としている。

表2.18.2-1 富士フイルムの製品・技術

分離ガス	製品名 発売時期	出典	製品概要
溶存ガス	脱気膜 (1995)	富士写真フイルム 工業製膜技術資料 (1996)	① 膜材質：不明、中空糸 ② 塗工液、感光性塗布液の脱気

2.18.3 技術開発課題対応保有特許の概要

図2.18.3-1に富士写真フイルムの気体膜分離装置の課題対応保有特許を示す。出願取下げ、拒絶査定の確定、権利放棄、抹消、満了したものは除かれている。

図2.18.3-1によると、課題の解決手段として、モジュール製造全般、システム・装置化全般、補助機能全般の出願件数が多く、表2.18.3-1に、注目すべき出願については、概要を付記して示す。

図2.18.3-1 富士写真フイルムの気体膜分離装置の課題と解決手段

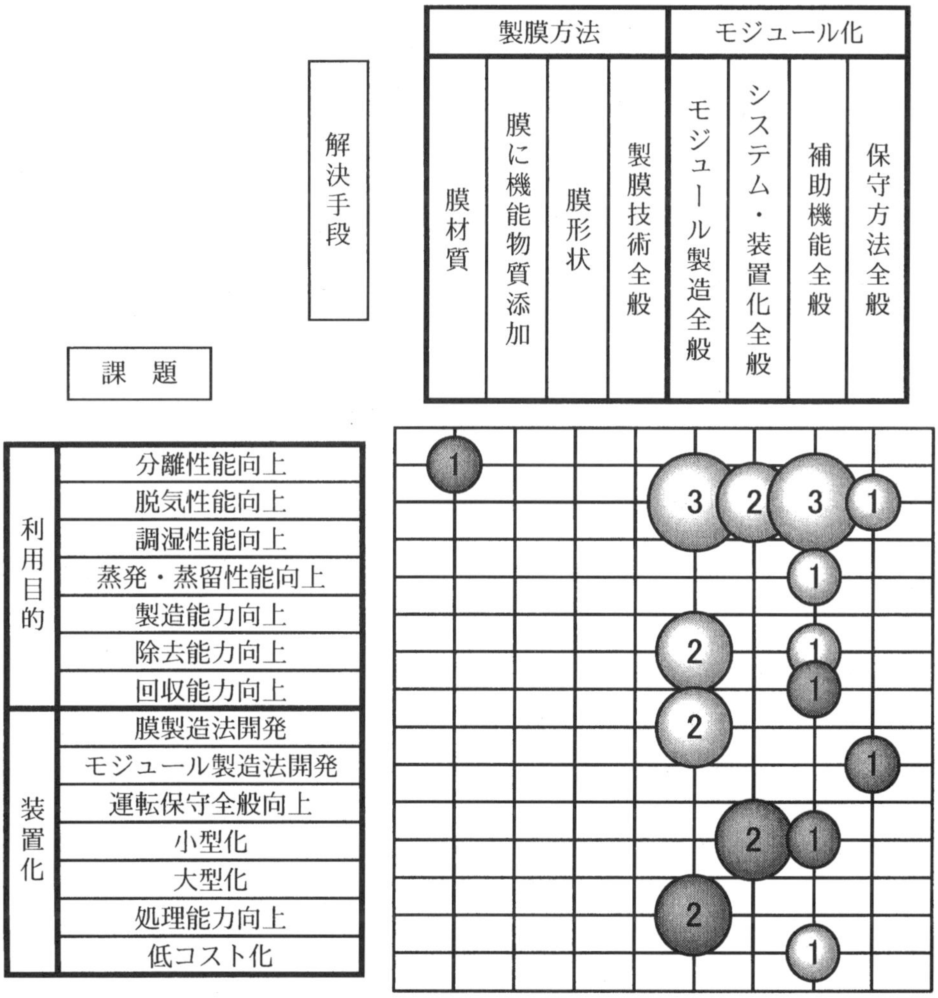

表2.18.3-1 富士フイルムの技術開発課題対応保有特許(1/2)

技術要素	課題	概要（解決手段）	（代表図面）		特許番号
			特許番号	特許番号	特許分類
モジュール化	脱気性能向上	他の単位操作との組合せ 膜脱気ユニットには、供給管が連結されるとともに排出管が連結されている。膜脱気ユニットは気液分離膜が内部に設けられ、通液部と減圧部とに分割されている。減圧部には真空ポンプが連結されている。減圧部と真空ポンプとの間には、減圧部側からバッファータンク及び制御バルブが設けられ、バッファータンクにはバッファタンク内の圧力を検出する圧力計が設けられている。			特開2000-350902 B01D 19/00 101
		他の単位操作との組合せ 真空ポンプを運転して減圧部の空気を排出して所定の圧力まで低下させ、被脱気処理液をそれぞれ供給管を通して膜脱気ユニットに供給する。膜脱気ユニットに供給された被脱気処理液は、減圧部が真空ポンプの運転により減圧されているので、その中の溶存気体が通液部から気液分離膜を通過して減圧部へ移り、この脱気された気体はバッファータンク、真空ポンプを通って排出される。			特開2000-350903 B01D 19/00 101
		結束・集束・固定・接着方法	特開2000-5504	特開2000-117068	
		モジュール構造	特開2000-5504	特開2000-117068	特開2000-176261
		モジュール製造方法	特開2000-5504	特開2000-117068	特開2000-176261
		システム・装置化	特開平11-114308	特開平11-188202	
		補助機能・構成機器の改良	特開2001-70707		
	蒸発・蒸留性能向上	補助機能・構成機器の改良	特開2000-189741		
	除去能力向上	結束・集束・固定・接着方法	特開2000-5504	特開2000-117068	
		モジュール構造	特開2000-5504	特開2000-117068	
		モジュール製造方法	特開2000-5504	特開2000-117068	
		補助機能・構成機器の改良	特開2001-70707		
	回収能力向上	他の単位操作の組合せ	特開2000-167346		

表 2.18.3-1 富士フイルムの技術開発課題対応保有特許(2/2)

技術要素	課題	概要（解決手段）	（代表図面）		特許番号 特許分類
			特許番号	特許番号	
モジュール化	モジュール製造法開発	他の単位操作の組合せ 真空ポンプを運転して減圧部の空気を排出して所定の圧力まで低下させ、被脱気処理液をそれぞれ供給管を通して膜脱気ユニットに供給する。膜脱気ユニットに供給された被脱気処理液は、減圧部が真空ポンプの運転により減圧されているので、その中の溶存気体が通液部から気液分離膜を通過して減圧部へ移り、この脱気された気体はバッファータンク、真空ポンプを通って排出される。			特開 2000-350903 B01D 19/00 101
		他の単位操作の組合せ	特開 2000-126559		
		保守方法全般	特開 2000-126559		
システム化・保守	運転保守全般向上	保守方法全般	特開 2000-126559		
	小型化	補助機能全般	特開 2000-189741		
溶存ガス分離	モジュール製造法開発	モジュール製造全般	特開 2000-117068	特開 2000-176261	
	小型化	システム・装置化全般	特開平 11-114308	特開平 11-188202	
	処理能力向上	モジュール製造全般	特開 2000-5504	特開 2000-117068	
	低コスト化	他の単位操作の組合せ 膜脱気ユニットには、供給管が連結されるとともに排出管が連結されている。膜脱気ユニットは気液分離膜が内部に設けられ、通液部と減圧部とに分割されている。減圧部には真空ポンプが連結されている。減圧部と真空ポンプとの間には、減圧部側からバッファータンク及び制御バルブが設けられ、バッファータンクにはバッファタンク内の圧力を検出する圧力計が設けられている。			特開 2000-350902 B01D 19/00 101

2.18.4 技術開発拠点

表2.18.4-1 富士フイルムの技術開発拠点

No.	都道府県名	本社・事業所・研究所
1	東京都	東京本社、南麻布開発センター、芝浦開発センター
2	神奈川県	足柄工場、宮台技術開発センター、小田原工場
3	静岡県	吉田南工場、富士宮工場
4	埼玉県	朝霞技術開発センター

2.18.5 研究開発者

図2.18.5-1 富士写真フィルム工業における発明者数と出願件数の推移

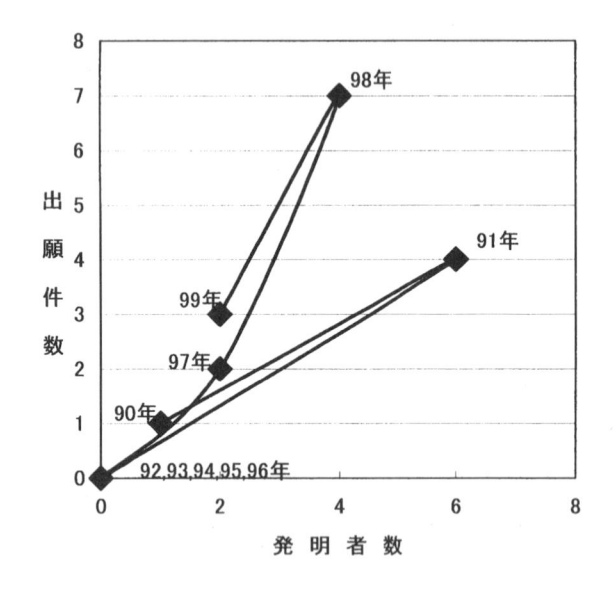

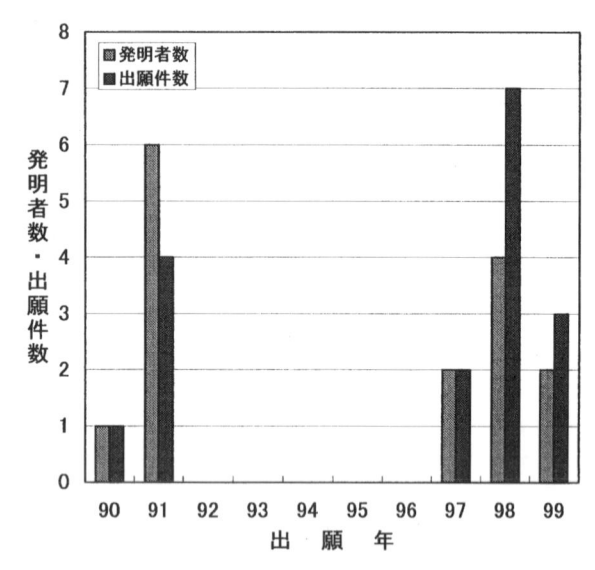

2.19 テルモ

2.19.1 企業の概要

表2.19.1-1 テルモの企業概要

1)	商号	テルモ（株）
2)	設立年月日	大正10年9月17日
3)	資本金	38,716（百万円　平成13年3月）
4)	従業員	人員 4,163人
5)	事業内容	◆医薬品＝医薬品類（輸液剤、血液バッグ、一般用医薬品他） ◆医療用機器他＝輸血・輸液器具類（輸液セット、輸血セット、留置針他）、注射器具類（シリンジ（注射筒）、注射針他）、臨床検査器具類（真空採血システム、血液ガス測定用採血、キット他）、人工臓器システム（中空糸型人工腎臓、中空糸型人工肺他）、カテーテルシステム（血管造影システム、血管内治療用カテーテル他）、その他（電子体温計、電子血圧計、医療用電子機器他）ほか
6)	技術・資本提携関係	資本提携/中華人民共和国長春康達医用器具有限公司・バイヤスドルフ AG
7)	事業所	本社/東京都、湘南本社/神奈川県、支店/北海道・岩手県・宮城県・栃木県・茨城県・埼玉県・千葉・東京都・神奈川県・新潟県・長野県・石川県・静岡県・愛知県・三重県・京都府・大阪府・兵庫県・岡山県・広島県・香川県・福岡県・大分県・熊本県・鹿児島県・沖縄県、海外支店/シンガポール・香港・台北・ドバイ・オーストラリア・チェンナイ・クアラルンプール、研究開発センター/神奈川県、工場/静岡県・山梨県、現地法人/アメリカ・タイ・ベルギー・中国・フィリピン・ドイツ・インド
8)	関連会社	国内/フジメディック・テルモバイヤスドルフ・カージオペーシングリサーチラボラトリー
9)	業績推移 （単位:百万円）	<table><tr><td></td><td>売上高</td><td>経常利益</td><td>当期利益</td></tr><tr><td>1997年3月期</td><td>116,125</td><td>20,148</td><td>9,222</td></tr><tr><td>1998年3月期</td><td>122,630</td><td>21,858</td><td>11,643</td></tr><tr><td>1999年3月期</td><td>134,657</td><td>26,576</td><td>13,165</td></tr><tr><td>2000年3月期</td><td>140,564</td><td>26,143</td><td>6,147</td></tr><tr><td>2001年3月期</td><td>143,351</td><td>27,451</td><td>15,863</td></tr></table>
10)	主要製品	高カロリー輸液剤、ソフトバッグ入り輸液剤、消化態経腸栄養剤、プレフィルドシリンジ、高カロリー栄養食、注射器、注射針、誤刺防止機構付注射器、輸液セット、翼付静注針、留置針、導尿チューブ、医療用テープ、創傷被覆材、医療用ゴム手袋、血液バッグ、白血球除去フィルター付血液バッグ、輸血セット、成分採血システム、白血球除去フィルター、血管造影用カテーテル、PTCA拡張カテーテル、コロナリーステント、マイクロカテーテル、ガイドワイヤー、イントロデューサーキット、卵管鏡下卵管形成用カテーテル、人工腎臓（ダイアライザー）、腹膜透析システム、無菌接合装置、自動腹膜透析装置、ホローファイバー型人工肺、ローラーポンプ、血液ガスモニター、循環補助システム、血液回路、真空採血管、尿試験紙、尿試験紙自動読取装置、血液ガス測定用採血キット、血糖測定器、音声ガイド付血糖測定器、輸液ポンプ、シリンジポンプ、経腸栄養ポンプ、病院用電子体温計、病院用電子血圧計、耳式体温計、電子体温計、電子血圧計、尿試験紙、婦人用電子体温計、メディカルストッキング
11)	主な取引先	スズケン、クラヤ三星堂、ムトウ

2.19.2 気体膜分離装置に関連する製品・技術

酸素と二酸化炭素分離用の人工肺で各種のモジュールが開発され、医療用として販売されている。

表2.19.2-1 テルモの製品・技術

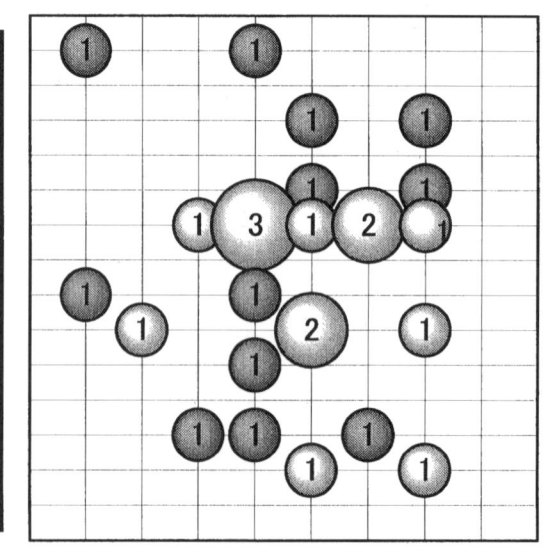

分離ガス	製品名 発売時期	出典	製品概要
その他	酸素/二酸化炭素分離装置 (1995)	テルモカタログ (1997)	① 膜材質：ポリオレフィン系多孔質膜、中空糸 ② 人工肺に使用

2.19.3 技術開発課題対応保有特許の概要

図2.19.3-1にテルモの気体膜分離装置の課題対応保有特許を示す。出願取下げ、拒絶査定の確定、権利放棄、抹消、満了したものは除かれている。

図2.19.3-1によると、課題の解決手段として製膜技術全般、モジュール製造全般、システム・装置化全般、補助機能全般を中心に出願が見られる。表2.19.3-1に、注目すべき出願については、概要を付記して示す。

図2.19.3-1 テルモの気体膜分離装置の課題と解決手段

表2.19.3-1 テルモの技術開発課題対応保有特許

技術要素	課題	概要（解決手段）	（代表図面） 特許番号	特許番号	特許番号 特許分類
製膜	膜製造法開発	膜材質	特開平10-28727		
		製膜技術全般	特開平10-28727		
	膜の耐久性向上	製膜技術全般	特許3152691		
モジュール化	調湿	結束・集束・固定・接着方法	特開平9-85062		
		補助機能・構成機器の改良	特開平9-85062		
	製造性能向上	結束・集束・固定・接着方法	特開平9-85062		
	除去性能向上	結束・集束・固定・接着方法	特開平9-85062		
		モジュール構造	特公平7-63592		
		システム・装置化	特許2888607	特許2932189	
		補助機能・構成機器の改良	特開平9-85062		
酸素分離	膜製造法開発	膜材質	特開平10-28727		
		製膜技術	特開平10-28727		
	膜の耐久性向上	製膜技術	特許3152691		
	処理能力向上	製膜技術	特公平7-63592		
	大型化	システム・装置化全般	特許2932189		
二酸化炭素分離	膜製造法開発	膜材質	特開平10-28727		
		製膜技術	特開平10-28727		
	膜の耐久性向上	製膜技術	特許3152691		
	処理能力向上	製膜技術	特公平7-63592		
		システム・装置化全般	特許2932189		

2.19.4 技術開発拠点

表2.19.4-1 テルモの技術開発拠点

No.	都道府県名	本社・事業所・研究所
1	東京都	本社
2	神奈川県	湘南本社、研究開発センター
3	静岡県	富士宮工場、愛鷹工場、駿河工場
4	山梨県	甲府工場

2.19.5 研究開発者

図 2.19.5-1 テルモにおける発明者数と出願件数の推移

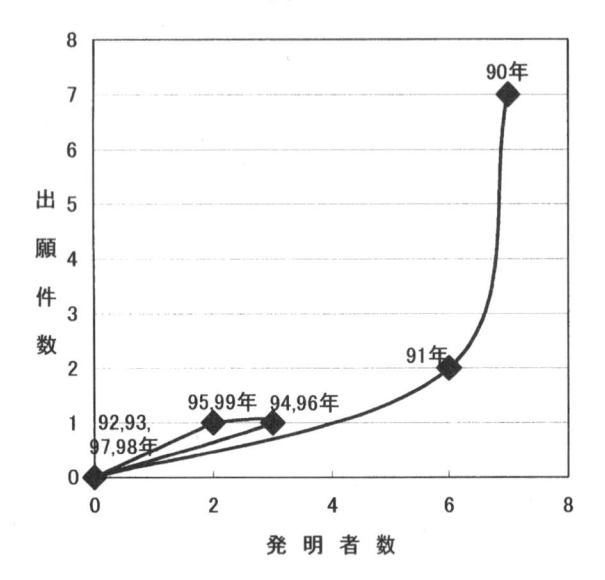

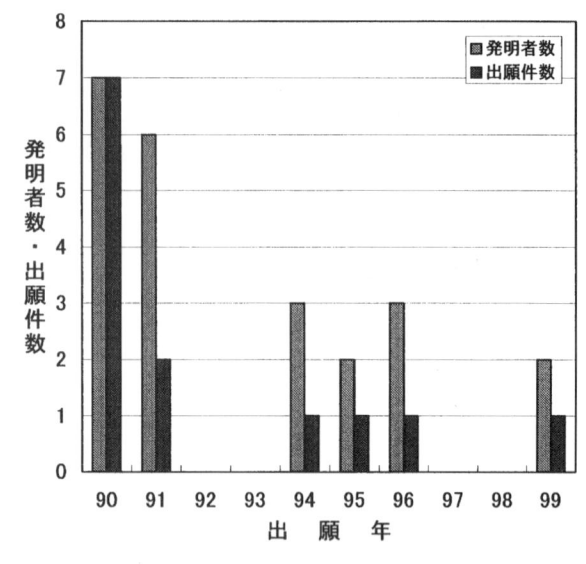

2.20 トキコ

2.20.1 企業の概要

表2.20.1-1 トキコの企業概要

1)	商号	トキコ（株）
2)	設立年月日	昭和24年5月2日
3)	資本金	8,163（百万円　平成13年3月）
4)	従業員	4,581人
5)	事業内容	◆自動車事業＝ショックアブソーバ、サスペンションストラット、電子制御サスペンションシステムガススプリング、ディスクブレーキ、ドラムブレーキ、Tシリンダ、真空倍力装置、鉄道車両用機器免震・制振システムの製造・販売 ◆計装事業＝流量計及びそのシステム製品、ガソリン計量機、原子力用機器、その他機械装置等の製造・販売 ◆空圧事業＝小型空気圧縮機の製造・販売
6)	事業所	本社/神奈川県、営業本部/神奈川県、支店/大阪府・愛知県・広島県・静岡県、営業所/福岡県・北海道、工場/神奈川県・山梨県・静岡県、研究所/神奈川県
7)	関連会社	国内/トキコテクノ・トキコハイキャスト・トキコソフト産業・トキコ福島・トキコ技研・トキコナガノ商事
8)	業績推移 （単位:百万円）	<table><tr><td></td><td>売上高</td><td>経常利益</td><td>当期利益</td></tr><tr><td>1997年3月期</td><td>86,696</td><td>1,966</td><td>1,037</td></tr><tr><td>1998年3月期</td><td>87,898</td><td>1,551</td><td>855</td></tr><tr><td>1999年3月期</td><td>76,255</td><td>-304</td><td>-1,620</td></tr><tr><td>2000年3月期</td><td>72,839</td><td>782</td><td>404</td></tr><tr><td>2001年3月期</td><td>75,377</td><td>2,509</td><td>1,120</td></tr></table>
9)	主要製品	ショックアブソーバ、サスペンションストラット、サスペンションユニット、減衰力調整システム、油圧式車高調整サスペンション、エアサスペンション用ショックアブソーバ、セミアクティブサスペンションシステム、セルフレベリングシステム、車高調整用コンプレッサ、ガススプリング、四輪車用ディスクブレーキ、駐車ブレーキ付ディスクブレーキ、ドラムブレーキ、ブレーキマスタシリンダ、バキュームブースタ、二輪車用ディスクブレーク＆マスタシリンダ、ブレーキパッド、ブレーキフルード、ダンプカー積載量確認システム用コントローラ、オイルサーバ、超音波渦流量計、ルーツ流量計、直流形ポッターメータ、ルーツガスメータ、電子式タービンガスメータ、ガバナ、緊急遮断弁、ボンベ元弁緊急遮断装置、水圧制御ユニット（原子力発電用制御装置）、ガソリン計量機、LPGディスペンサ、セルフ給油用計量機、CNGディスペンサ、軽搬型ベビコン、スーパーオイルフリーベビコン、オイルフリーベビコン、電子式パッケージベビコン、電子式パッケージオイルフリーベビコン、オイルフリースクロール圧縮機、窒素ガス発生装置、台数制御盤（ベビコンローラ）、事務機器用ガススプリング、回転椅子用ロック付ガススプリング、油圧シリンダ、足踏み健康器、自転車用ショックアブソーバ、鉄道車輌用オイルダンパ、斜張橋ロープ制振用ダンパ、建物用制振ダンパ（ブレースダンパ）、アクティブ制振システム、コンパクト免震床（コンピュータ床用免震装置）、免震床システム（ダイナミックフロアシステム）、住宅用制震装置、環境共生型公園設備、木炭水質浄化システム、微生物活性化システム
10)	主な取引先	日産自動車、日立製作所、トヨタ自動車
11)	技術移転窓口	研究所知的所有権グループ　神奈川県川崎市川崎区富士見1-6-3 TEL:044-244-3120

2.20.2 気体膜分離装置に関連する製品・技術

製品は小型の窒素製造装置で、それを構成する各種のモジュールと窒素製造装置のパッケージが開発されている。

表2.20.2-1 トキコの製品・技術

分離ガス	製品名 発売時期	出典	製品概要
窒素	窒素発生装置 (1993)	トキコカタログ (1997)	① 膜材質:不明、中空糸 ② 空気より窒素富化ガスの製造装置

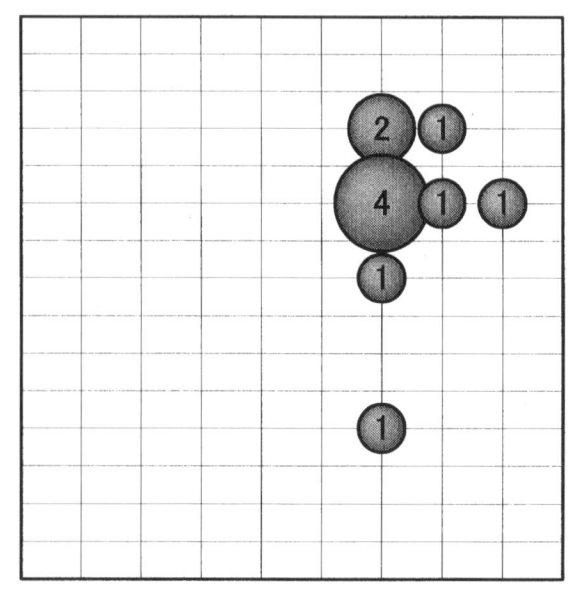

2.20.3 技術開発課題対応保有特許の概要

図2.20.3-1にトキコの気体膜分離装置の課題対応保有特許を示す。出願取下げ、拒絶査定の確定、権利放棄、抹消、満了したものは除かれている。

図2.20.3-1によると、課題の解決手段として出願件数の多いのはシステム・装置化全般である。表2.20.3-1に、注目すべき出願については、概要を付記して示す。

図2.20.3-1 トキコの気体膜分離装置の課題と解決手段

表2.20.3-1 トキコの技術開発課題対応保有特許

技術要素	課題	概要（解決手段）	代表図面 特許番号	特許番号	特許番号 特許分類
モジュール化	調湿性能向上	システム・装置化	特開平8-42456		
		他の単位操作の組合せ	特開平10-85545		
	製造能力向上	システム・装置化	特開平11-333236	特開2000-84343	特開2000-84344
		システム・装置化	特開2001-96124		
		補助機能・構成機器の改良	特開2000-102717		
		保守方法全般	特開2000-84344		
	回収能力向上	システム・装置化	特開2000-84343		

2.20.4 技術開発拠点

表2.20.4-1 トキコの技術開発拠点

No.	都道府県名	本社・事業所・研究所
1	神奈川県	本社・営業本部、研究所、空圧工場
2	福島県	サスペンション工場
3	山梨県	山梨工場
4	静岡県	静岡工場

2.20.5 研究開発者

図 2.20.5-1 トキコにおける発明者数と出願件数の推移

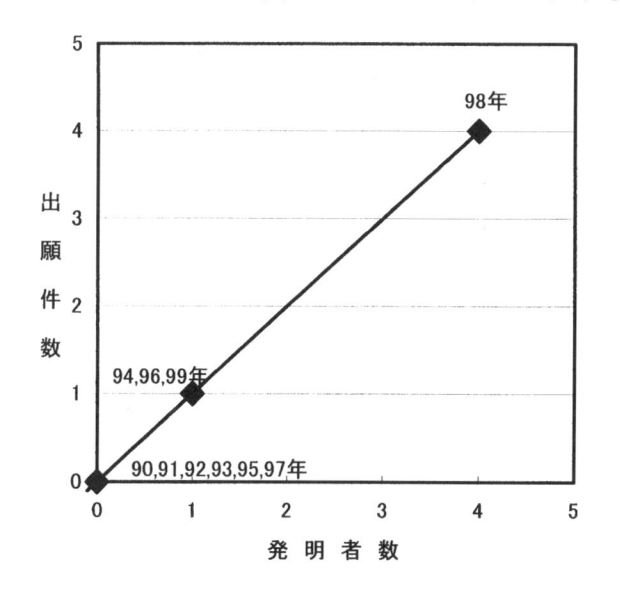

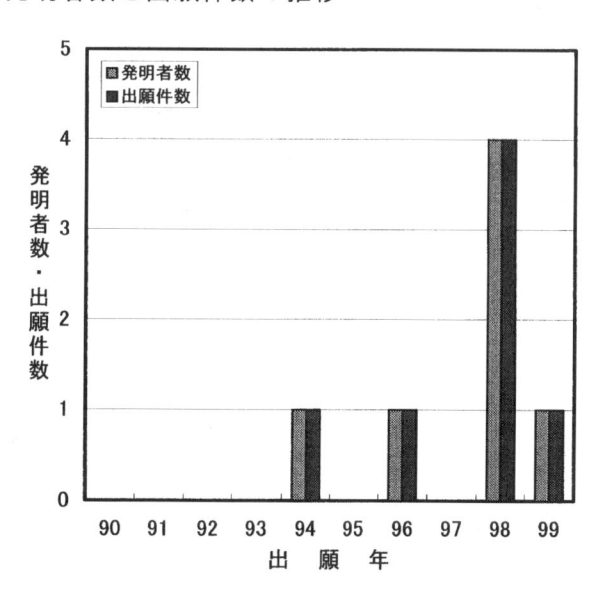

3．主要企業の技術開発拠点

3.1 製膜、モジュール化、システム化・保守
3.2 応用技術－酸素・窒素、水素、水蒸気分離
3.3 応用技術－二酸化炭素、溶存ガス、有機ガス分離

> 特許流通
> 支援チャート

3．主要企業の技術開発拠点

技術導入や売り込み先のアクセス情報の参考として
主要企業の技術開発拠点を紹介する。

要素技術および応用技術毎に、それぞれの出願件数上位の主要企業について、技術開発拠点を紹介する。

図3.1-1に、製膜、モジュール化、システム化・保守、図3.2-1に、応用技術（酸素・窒素、水素、水蒸気分離）、図3.3-1に、応用技術（二酸化炭素、溶存ガス、有機ガス分離）の技術開発拠点図を示す。表3.1-1、表3.2-1、表3.3-1には、これらの技術開発拠点一覧表を示す。

技術開発拠点図の記号（○、●、◎等）は、技術開発拠点一覧表の技術要素記号と対応した技術要素を示し、技術開発拠点図の丸数字番号は、技術開発拠点一覧表の技術要素毎の企業名Noと対応している。

1）**製膜技術の開発**

製膜技術の開発については、各社は主に化学関係の研究部門の所在地(図 3.1-1、表3.1-1 参照)にて、①膜素材の開発、実用化のため再現性のある薄膜製造方法、複合膜製造方法、特殊機能物質の添加方法、②膜の分離特性の測定と評価の研究を行っている。

2）**モジュール化技術の開発**

モジュール化技術の開発については、製膜技術の開発を行っている所在地と同じ場所で、通常行われている。開発内容は、①各装置共通の標準モジュール、②各装置専用の標準モジュール、③顧客の注文に応じた特殊条件下で使用されるモジュールに関する構造、製作方法、試験、性能評価などである。

3）**システム（装置）化・保守技術の開発**

システム（装置）化・保守技術の開発については、システム設計部門と装置の試作部の所在地(図 3.1-1、表 3.1-1 参照)で、通常行われている。開発内容は、①各社独自の標準装置、②顧客の注文に応じた特殊条件下で使用される装置についてのシステム設計、パイロットプラントの製作・運転・性能評価、膜の寿命と保守方法などである。装置は、酸素富化装置、窒素富化装置、水素分離装置、脱湿装置、二酸化炭素分離装置、脱気装置、有機ガス分離装置、および膜分離を応用した各種装置などである。

4）**商品化**

装置はシステム（装置）化・保守技術の開発の終了後に、商品化のための標準設計、FS(コスト推算、商品の競争力の評価など)を行って商品化する。これらを行っている場所の所在地を図3.2-1、図3.3-1、表 3.2-1、表3.3-1に示す。

3.1 製膜、モジュール化、システム化・保守

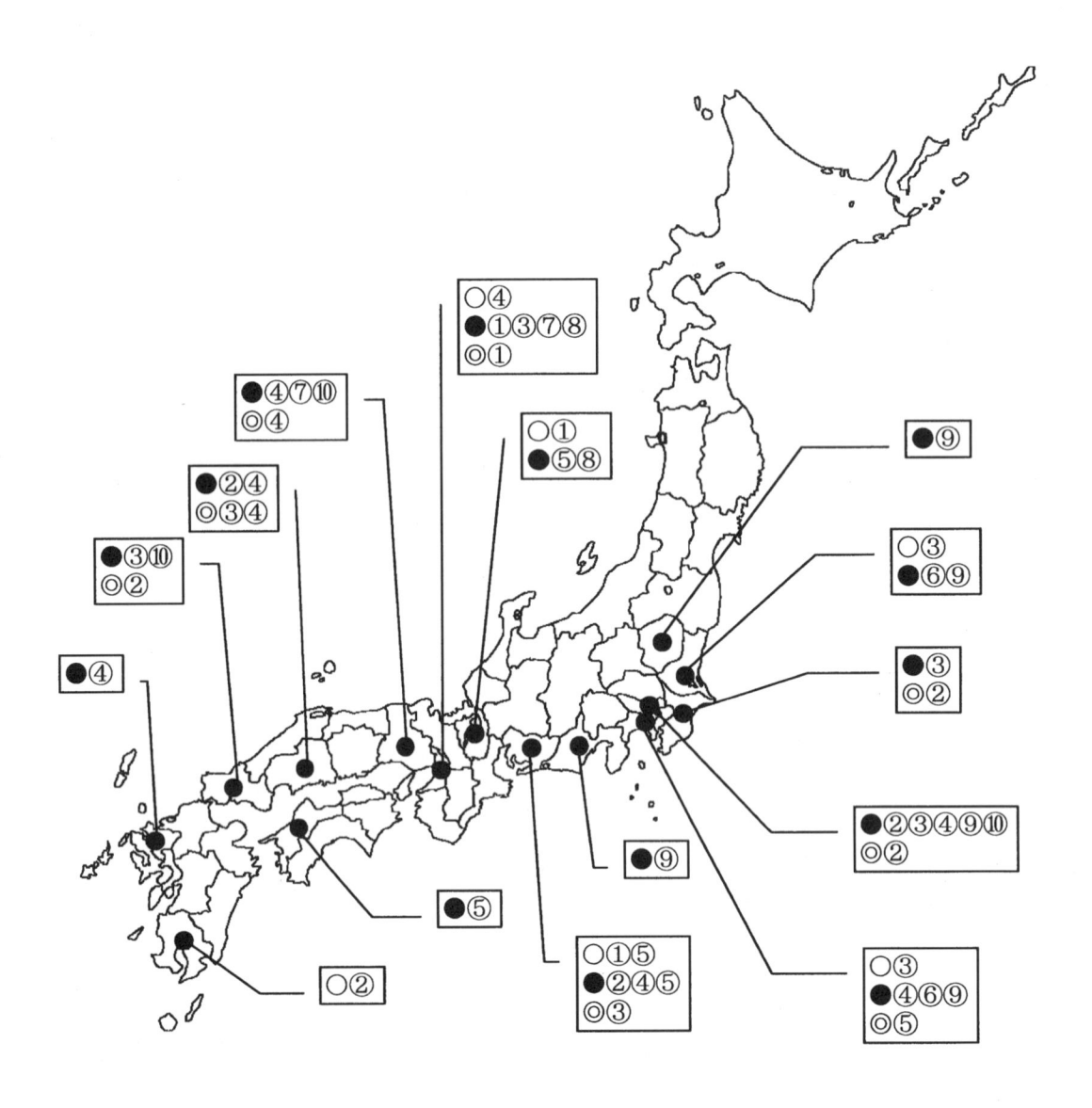

図3.1-1 技術開発拠点図（製膜、モジュール化、システム化・保守）

表3.1-1 技術開発拠点一覧表（製膜、モジュール化、システム化・保守）

技術要素（記号）	No.	企業名	出願件数	事業所名	住所	発明者数
製膜 ○	1	東レ	19	滋賀事業場　名古屋事業場	滋賀県　愛知県	24
	2	京セラ	15	総合研究所	鹿児島県	3
	3	エヌオーケー	14	筑波技術研究所　藤沢事業場	茨城県　神奈川県	13
	4	日東電工	13	本社	大阪府	20
	5	日本碍子	12	本社	愛知県	16
モジュール化 ●	1	日東電工	76	本社	大阪府	48
	2	三菱レイヨン	55	本社　中央技術研究所　商品開発研究所	東京都　広島県　愛知県	48
	3	宇部興産	33	東京本社　枚方研究所　千葉研究所　高分子研究所　化学・樹脂事業本部開発部　宇部ケミカル工場	東京都　大阪府　千葉県　山口県	36
	4	三菱重工業	32	本社　高砂研究所　神戸造船所　長崎研究所　横浜製作所　広島製作所　名古屋機器製作所	東京都　兵庫県　長崎県　神奈川県　広島県　愛知県	35
	5	東レ	30	滋賀事業場　愛媛工場　岡崎工場　名古屋事業場	滋賀県　愛媛県　愛知県	41
	6	エヌオーケー	23	藤沢事業場　筑波技術研究所	神奈川県　茨城県	26
	7	ダイセル化学工業	22	大阪本社　総合研究所	大阪府　兵庫県	16
	8	ダイキン工業	21	堺製作所　淀川製作所　滋賀製作所	大阪府　滋賀県	29
	9	日立製作所	20	中央研究所　リビング機器事業部　空調システム事業部　戸塚工場　土浦工場　エネルギー研究所　日立研究所　電力・電機開発本部　国分工場　原子力事業部	東京都　栃木県　静岡県　神奈川県　茨城県	37
	10	三菱電機	19	本社　伊丹製作所　岩国機能膜工場	東京都　兵庫県　山口県	25
システム化・保守 ◎	1	日東電工	20	本社	大阪府	22
	2	宇部興産	10	本社　宇部ケミカル工場　千葉研究所	東京都　山口県　千葉県	18
	3	三菱レイヨン	9	中央技術研究所　商品開発研究所	広島県　愛知県	18
	4	三菱重工業	5	広島研究所　高砂研究所	広島県　兵庫県	7
	5	エヌオーケー	4	藤沢事業場	神奈川県	3

3．2 応用技術－酸素・窒素、水素、水蒸気分離

図3.2-1 技術開発拠点図（酸素・窒素、水素、水蒸気分離）

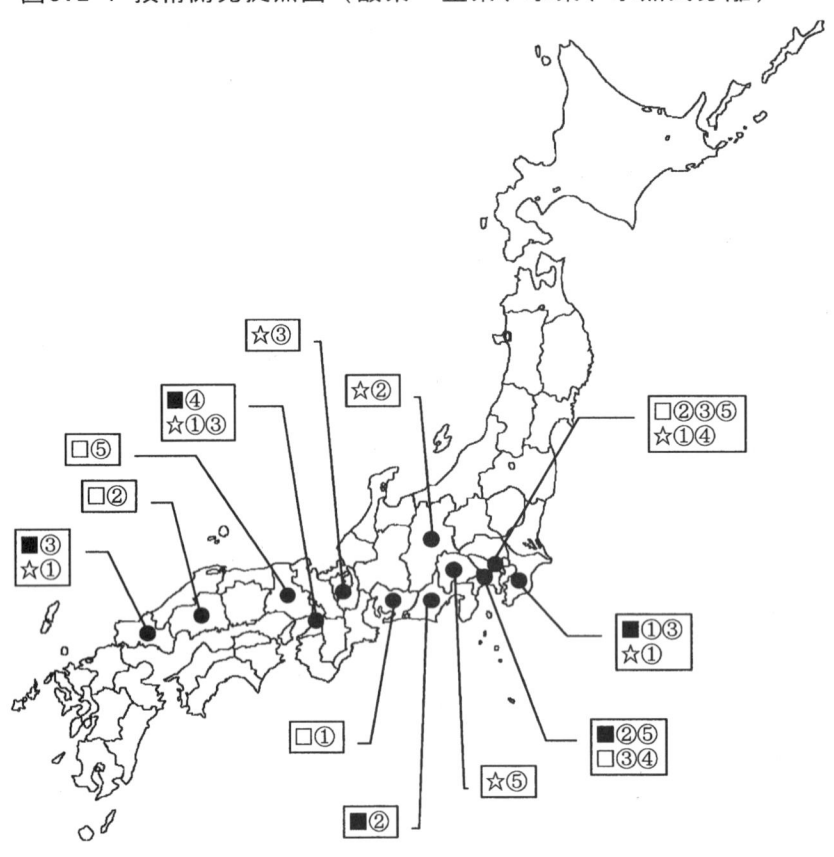

表3.2-1 技術開発拠点一覧表（酸素・窒素、水素、水蒸気分離）

技術要素 （記号）	No.	企業名	出願件数	事業所名	住所	発明者数
酸素 ・窒素 ■	1	大日本インキ化学工業	6	総合研究所	千葉県	17
	2	テルモ	6	研究開発センター　愛鷹工場	神奈川県　静岡県	9
	3	宇部興産	6	千葉研究所　高分子研究所 化学・樹脂事業本部開発部	千葉県　山口県	13
	4	日東電工	5	本社	大阪府	9
	5	トキコ	5	相模工場	神奈川県	4
水素 □	1	日本碍子	22	本社	愛知県	19
	2	三菱重工業	20	本社　広島研究所	東京都　広島県	26
	3	東京瓦斯	13	基礎技術研究所　フロンティアテクノロジー研究所	東京都　神奈川県	11
	4	日本パイオニクス	5	平塚工場	神奈川県	6
	5	川崎重工業	4	本社　明石工場	東京都　兵庫県	7
水蒸気 ☆	1	宇部興産	16	東京本社　枚方研究所 千葉研究所　高分子研究所 宇部ケミカル工場	東京都　大阪府 千葉県　山口県	18
	2	オリオン機械	16	本社・工場	長野県	6
	3	ダイキン工業	15	淀川製作所　堺製作所 滋賀製作所	大阪府　滋賀県	19
	4	三菱電機	10	本社	東京都	14
	5	キッツ	9	長坂工場	山梨県	3

3.3 応用技術－二酸化炭素、溶存ガス、有機ガス分離

図3.3-1 技術開発拠点図（二酸化炭素、溶存ガス、有機ガス分離）

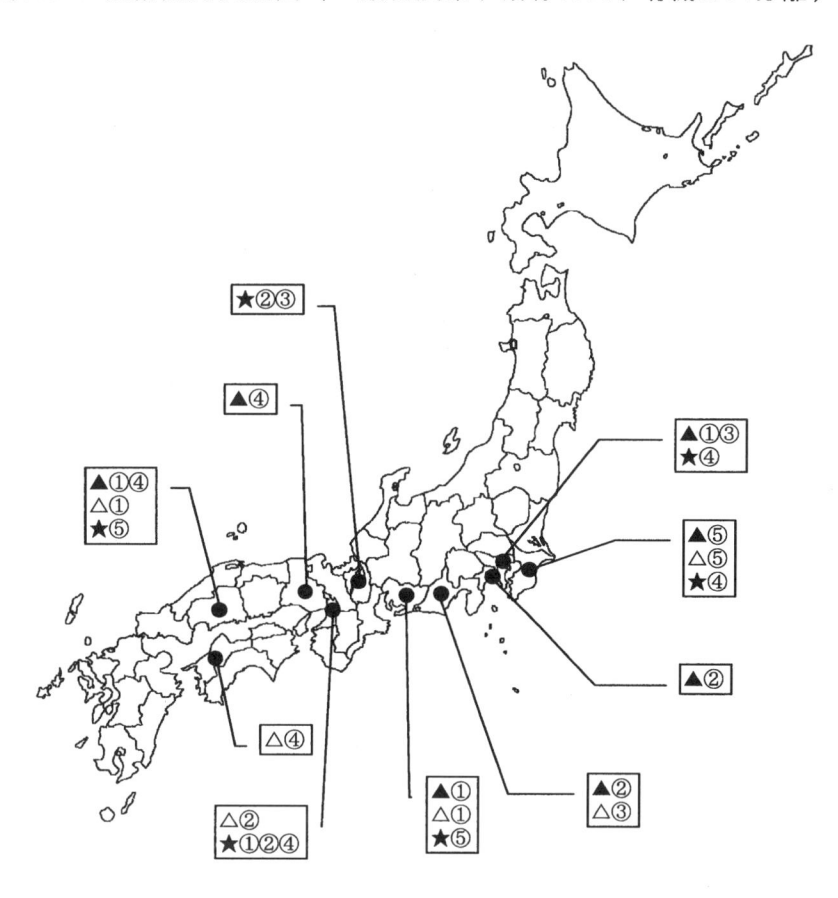

表3.3-1 技術開発拠点一覧表（二酸化炭素、溶存ガス、有機ガス分離）

技術要素（記号）	No.	企業名	出願件数	事業所名	住所	発明者数
二酸化炭素 ▲	1	三菱レイヨン	9	本社　中央技術研究所　商品開発研究所	東京都　広島県　愛知県	15
	2	テルモ	6	研究開発センター　愛鷹工場	神奈川県　静岡県	8
	3	栗田工業	4	本社	東京都	3
	4	三菱重工業	4	広島研究所　神戸造船所　高砂研究所	広島県　兵庫県	8
	5	大日本インキ化学工業	4	総合研究所	千葉県	9
溶存ガス △	1	三菱レイヨン	13	中央技術研究所　商品開発研究所	広島県　愛知県	18
	2	日東電工	13	本社	大阪府	8
	3	富士写真フイルム	8	吉田南工場	静岡県	2
	4	三浦工業	6	本社	愛媛県	15
	5	大日本インキ化学工業	5	総合研究所	千葉県	7
有機ガス ★	1	日東電工	16	本社	大阪府	14
	2	石油産業活性化センター	11	（東レ滋賀事業場　日東電工本社）	（滋賀県　大阪府）	10
	3	東レ	10	滋賀事業場	滋賀県	7
	4	宇部興産	9	本社　枚方研究所　千葉研究所	東京都　大阪府　千葉県	12
	5	三菱レイヨン	8	中央技術研究所　商品開発研究所	広島県　愛知県	4

資料

1. 工業所有権総合情報館と特許流通促進事業
2. 特許流通アドバイザー一覧
3. 特許電子図書館情報検索指導アドバイザー一覧
4. 知的所有権センター一覧
5. 平成13年度25技術テーマの特許流通の概要
6. 特許番号一覧
7. 開放可能な特許一覧

資料１．工業所有権総合情報館と特許流通促進事業

　特許庁工業所有権総合情報館は、明治20年に特許局官制が施行され、農商務省特許局庶務部内に図書館を置き、図書等の保管・閲覧を開始したことにより、組織上のスタートを切りました。
　その後、我が国が明治32年に「工業所有権の保護等に関するパリ同盟条約」に加入することにより、同条約に基づく公報等の閲覧を行う中央資料館として、国際的な地位を獲得しました。
　平成9年からは、工業所有権相談業務と情報流通業務を新たに加え、総合的な情報提供機関として、その役割を果たしております。さらに平成13年4月以降は、独立行政法人工業所有権総合情報館として生まれ変わり、より一層の利用者ニーズに機敏に対応する業務運営を目指し、特許公報等の情報提供及び工業所有権に関する相談等による出願人支援、審査審判協力のための図書等の提供、開放特許活用等の特許流通促進事業を推進しております。

1　事業の概要
(1) 内外国公報類の収集・閲覧
　下記の公報閲覧室でどなたでも内外国公報等の調査を行うことができる環境と体制を整備しています。

閲覧室	所在地	TEL
札幌閲覧室	北海道札幌市北区北7条西2-8　北ビル7F	011-747-3061
仙台閲覧室	宮城県仙台市青葉区本町3-4-18　太陽生命仙台本町ビル7F	022-711-1339
第一公報閲覧室	東京都千代田区霞が関3-4-3　特許庁2F	03-3580-7947
第二公報閲覧室	東京都千代田区霞が関1-3-1　経済産業省別館1F	03-3581-1101 （内線3819）
名古屋閲覧室	愛知県名古屋市中区栄2-10-19　名古屋商工会議所ビルB2F	052-223-5764
大阪閲覧室	大阪府大阪市天王寺区伶人町2-7　関西特許情報センター1F	06-4305-0211
広島閲覧室	広島県広島市中区上八丁堀6-30　広島合同庁舎3号館	082-222-4595
高松閲覧室	香川県高松市林町2217-15　香川産業頭脳化センタービル2F	087-869-0661
福岡閲覧室	福岡県福岡市博多区博多駅東2-6-23　住友博多駅前第2ビル2F	092-414-7101
那覇閲覧室	沖縄県那覇市前島3-1-15　大同生命那覇ビル5F	098-867-9610

(2) 審査審判用図書等の収集・閲覧
　審査に利用する図書等を収集・整理し、特許庁の審査に提供すると同時に、「図書閲覧室（特許庁2F）」において、調査を希望する方々へ提供しています。【TEL：03-3592-2920】

(3) 工業所有権に関する相談
　相談窓口（特許庁 2F）を開設し、工業所有権に関する一般的な相談に応じています。

手紙、電話、e-mail等による相談も受け付けています。
　【TEL：03-3581-1101(内線2121〜2123)】【FAX：03-3502-8916】
　【e-mail：PA8102@ncipi.jpo.go.jp】

(4) 特許流通の促進
　特許権の活用を促進するための特許流通市場の整備に向け、各種事業を行っています。
(詳細は2項参照)【TEL：03-3580-6949】

2　特許流通促進事業

　先行き不透明な経済情勢の中、企業が生き残り、発展して行くためには、新しいビジネスの創造が重要であり、その際、知的資産の活用、とりわけ技術情報の宝庫である特許の活用がキーポイントとなりつつあります。
　また、企業が技術開発を行う場合、まず自社で開発を行うことが考えられますが、商品のライフサイクルの短縮化、技術開発のスピードアップ化が求められている今日、外部からの技術を積極的に導入することも必要になってきています。
　このような状況下、特許庁では、特許の流通を通じた技術移転・新規事業の創出を促進するため、特許流通促進事業を展開していますが、2001年4月から、これらの事業は、特許庁から独立をした「独立行政法人　工業所有権総合情報館」が引き継いでいます。

(1) 特許流通の促進
① 特許流通アドバイザー
　全国の知的所有権センター・TLO等からの要請に応じて、知的所有権や技術移転についての豊富な知識・経験を有する専門家を特許流通アドバイザーとして派遣しています。
　知的所有権センターでは、地域の活用可能な特許の調査、当該特許の提供支援及び大学・研究機関が保有する特許と地域企業との橋渡しを行っています。(資料2参照)

② 特許流通促進説明会
　地域特性に合った特許情報の有効活用の普及・啓発を図るため、技術移転の実例を紹介しながら特許流通のプロセスや特許電子図書館を利用した特許情報検索方法等を内容とした説明会を開催しています。

(2) 開放特許情報等の提供
① 特許流通データベース
　活用可能な開放特許を産業界、特に中小・ベンチャー企業に円滑に流通させ実用化を推進していくため、企業や研究機関・大学等が保有する提供意思のある特許をデータベース化し、インターネットを通じて公開しています。(http://www.ncipi.go.jp)

② 開放特許活用例集
　特許流通データベースに登録されている開放特許の中から製品化ポテンシャルが高い案

件を選定し、これら有用な開放特許を有効に使ってもらうためのビジネスアイデア集を作成しています。

③ 特許流通支援チャート
　企業が新規事業創出時の技術導入・技術移転を図る上で指標となりうる国内特許の動向を技術テーマごとに、分析したものです。出願上位企業の特許取得状況、技術開発課題に対応した特許保有状況、技術開発拠点等を紹介しています。

④ 特許電子図書館情報検索指導アドバイザー
　知的財産権及びその情報に関する専門的知識を有するアドバイザーを全国の知的所有権センターに派遣し、特許情報の検索に必要な基礎知識から特許情報の活用の仕方まで、無料でアドバイス・相談を行っています。（資料3参照）

(3) 知的財産権取引業の育成
① 知的財産権取引業者データベース
　特許を始めとする知的財産権の取引や技術移転の促進には、欧米の技術移転先進国に見られるように、民間の仲介事業者の存在が不可欠です。こうした民間ビジネスが質・量ともに不足し、社会的認知度も低いことから、事業者の情報を収集してデータベース化し、インターネットを通じて公開しています。

② 国際セミナー・研修会等
　著名海外取引業者と我が国取引業者との情報交換、議論の場（国際セミナー）を開催しています。また、産学官の技術移転を促進して、企業の新商品開発や技術力向上を促進するために不可欠な、技術移転に携わる人材の育成を目的とした研修事業を開催しています。

資料2. 特許流通アドバイザー一覧 （平成14年3月1日現在）

○経済産業局特許室および知的所有権センターへの派遣

派遣先	氏名	所在地	TEL
北海道経済産業局特許室	杉谷 克彦	〒060-0807 札幌市北区北7条西2丁目8番地1北ビル7階	011-708-5783
北海道知的所有権センター (北海道立工業試験場)	宮本 剛汎	〒060-0819 札幌市北区北19条西11丁目 北海道立工業試験場内	011-747-2211
東北経済産業局特許室	三澤 輝起	〒980-0014 仙台市青葉区本町3-4-18 太陽生命仙台本町ビル7階	022-223-9761
青森県知的所有権センター ((社)発明協会青森県支部)	内藤 規雄	〒030-0112 青森市大字八ツ役字芦谷202-4 青森県産業技術開発センター内	017-762-3912
岩手県知的所有権センター (岩手県工業技術センター)	阿部 新喜司	〒020-0852 盛岡市飯岡新田3-35-2 岩手県工業技術センター内	019-635-8182
宮城県知的所有権センター (宮城県産業技術総合センター)	小野 賢悟	〒981-3206 仙台市泉区明通二丁目2番地 宮城県産業技術総合センター内	022-377-8725
秋田県知的所有権センター (秋田県工業技術センター)	石川 順三	〒010-1623 秋田市新屋町字砂奴寄4-11 秋田県工業技術センター内	018-862-3417
山形県知的所有権センター (山形県工業技術センター)	冨樫 富雄	〒990-2473 山形市松栄1-3-8 山形県産業創造支援センター内	023-647-8130
福島県知的所有権センター ((社)発明協会福島県支部)	相澤 正彬	〒963-0215 郡山市待池台1-12 福島県ハイテクプラザ内	024-959-3351
関東経済産業局特許室	村上 義英	〒330-9715 さいたま市上落合2-11 さいたま新都心合同庁舎1号館	048-600-0501
茨城県知的所有権センター ((財)茨城県中小企業振興公社)	齋藤 幸一	〒312-0005 ひたちなか市新光町38 ひたちなかテクノセンタービル内	029-264-2077
栃木県知的所有権センター ((社)発明協会栃木県支部)	坂本 武	〒322-0011 鹿沼市白桑田516-1 栃木県工業技術センター内	0289-60-1811
群馬県知的所有権センター ((社)発明協会群馬県支部)	三田 隆志	〒371-0845 前橋市鳥羽町190 群馬県工業試験場内	027-280-4416
	金井 澄雄	〒371-0845 前橋市鳥羽町190 群馬県工業試験場内	027-280-4416
埼玉県知的所有権センター (埼玉県工業技術センター)	野口 満	〒333-0848 川口市芝下1-1-56 埼玉県工業技術センター内	048-269-3108
	清水 修	〒333-0848 川口市芝下1-1-56 埼玉県工業技術センター内	048-269-3108
千葉県知的所有権センター ((社)発明協会千葉県支部)	稲谷 稔宏	〒260-0854 千葉市中央区長洲1-9-1 千葉県庁南庁舎内	043-223-6536
	阿草 一男	〒260-0854 千葉市中央区長洲1-9-1 千葉県庁南庁舎内	043-223-6536
東京都知的所有権センター (東京都城南地域中小企業振興センター)	鷹見 紀彦	〒144-0035 大田区南蒲田1-20-20 城南地域中小企業振興センター内	03-3737-1435
神奈川県知的所有権センター支部 ((財)神奈川高度技術支援財団)	小森 幹雄	〒213-0012 川崎市高津区坂戸3-2-1 かながわサイエンスパーク内	044-819-2100
新潟県知的所有権センター ((財)信濃川テクノポリス開発機構)	小林 靖幸	〒940-2127 長岡市新産4-1-9 長岡地域技術開発振興センター内	0258-46-9711
山梨県知的所有権センター (山梨県工業技術センター)	廣川 幸生	〒400-0055 甲府市大津町2094 山梨県工業技術センター内	055-220-2409
長野県知的所有権センター ((社)発明協会長野県支部)	徳永 正明	〒380-0928 長野市若里1-18-1 長野県工業試験場内	026-229-7688
静岡県知的所有権センター ((社)発明協会静岡県支部)	神長 邦雄	〒421-1221 静岡市牧ヶ谷2078 静岡工業技術センター内	054-276-1516
	山田 修寧	〒421-1221 静岡市牧ヶ谷2078 静岡工業技術センター内	054-276-1516
中部経済産業局特許室	原口 邦弘	〒460-0008 名古屋市中区栄2-10-19 名古屋商工会議所ビルB2F	052-223-6549
富山県知的所有権センター (富山県工業技術センター)	小坂 郁雄	〒933-0981 高岡市二上町150 富山県工業技術センター内	0766-29-2081
石川県知的所有権センター (財)石川県産業創出支援機構	一丸 義次	〒920-0223 金沢市戸水町イ65番地 石川県地場産業振興センター新館1階	076-267-8117
岐阜県知的所有権センター (岐阜県科学技術振興センター)	松永 孝義	〒509-0108 各務原市須衛町4-179-1 テクノプラザ5F	0583-79-2250
	木下 裕雄	〒509-0108 各務原市須衛町4-179-1 テクノプラザ5F	0583-79-2250
愛知県知的所有権センター (愛知県工業技術センター)	森 孝和	〒448-0003 刈谷市一ツ木町西新割 愛知県工業技術センター内	0566-24-1841
	三浦 元久	〒448-0003 刈谷市一ツ木町西新割 愛知県工業技術センター内	0566-24-1841

派 遣 先	氏 名	所 在 地	TEL
三重県知的所有権センター (三重県工業技術総合研究所)	馬渡 建一	〒514-0819 津市高茶屋5-5-45 三重県科学振興センター工業研究部内	059-234-4150
近畿経済産業局特許室	下田 英宣	〒543-0061 大阪市天王寺区伶人町2-7 関西特許情報センター1階	06-6776-8491
福井県知的所有権センター (福井県工業技術センター)	上坂 旭	〒910-0102 福井市川合鷲塚町61字北稲田10 福井県工業技術センター内	0776-55-2100
滋賀県知的所有権センター (滋賀県工業技術センター)	新屋 正男	〒520-3004 栗東市上砥山232 滋賀県工業技術総合センター別館内	077-558-4040
京都府知的所有権センター ((社)発明協会京都支部)	衣川 清彦	〒600-8813 京都市下京区中堂寺南町17番地 京都リサーチパーク京都高度技術研究所ビル4階	075-326-0066
大阪府知的所有権センター (大阪府立特許情報センター)	大空 一博	〒543-0061 大阪市天王寺区伶人町2-7 関西特許情報センター内	06-6772-0704
	梶原 淳治	〒577-0809 東大阪市永和1-11-10	06-6722-1151
兵庫県知的所有権センター ((財)新産業創造研究機構)	園田 憲一	〒650-0047 神戸市中央区港島南町1-5-2 神戸キメックセンタービル6F	078-306-6808
	島田 一男	〒650-0047 神戸市中央区港島南町1-5-2 神戸キメックセンタービル6F	078-306-6808
和歌山県知的所有権センター ((社)発明協会和歌山支部)	北澤 宏造	〒640-8214 和歌山県寄合町25 和歌山市発明館4階	073-432-0087
中国経済産業局特許室	木村 郁男	〒730-8531 広島市中区上八丁堀6-30 広島合同庁舎3号館1階	082-502-6828
鳥取県知的所有権センター ((社)発明協会鳥取県支部)	五十嵐 善司	〒689-1112 鳥取市若葉台南7-5-1 新産業創造センター1階	0857-52-6728
島根県知的所有権センター ((社)発明協会島根県支部)	佐野 馨	〒690-0816 島根県松江市北陵町1 テクノアークしまね内	0852-60-5146
岡山県知的所有権センター ((社)発明協会岡山県支部)	横田 悦造	〒701-1221 岡山市芳賀5301 テクノサポート岡山内	086-286-9102
広島県知的所有権センター ((社)発明協会広島県支部)	壹岐 正弘	〒730-0052 広島市中区千田町3-13-11 広島発明会館2階	082-544-2066
山口県知的所有権センター ((社)発明協会山口県支部)	滝川 尚久	〒753-0077 山口市熊野町1-10 NPYビル10階 (財)山口県産業技術開発機構内	083-922-9927
四国経済産業局特許室	鶴野 弘章	〒761-0301 香川県高松市林町2217-15 香川産業頭脳化センタービル2階	087-869-3790
徳島県知的所有権センター ((社)発明協会徳島県支部)	武岡 明夫	〒770-8021 徳島市雑賀町西開11-2 徳島県立工業技術センター内	088-669-0117
香川県知的所有権センター ((社)発明協会香川県支部)	谷田 吉成	〒761-0301 香川県高松市林町2217-15 香川産業頭脳化センタービル2階	087-869-9004
	福家 康矩	〒761-0301 香川県高松市林町2217-15 香川産業頭脳化センタービル2階	087-869-9004
愛媛県知的所有権センター ((社)発明協会愛媛県支部)	川野 辰己	〒791-1101 松山市久米窪田町337-1 テクノプラザ愛媛	089-960-1489
高知県知的所有権センター ((財)高知県産業振興センター)	吉本 忠男	〒781-5101 高知市布師田3992-2 高知県中小企業会館2階	0888-46-7087
九州経済産業局特許室	簗田 克志	〒812-8546 福岡市博多区博多駅東2-11-1 福岡合同庁舎内	092-436-7260
福岡県知的所有権センター ((社)発明協会福岡県支部)	道津 毅	〒812-0013 福岡市博多区博多駅東2-6-23 住友博多駅前第2ビル1階	092-415-6777
福岡県知的所有権センター北九州支部 ((株)北九州テクノセンター)	沖 宏治	〒804-0003 北九州市戸畑区中原新町2-1 (株)北九州テクノセンター内	093-873-1432
佐賀県知的所有権センター (佐賀県工業技術センター)	光武 章二	〒849-0932 佐賀市鍋島町大字八戸溝114 佐賀県工業技術センター内	0952-30-8161
	村上 忠郎	〒849-0932 佐賀市鍋島町大字八戸溝114 佐賀県工業技術センター内	0952-30-8161
長崎県知的所有権センター ((社)発明協会長崎県支部)	嶋北 正俊	〒856-0026 大村市池田2-1303-8 長崎県工業技術センター内	0957-52-1138
熊本県知的所有権センター ((社)発明協会熊本県支部)	深見 毅	〒862-0901 熊本市東町3-11-38 熊本県工業技術センター内	096-331-7023
大分県知的所有権センター (大分県産業科学技術センター)	古崎 宣	〒870-1117 大分市高江西1-4361-10 大分県産業科学技術センター内	097-596-7121
宮崎県知的所有権センター ((社)発明協会宮崎県支部)	久保田 英世	〒880-0303 宮崎県宮崎郡佐土原町東上那珂16500-2 宮崎県工業技術センター内	0985-74-2953
鹿児島県知的所有権センター (鹿児島県工業技術センター)	山田 式典	〒899-5105 鹿児島県姶良郡隼人町小田1445-1 鹿児島県工業技術センター内	0995-64-2056
沖縄総合事務局特許室	下司 義雄	〒900-0016 那覇市前島3-1-15 大同生命那覇ビル5階	098-867-3293
沖縄県知的所有権センター (沖縄県工業技術センター)	木村 薫	〒904-2234 具志川市州崎12-2 沖縄県工業技術センター内1階	098-939-2372

○技術移転機関(TLO)への派遣

派遣先	氏名	所在地	TEL
北海道ティー・エル・オー(株)	山田 邦重	〒060-0808 札幌市北区北8条西5丁目 北海道大学事務局分館2館	011-708-3633
	岩城 全紀	〒060-0808 札幌市北区北8条西5丁目 北海道大学事務局分館2館	011-708-3633
(株)東北テクノアーチ	井硲 弘	〒980-0845 仙台市青葉区荒巻字青葉468番地 東北大学未来科学技術共同センター	022-222-3049
(株)筑波リエゾン研究所	関 淳次	〒305-8577 茨城県つくば市天王台1-1-1 筑波大学共同研究棟A303	0298-50-0195
	綾 紀元	〒305-8577 茨城県つくば市天王台1-1-1 筑波大学共同研究棟A303	0298-50-0195
(財)日本産業技術振興協会 産総研イノベーションズ	坂 光	〒305-8568 茨城県つくば市梅園1-1-1 つくば中央第二事業所D-7階	0298-61-5210
日本大学国際産業技術・ビジネス育成セン	斎藤 光史	〒102-8275 東京都千代田区九段南4-8-24	03-5275-8139
	加根魯 和宏	〒102-8275 東京都千代田区九段南4-8-24	03-5275-8139
学校法人早稲田大学知的財産センター	菅野 淳	〒162-0041 東京都新宿区早稲田鶴巻町513 早稲田大学研究開発センター120-1号館1F	03-5286-9867
	風間 孝彦	〒162-0041 東京都新宿区早稲田鶴巻町513 早稲田大学研究開発センター120-1号館1F	03-5286-9867
(財)理工学振興会	鷹巣 征行	〒226-8503 横浜市緑区長津田町4259 フロンティア創造共同研究センター内	045-921-4391
	北川 謙一	〒226-8503 横浜市緑区長津田町4259 フロンティア創造共同研究センター内	045-921-4391
よこはまティーエルオー(株)	小原 郁	〒240-8501 横浜市保土ヶ谷区常盤台79-5 横浜国立大学共同研究推進センター内	045-339-4441
学校法人慶応義塾大学知的資産センター	道井 敏	〒108-0073 港区三田2-11-15 三田川崎ビル3階	03-5427-1678
	鈴木 泰	〒108-0073 港区三田2-11-15 三田川崎ビル3階	03-5427-1678
学校法人東京電機大学産官学交流セン	河村 幸夫	〒101-8457 千代田区神田錦町2-2	03-5280-3640
タマティーエルオー(株)	古瀬 武弘	〒192-0083 八王子市旭町9-1 八王子スクエアビル11階	0426-31-1325
学校法人明治大学知的資産センター	竹田 幹男	〒101-8301 千代田区神田駿河台1-1	03-3296-4327
(株)山梨ティー・エル・オー	田中 正男	〒400-8511 甲府市武田4-3-11 山梨大学地域共同開発研究センター内	055-220-8760
(財)浜松科学技術研究振興会	小野 義光	〒432-8561 浜松市城北3-5-1	053-412-6703
(財)名古屋産業科学研究所	杉本 勝	〒460-0008 名古屋市中区栄二丁目十番十九号 名古屋商工会議所ビル	052-223-5691
	小西 富雅	〒460-0008 名古屋市中区栄二丁目十番十九号 名古屋商工会議所ビル	052-223-5694
関西ティー・エル・オー(株)	山田 富義	〒600-8813 京都市下京区中堂寺南町17 京都リサーチパークサイエンスセンタービル1号館2階	075-315-8250
	斎田 雄一	〒600-8813 京都市下京区中堂寺南町17 京都リサーチパークサイエンスセンタービル1号館2階	075-315-8250
(財)新産業創造研究機構	井上 勝彦	〒650-0047 神戸市中央区港島南町1-5-2 神戸キメックセンタービル6F	078-306-6805
	長冨 弘充	〒650-0047 神戸市中央区港島南町1-5-2 神戸キメックセンタービル6F	078-306-6805
(財)大阪産業振興機構	有馬 秀平	〒565-0871 大阪府吹田市山田丘2-1 大阪大学先端科学技術共同研究センター4F	06-6879-4196
(有)山口ティー・エル・オー	松本 孝三	〒755-8611 山口県宇部市常盤台2-16-1 山口大学地域共同研究開発センター内	0836-22-9768
	熊原 尋美	〒755-8611 山口県宇部市常盤台2-16-1 山口大学地域共同研究開発センター内	0836-22-9768
(株)テクノネットワーク四国	佐藤 博正	〒760-0033 香川県高松市丸の内2-5 ヨンデンビル別館4F	087-811-5039
(株)北九州テクノセンター	乾 全	〒804-0003 北九州市戸畑区中原新町2番1号	093-873-1448
(株)産学連携機構九州	堀 浩一	〒812-8581 福岡市東区箱崎6-10-1 九州大学技術移転推進室内	092-642-4363
(財)くまもとテクノ産業財団	桂 真郎	〒861-2202 熊本県上益城郡益城町田原2081-10	096-289-2340

資料3．特許電子図書館情報検索指導アドバイザー一覧 （平成14年3月1日現在）

〇知的所有権センターへの派遣

派遣先	氏名	所在地	TEL
北海道知的所有権センター （北海道立工業試験場）	平野 徹	〒060-0819 札幌市北区北19条西11丁目	011-747-2211
青森県知的所有権センター （(社)発明協会青森県支部）	佐々木 泰樹	〒030-0112 青森市第二問屋町4-11-6	017-762-3912
岩手県知的所有権センター （岩手県工業技術センター）	中嶋 孝弘	〒020-0852 盛岡市飯岡新田3-35-2	019-634-0684
宮城県知的所有権センター （宮城県産業技術総合センター）	小林 保	〒981-3206 仙台市泉区明通2-2	022-377-8725
秋田県知的所有権センター （秋田県工業技術センター）	田嶋 正夫	〒010-1623 秋田市新屋町字砂奴寄4-11	018-862-3417
山形県知的所有権センター （山形県工業技術センター）	大澤 忠行	〒990-2473 山形市松栄1-3-8	023-647-8130
福島県知的所有権センター （(社)発明協会福島県支部）	栗田 広	〒963-0215 郡山市待池台1-12 福島県ハイテクプラザ内	024-963-0242
茨城県知的所有権センター （(財)茨城県中小企業振興公社）	猪野 正己	〒312-0005 ひたちなか市新光町38 ひたちなかテクノセンタービル1階	029-264-2211
栃木県知的所有権センター （(社)発明協会栃木県支部）	中里 浩	〒322-0011 鹿沼市白桑田516-1 栃木県工業技術センター内	0289-65-7550
群馬県知的所有権センター （(社)発明協会群馬県支部）	神林 賢蔵	〒371-0845 前橋市鳥羽町190 群馬県工業試験場内	027-254-0627
埼玉県知的所有権センター （(社)発明協会埼玉県支部）	田中 庸雅	〒331-8669 さいたま市桜木町1-7-5 ソニックシティ10階	048-644-4806
千葉県知的所有権センター （(社)発明協会千葉県支部）	中原 照義	〒260-0854 千葉市中央区長洲1-9-1 千葉県庁南庁舎R3階	043-223-7748
東京都知的所有権センター （(社)発明協会東京支部）	福澤 勝義	〒105-0001 港区虎ノ門2-9-14	03-3502-5521
神奈川県知的所有権センター （神奈川県産業技術総合研究所）	森 啓次	〒243-0435 海老名市下今泉705-1	046-236-1500
神奈川県知的所有権センター支部 （(財)神奈川高度技術支援財団）	大井 隆	〒213-0012 川崎市高津区坂戸3-2-1 かながわサイエンスパーク西棟205	044-819-2100
神奈川県知的所有権センター支部 （(社)発明協会神奈川県支部）	蓮見 亮	〒231-0015 横浜市中区尾上町5-80 神奈川中小企業センター10階	045-633-5055
新潟県知的所有権センター （(財)信濃川テクノポリス開発機構）	石谷 速夫	〒940-2127 長岡市新産4-1-9	0258-46-9711
山梨県知的所有権センター （山梨県工業技術センター）	山下 知	〒400-0055 甲府市大津町2094	055-243-6111
長野県知的所有権センター （(社)発明協会長野県支部）	岡田 光正	〒380-0928 長野市若里1-18-1 長野県工業試験場内	026-228-5559
静岡県知的所有権センター （(社)発明協会静岡県支部）	吉井 和夫	〒421-1221 静岡市牧ヶ谷2078 静岡工業技術センター資料館内	054-278-6111
富山県知的所有権センター （富山県工業技術センター）	齋藤 靖雄	〒933-0981 高岡市二上町150	0766-29-1252
石川県知的所有権センター （財)石川県産業創出支援機構	辻 寛司	〒920-0223 金沢市戸水町イ65番地 石川県地場産業振興センター	076-267-5918
岐阜県知的所有権センター （岐阜県科学技術振興センター）	林 邦明	〒509-0108 各務原市須衛町4-179-1 テクノプラザ5F	0583-79-2250
愛知県知的所有権センター （愛知県工業技術センター）	加藤 英昭	〒448-0003 刈谷市一ツ木町西新割	0566-24-1841
三重県知的所有権センター （三重県工業技術総合研究所）	長峰 隆	〒514-0819 津市高茶屋5-5-45	059-234-4150
福井県知的所有権センター （福井県工業技術センター）	川・ 好昭	〒910-0102 福井市川合鷲塚町61字北稲田10	0776-55-1195
滋賀県知的所有権センター （滋賀県工業技術センター）	森 久子	〒520-3004 栗東市上砥山232	077-558-4040
京都府知的所有権センター （(社)発明協会京都支部）	中野 剛	〒600-8813 京都市下京区中堂寺南町17 京都リサーチパーク内 京都高度技研ビル4階	075-315-8686
大阪府知的所有権センター （大阪府立特許情報センター）	秋田 伸一	〒543-0061 大阪市天王寺区伶人町2-7	06-6771-2646
大阪府知的所有権センター支部 （(社)発明協会大阪支部知的財産センター）	戎 邦夫	〒564-0062 吹田市垂水町3-24-1 シンプレス江坂ビル2階	06-6330-7725
兵庫県知的所有権センター （(社)発明協会兵庫県支部）	山口 克己	〒654-0037 神戸市須磨区行平町3-1-31 兵庫県立産業技術センター4階	078-731-5847
奈良県知的所有権センター （奈良県工業技術センター）	北田 友彦	〒630-8031 奈良市柏木町129-1	0742-33-0863

派遣先	氏名	所在地	TEL
和歌山県知的所有権センター ((社)発明協会和歌山県支部)	木村 武司	〒640-8214	和歌山県寄合町25 和歌山市発明館4階	073-432-0087
鳥取県知的所有権センター ((社)発明協会鳥取県支部)	奥村 隆一	〒689-1112	鳥取市若葉台南7-5-1 新産業創造センター1階	0857-52-6728
島根県知的所有権センター ((社)発明協会島根県支部)	門脇 みどり	〒690-0816	島根県松江市北陵町1番地 テクノアークしまね1F内	0852-60-5146
岡山県知的所有権センター ((社)発明協会岡山県支部)	佐藤 新吾	〒701-1221	岡山市芳賀5301 テクノサポート岡山内	086-286-9656
広島県知的所有権センター ((社)発明協会広島県支部)	若木 幸蔵	〒730-0052	広島市中区千田町3-13-11 広島発明会館内	082-544-0775
広島県知的所有権センター支部 ((社)発明協会広島県支部備後支会)	渡部 武徳	〒720-0067	福山市西町2-10-1	0849-21-2349
広島県知的所有権センター支部 (呉地域産業振興センター)	三上 達矢	〒737-0004	呉市阿賀南2-10-1	0823-76-3766
山口県知的所有権センター ((社)発明協会山口県支部)	大段 恭二	〒753-0077	山口市熊野町1-10 NPYビル10階	083-922-9927
徳島県知的所有権センター ((社)発明協会徳島県支部)	平野 稔	〒770-8021	徳島市雑賀町西開11-2 徳島県立工業技術センター内	088-636-3388
香川県知的所有権センター ((社)発明協会香川県支部)	中元 恒	〒761-0301	香川県高松市林町2217-15 香川産業頭脳化センタービル2階	087-869-9005
愛媛県知的所有権センター ((社)発明協会愛媛県支部)	片山 忠徳	〒791-1101	松山市久米窪田町337-1 テクノプラザ愛媛	089-960-1118
高知県知的所有権センター (高知県工業技術センター)	柏井 富雄	〒781-5101	高知市布師田3992-3	088-845-7664
福岡県知的所有権センター ((社)発明協会福岡県支部)	浦井 正章	〒812-0013	福岡市博多区博多駅東2-6-23 住友博多駅前第2ビル2階	092-474-7255
福岡県知的所有権センター北九州支部 ((株)北九州テクノセンター)	重藤 務	〒804-0003	北九州市戸畑区中原新町2-1	093-873-1432
佐賀県知的所有権センター (佐賀県工業技術センター)	塚島 誠一郎	〒849-0932	佐賀市鍋島町八戸溝114	0952-30-8161
長崎県知的所有権センター ((社)発明協会長崎県支部)	川添 早苗	〒856-0026	大村市池田2-1303-8 長崎県工業技術センター内	0957-52-1144
熊本県知的所有権センター ((社)発明協会熊本県支部)	松山 彰雄	〒862-0901	熊本市東町3-11-38 熊本県工業技術センター内	096-360-3291
大分県知的所有権センター (大分県産業科学技術センター)	鎌田 正道	〒870-1117	大分市高江西1-4361-10	097-596-7121
宮崎県知的所有権センター ((社)発明協会宮崎県支部)	黒田 護	〒880-0303	宮崎県宮崎郡佐土原町東上那珂16500-2 宮崎県工業技術センター内	0985-74-2953
鹿児島県知的所有権センター (鹿児島県工業技術センター)	大井 敏民	〒899-5105	鹿児島県姶良郡隼人町小田1445-1	0995-64-2445
沖縄県知的所有権センター (沖縄県工業技術センター)	和田 修	〒904-2234	具志川市字州崎12-2 中城湾港新港地区トロピカルテクノパーク内	098-929-0111

資料4．知的所有権センター一覧 （平成14年3月1日現在）

都道府県	名　称	所在地	TEL
北海道	北海道知的所有権センター （北海道立工業試験場）	〒060-0819 札幌市北区北19条西11丁目	011-747-2211
青森県	青森県知的所有権センター （(社)発明協会青森県支部）	〒030-0112 青森市第二問屋町4-11-6	017-762-3912
岩手県	岩手県知的所有権センター （岩手県工業技術センター）	〒020-0852 盛岡市飯岡新田3-35-2	019-634-0684
宮城県	宮城県知的所有権センター （宮城県産業技術総合センター）	〒981-3206 仙台市泉区明通2-2	022-377-8725
秋田県	秋田県知的所有権センター （秋田県工業技術センター）	〒010-1623 秋田市新屋町字砂奴寄4-11	018-862-3417
山形県	山形県知的所有権センター （山形県工業技術センター）	〒990-2473 山形市松栄1-3-8	023-647-8130
福島県	福島県知的所有権センター （(社)発明協会福島県支部）	〒963-0215 郡山市待池台1-12 福島県ハイテクプラザ内	024-963-0242
茨城県	茨城県知的所有権センター （(財)茨城県中小企業振興公社）	〒312-0005 ひたちなか市新光町38 ひたちなかテクノセンタービル1階	029-264-2211
栃木県	栃木県知的所有権センター （(社)発明協会栃木県支部）	〒322-0011 鹿沼市白桑田516-1 栃木県工業技術センター内	0289-65-7550
群馬県	群馬県知的所有権センター （(社)発明協会群馬県支部）	〒371-0845 前橋市鳥羽町190 群馬県工業試験場内	027-254-0627
埼玉県	埼玉県知的所有権センター （(社)発明協会埼玉県支部）	〒331-8669 さいたま市桜木町1-7-5 ソニックシティ10階	048-644-4806
千葉県	千葉県知的所有権センター （(社)発明協会千葉県支部）	〒260-0854 千葉市中央区長洲1-9-1 千葉県庁南庁舎R3階	043-223-7748
東京都	東京都知的所有権センター （(社)発明協会東京支部）	〒105-0001 港区虎ノ門2-9-14	03-3502-5521
神奈川県	神奈川県知的所有権センター （神奈川県産業技術総合研究所）	〒243-0435 海老名市下今泉705-1	046-236-1500
	神奈川県知的所有権センター支部 （(財)神奈川高度技術支援財団）	〒213-0012 川崎市高津区坂戸3-2-1 かながわサイエンスパーク西棟205	044-819-2100
	神奈川県知的所有権センター支部 （(社)発明協会神奈川県支部）	〒231-0015 横浜市中区尾上町5-80 神奈川中小企業センター10階	045-633-5055
新潟県	新潟県知的所有権センター （(財)信濃川テクノポリス開発機構）	〒940-2127 長岡市新産4-1-9	0258-46-9711
山梨県	山梨県知的所有権センター （山梨県工業技術センター）	〒400-0055 甲府市大津町2094	055-243-6111
長野県	長野県知的所有権センター （(社)発明協会長野県支部）	〒380-0928 長野市若里1-18-1 長野県工業試験場内	026-228-5559
静岡県	静岡県知的所有権センター （(社)発明協会静岡県支部）	〒421-1221 静岡市牧ヶ谷2078 静岡工業技術センター資料館内	054-278-6111
富山県	富山県知的所有権センター （富山県工業技術センター）	〒933-0981 高岡市二上町150	0766-29-1252
石川県	石川県知的所有権センター (財)石川県産業創出支援機構	〒920-0223 金沢市戸水町イ65番地 石川県地場産業振興センター	076-267-5918
岐阜県	岐阜県知的所有権センター （岐阜県科学技術振興センター）	〒509-0108 各務原市須衛町4-179-1 テクノプラザ5F	0583-79-2250
愛知県	愛知県知的所有権センター （愛知県工業技術センター）	〒448-0003 刈谷市一ツ木町西新割	0566-24-1841
三重県	三重県知的所有権センター （三重県工業技術総合研究所）	〒514-0819 津市高茶屋5-5-45	059-234-4150
福井県	福井県知的所有権センター （福井県工業技術センター）	〒910-0102 福井市川合鷲塚町61字北稲田10	0776-55-1195
滋賀県	滋賀県知的所有権センター （滋賀県工業技術センター）	〒520-3004 栗東市上砥山232	077-558-4040
京都府	京都府知的所有権センター （(社)発明協会京都支部）	〒600-8813 京都市下京区中堂寺南町17 京都リサーチパーク内　京都高度技研ビル4階	075-315-8686
大阪府	大阪府知的所有権センター （大阪府立特許情報センター）	〒543-0061 大阪市天王寺区伶人町2-7	06-6771-2646
	大阪府知的所有権センター支部 （(社)発明協会大阪支部知的財産センター）	〒564-0062 吹田市垂水町3-24-1 シンプレス江坂ビル2階	06-6330-7725
兵庫県	兵庫県知的所有権センター （(社)発明協会兵庫県支部）	〒654-0037 神戸市須磨区行平町3-1-31 兵庫県立産業技術センター4階	078-731-5847

都道府県	名称	所在地		TEL
奈良県	奈良県知的所有権センター (奈良県工業技術センター)	〒630-8031	奈良市柏木町129-1	0742-33-0863
和歌山県	和歌山県知的所有権センター ((社)発明協会和歌山県支部)	〒640-8214	和歌山県寄合町25 和歌山市発明館4階	073-432-0087
鳥取県	鳥取県知的所有権センター ((社)発明協会鳥取支部)	〒689-1112	鳥取市若葉台南7-5-1 新産業創造センター1階	0857-52-6728
島根県	島根県知的所有権センター ((社)発明協会島根県支部)	〒690-0816	島根県松江市北陵町1番地 テクノアークしまね1F内	0852-60-5146
岡山県	岡山県知的所有権センター ((社)発明協会岡山県支部)	〒701-1221	岡山市芳賀5301 テクノサポート岡山内	086-286-9656
広島県	広島県知的所有権センター ((社)発明協会広島県支部)	〒730-0052	広島市中区千田町3-13-11 広島発明会館内	082-544-0775
	広島県知的所有権センター支部 ((社)発明協会広島県支部備後支会)	〒720-0067	福山市西町2-10-1	0849-21-2349
	広島県知的所有権センター支部 (呉地域産業振興センター)	〒737-0004	呉市阿賀南2-10-1	0823-76-3766
山口県	山口県知的所有権センター ((社)発明協会山口県支部)	〒753-0077	山口市熊野町1-10 NPYビル10階	083-922-9927
徳島県	徳島県知的所有権センター ((社)発明協会徳島県支部)	〒770-8021	徳島市雑賀町西開11-2 徳島県立工業技術センター内	088-636-3388
香川県	香川県知的所有権センター ((社)発明協会香川県支部)	〒761-0301	香川県高松市林町2217-15 香川産業頭脳化センタービル2階	087-869-9005
愛媛県	愛媛県知的所有権センター ((社)発明協会愛媛県支部)	〒791-1101	松山市久米窪田町337-1 テクノプラザ愛媛	089-960-1118
高知県	高知県知的所有権センター (高知県工業技術センター)	〒781-5101	高知市布師田3992-3	088-845-7664
福岡県	福岡県知的所有権センター ((社)発明協会福岡県支部)	〒812-0013	福岡市博多区博多駅東2-6-23 住友博多駅前第2ビル2階	092-474-7255
	福岡県知的所有権センター北九州支部 ((株)北九州テクノセンター)	〒804-0003	北九州市戸畑区中原新町2-1	093-873-1432
佐賀県	佐賀県知的所有権センター (佐賀県工業技術センター)	〒849-0932	佐賀市鍋島町八戸溝114	0952-30-8161
長崎県	長崎県知的所有権センター ((社)発明協会長崎県支部)	〒856-0026	大村市池田2-1303-8 長崎県工業技術センター内	0957-52-1144
熊本県	熊本県知的所有権センター ((社)発明協会熊本県支部)	〒862-0901	熊本市東町3-11-38 熊本県工業技術センター内	096-360-3291
大分県	大分県知的所有権センター (大分県産業科学技術センター)	〒870-1117	大分市高江西1-4361-10	097-596-7121
宮崎県	宮崎県知的所有権センター ((社)発明協会宮崎県支部)	〒880-0303	宮崎県宮崎郡佐土原町東上那珂16500-2 宮崎県工業技術センター内	0985-74-2953
鹿児島県	鹿児島県知的所有権センター (鹿児島県工業技術センター)	〒899-5105	鹿児島県姶良郡隼人町小田1445-1	0995-64-2445
沖縄県	沖縄県知的所有権センター (沖縄県工業技術センター)	〒904-2234	具志川市字州崎12-2 中城湾港新港地区トロピカルテクノパーク内	098-929-0111

資料5．平成13年度25技術テーマの特許流通の概要

5.1 アンケート送付先と回収率

　平成13年度は、25の技術テーマにおいて「特許流通支援チャート」を作成し、その中で特許流通に対する意識調査として各技術テーマの出願件数上位企業を対象としてアンケート調査を行った。平成13年12月7日に郵送によりアンケートを送付し、平成14年1月31日までに回収されたものを対象に解析した。

　表5.1-1に、アンケート調査表の回収状況を示す。送付数578件、回収数306件、回収率52.9%であった。

表5.1-1 アンケートの回収状況

送付数	回収数	未回収数	回収率
578	306	272	52.9%

　表5.1-2に、業種別の回収状況を示す。各業種を一般系、機械系、化学系、電気系と大きく4つに分類した。以下、「○○系」と表現する場合は、各企業の業種別に基づく分類を示す。それぞれの回収率は、一般系56.5%、機械系63.5%、化学系41.1%、電気系51.6%であった。

表5.1-2 アンケートの業種別回収件数と回収率

業種と回収率	業種	回収件数
一般系 48/85=56.5%	建設	5
	窯業	12
	鉄鋼	6
	非鉄金属	17
	金属製品	2
	その他製造業	6
化学系 39/95=41.1%	食品	1
	繊維	12
	紙・パルプ	3
	化学	22
	石油・ゴム	1
機械系 73/115=63.5%	機械	23
	精密機器	28
	輸送機器	22
電気系 146/283=51.6%	電気	144
	通信	2

図5.1に、全回収件数を母数にして業種別に回収率を示す。全回収件数に占める業種別の回収率は電気系47.7%、機械系23.9%、一般系15.7%、化学系12.7%である。

図5.1 回収件数の業種別比率

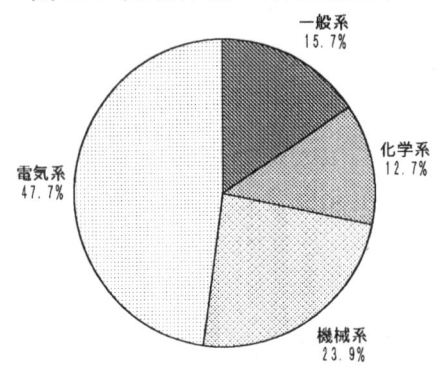

一般系	化学系	機械系	電気系	合計
48	39	73	146	306

表5.1-3に、技術テーマ別の回収件数と回収率を示す。この表では、技術テーマを一般分野、化学分野、機械分野、電気分野に分類した。以下、「〇〇分野」と表現する場合は、技術テーマによる分類を示す。回収率の最も良かった技術テーマは焼却炉排ガス処理技術の71.4%で、最も悪かったのは有機EL素子の34.6%である。

表5.1-3 テーマ別の回収件数と回収率

分野	技術テーマ名	送付数	回収数	回収率
一般分野	カーテンウォール	24	13	54.2%
	気体膜分離装置	25	12	48.0%
	半導体洗浄と環境適応技術	23	14	60.9%
	焼却炉排ガス処理技術	21	15	71.4%
	はんだ付け鉛フリー技術	20	11	55.0%
化学分野	プラスティックリサイクル	25	15	60.0%
	バイオセンサ	24	16	66.7%
	セラミックスの接合	23	12	52.2%
	有機EL素子	26	9	34.6%
	生分解ポリエステル	23	12	52.2%
	有機導電性ポリマー	24	15	62.5%
	リチウムポリマー電池	29	13	44.8%
機械分野	車いす	21	12	57.1%
	金属射出成形技術	28	14	50.0%
	微細レーザ加工	20	10	50.0%
	ヒートパイプ	22	10	45.5%
電気分野	圧力センサ	22	13	59.1%
	個人照合	29	12	41.4%
	非接触型ICカード	21	10	47.6%
	ビルドアップ多層プリント配線板	23	11	47.8%
	携帯電話表示技術	20	11	55.0%
	アクティブマトリックス液晶駆動技術	21	12	57.1%
	プログラム制御技術	21	12	57.1%
	半導体レーザの活性層	22	11	50.0%
	無線LAN	21	11	52.4%

5.2 アンケート結果
5.2.1 開放特許に関して
(1) 開放特許と非開放特許

他者にライセンスしてもよい特許を「開放特許」、ライセンスの可能性のない特許を「非開放特許」と定義した。その上で、各技術テーマにおける保有特許のうち、自社での実施状況と開放状況について質問を行った。

306件中257件の回答があった（回答率84.0%）。保有特許件数に対する開放特許件数の割合を開放比率とし、保有特許件数に対する非開放特許件数の割合を非開放比率と定義した。

図5.2.1-1に、業種別の特許の開放比率と非開放比率を示す。全体の開放比率は58.3%で、業種別では一般系が37.1%、化学系が20.6%、機械系が39.4%、電気系が77.4%である。化学系（20.6%）の企業の開放比率は、化学分野における開放比率（図5.2.1-2）の最低値である「生分解ポリエステル」の22.6%よりさらに低い値となっている。これは、化学分野においても、機械系、電気系の企業であれば、保有特許について比較的開放的であることを示唆している。

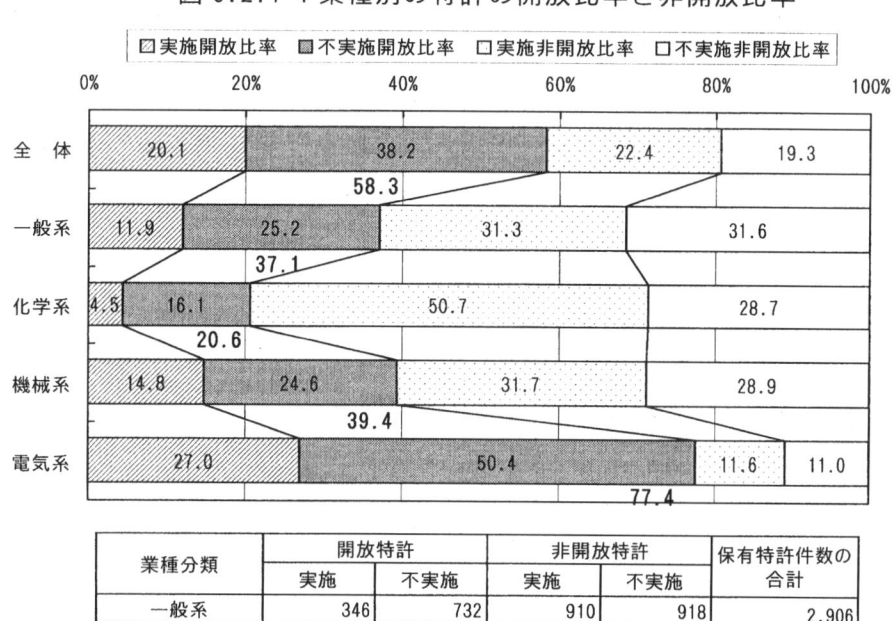

図5.2.1-1 業種別の特許の開放比率と非開放比率

業種分類	開放特許 実施	開放特許 不実施	非開放特許 実施	非開放特許 不実施	保有特許件数の合計
一般系	346	732	910	918	2,906
化学系	90	323	1,017	576	2,006
機械系	494	821	1,058	964	3,337
電気系	2,835	5,291	1,218	1,155	10,499
全体	3,765	7,167	4,203	3,613	18,748

図5.2.1-2に、技術テーマ別の開放比率と非開放比率を示す。

開放比率（実施開放比率と不実施開放比率を加算。）が高い技術テーマを見てみると、最高値は「個人照合」の84.7%で、次いで「はんだ付け鉛フリー技術」の83.2%、「無線LAN」の82.4%、「携帯電話表示技術」の80.0%となっている。一方、低い方から見ると、「生分解ポリエステル」の22.6%で、次いで「カーテンウォール」の29.3%、「有機EL」の30.5%である。

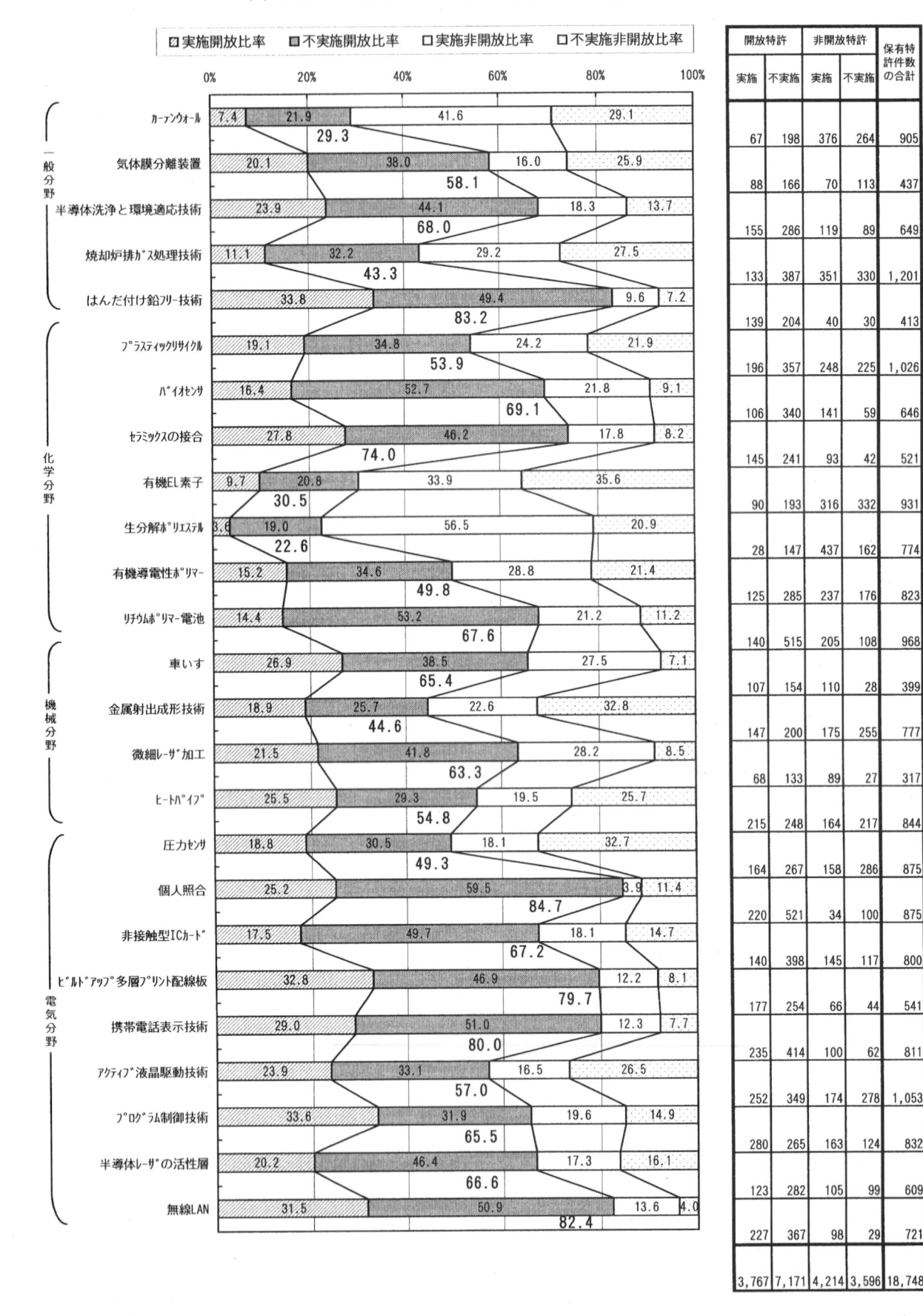

図 5.2.1-2 技術テーマ別の開放比率と非開放比率

凡例: ■実施開放比率　■不実施開放比率　□実施非開放比率　□不実施非開放比率

技術分野	技術テーマ	実施開放比率	不実施開放比率	実施非開放比率	不実施非開放比率	開放計	開放特許 実施	開放特許 不実施	非開放特許 実施	非開放特許 不実施	保有特許件数の合計
一般分野	カーテンウォール	7.4	21.9	41.6	29.1	29.3	67	198	376	264	905
一般分野	気体膜分離装置	20.1	38.0	16.0	25.9	58.1	88	166	70	113	437
一般分野	半導体洗浄と環境適応技術	23.9	44.1	18.3	13.7	68.0	155	286	119	89	649
一般分野	焼却炉排ガス処理技術	11.1	32.2	29.2	27.5	43.3	133	387	351	330	1,201
一般分野	はんだ付け鉛フリー技術	33.8	49.4	9.6	7.2	83.2	139	204	40	30	413
化学分野	プラスティックリサイクル	19.1	34.8	24.2	21.9	53.9	196	357	248	225	1,026
化学分野	バイオセンサ	16.4	52.7	21.8	9.1	69.1	106	340	141	59	646
化学分野	セラミックスの接合	27.8	46.2	17.8	8.2	74.0	145	241	93	42	521
化学分野	有機EL素子	9.7	20.8	33.9	35.6	30.5	90	193	316	332	931
化学分野	生分解ポリエステル	3.6	19.0	56.5	20.9	22.6	28	147	437	162	774
化学分野	有機導電性ポリマー	15.2	34.6	28.8	21.4	49.8	125	285	237	176	823
化学分野	リチウムポリマー電池	14.4	53.2	21.2	11.2	67.6	140	515	205	108	968
機械分野	車いす	26.9	38.5	27.5	7.1	65.4	107	154	110	28	399
機械分野	金属射出成形技術	18.9	25.7	22.6	32.8	44.6	147	200	175	255	777
機械分野	微細レーザ加工	21.5	41.8	28.2	8.5	63.3	68	133	89	27	317
機械分野	ヒートパイプ	25.5	29.3	19.5	25.7	54.8	215	248	164	217	844
電気分野	圧力センサ	18.8	30.5	18.1	32.7	49.3	164	267	158	286	875
電気分野	個人照合	25.2	59.5	3.9	11.4	84.7	220	521	34	100	875
電気分野	非接触型ICカード	17.5	49.7	18.1	14.7	67.2	140	398	145	117	800
電気分野	ビルドアップ多層プリント配線板	32.8	46.9	12.2	8.1	79.7	177	254	66	44	541
電気分野	携帯電話表示技術	29.0	51.0	12.3	7.7	80.0	235	414	100	62	811
電気分野	アクティブ液晶駆動技術	23.9	33.1	16.5	26.5	57.0	252	349	174	278	1,053
電気分野	プログラム制御技術	33.6	31.9	19.6	14.9	65.5	280	265	163	124	832
電気分野	半導体レーザの活性層	20.2	46.4	17.3	16.1	66.6	123	282	105	99	609
電気分野	無線LAN	31.5	50.9	13.6	4.0	82.4	227	367	98	29	721
合計							3,767	7,171	4,214	3,596	18,748

図5.2.1-3は、業種別に、各企業の特許の開放比率を示したものである。

開放比率は、化学系で最も低く、電気系で最も高い。機械系と一般系はその中間に位置する。推測するに、化学系の企業では、保有特許は「物質特許」である場合が多く、自社の市場独占を確保するため、特許を開放しづらい状況にあるのではないかと思われる。逆に、電気・機械系の企業は、商品のライフサイクルが短いため、せっかく取得した特許も短期間で新技術と入れ替える必要があり、不実施となった特許を開放特許として供出やすい環境にあるのではないかと考えられる。また、より効率性の高い技術開発を進めるべく他社とのアライアンスを目的とした開放特許戦略を採るケースも、最近出てきているのではないだろうか。

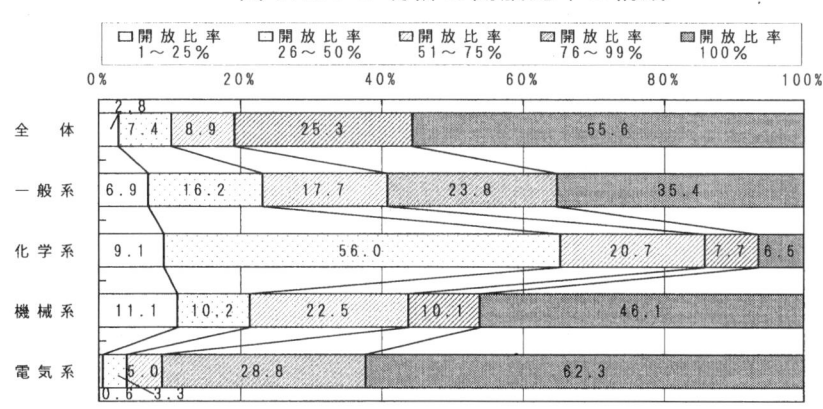

図5.2.1-3 特許の開放比率の構成

	開放比率 0%	1～25%	26～50%	51～75%	76～99%	100%
全体	2.8	7.4	8.9	25.3	55.6	
一般系	6.9	16.2	17.7	23.8	35.4	
化学系	9.1	56.0		20.7	7.7	6.5
機械系	11.1	10.2	22.5	10.1	46.1	
電気系	0.6 3.3	5.0	28.8	62.3		

図5.2.1-4に、業種別の自社実施比率と不実施比率を示す。全体の自社実施比率は42.5%で、業種別では化学系55.2%、機械系46.5%、一般系43.2%、電気系38.6%である。化学系の企業は、自社実施比率が高く開放比率が低い。電気・機械系の企業は、その逆で自社実施比率が低く開放比率は高い。自社実施比率と開放比率は、反比例の関係にあるといえる。

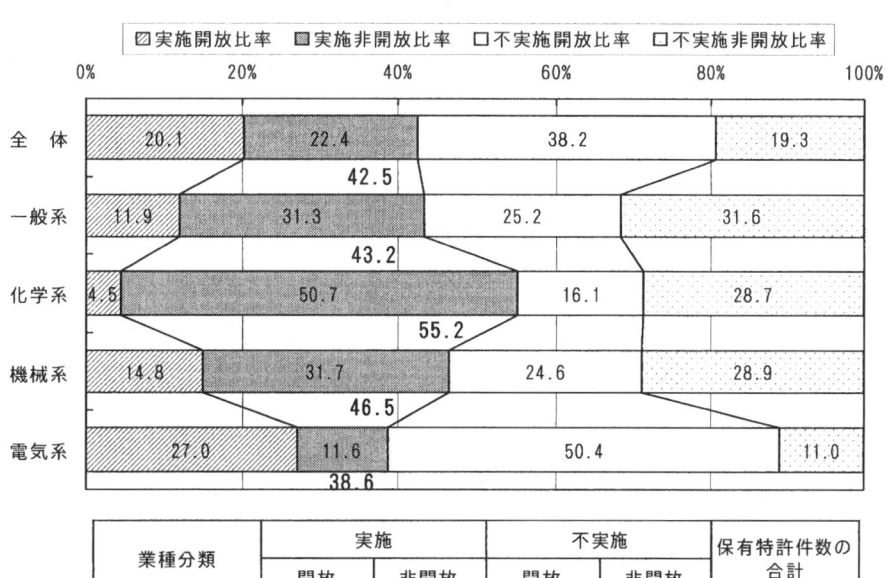

図5.2.1-4 自社実施比率と無実施比率

	実施開放比率	実施非開放比率	不実施開放比率	不実施非開放比率
全体	20.1	22.4	38.2	19.3
	42.5			
一般系	11.9	31.3	25.2	31.6
	43.2			
化学系	4.5	50.7	16.1	28.7
	55.2			
機械系	14.8	31.7	24.6	28.9
	46.5			
電気系	27.0	11.6	50.4	11.0
	38.6			

業種分類	実施 開放	実施 非開放	不実施 開放	不実施 非開放	保有特許件数の合計
一般系	346	910	732	918	2,906
化学系	90	1,017	323	576	2,006
機械系	494	1,058	821	964	3,337
電気系	2,835	1,218	5,291	1,155	10,499
全体	3,765	4,203	7,167	3,613	18,748

(2) 非開放特許の理由

開放可能性のない特許の理由について質問を行った（複数回答）。

質問内容	一般系	化学系	機械系	電気系	全体
・独占的排他権の行使により、ライバル企業を排除するため（ライバル企業排除）	36.3%	36.7%	36.4%	34.5%	36.0%
・他社に対する技術の優位性の喪失（優位性喪失）	31.9%	31.6%	30.5%	29.9%	30.9%
・技術の価値評価が困難なため（価値評価困難）	12.1%	16.5%	15.3%	13.8%	14.4%
・企業秘密がもれるから（企業秘密）	5.5%	7.6%	3.4%	14.9%	7.5%
・相手先を見つけるのが困難であるため（相手先探し）	7.7%	5.1%	8.5%	2.3%	6.1%
・ライセンス経験不足等のため提供に不安があるから（経験不足）	4.4%	0.0%	0.8%	0.0%	1.3%
・その他	2.1%	2.5%	5.1%	4.6%	3.8%

図 5.2.1-5 は非開放特許の理由の内容を示す。

「ライバル企業の排除」が最も多く 36.0%、次いで「優位性喪失」が 30.9%と高かった。特許権を「技術の市場における排他的独占権」として充分に行使していることが伺える。「価値評価困難」は 14.4%となっているが、今回の「特許流通支援チャート」作成にあたり分析対象とした特許は直近 10 年間だったため、登録前の特許が多く、権利範囲が未確定なものが多かったためと思われる。

電気系の企業で「企業秘密がもれるから」という理由が 14.9%と高いのは、技術のライフサイクルが短く新技術開発が激化しており、さらに、技術自体が模倣されやすいことが原因であるのではないだろうか。

化学系の企業で「企業秘密がもれるから」という理由が 7.6%と高いのは、物質特許のノウハウ漏洩に細心の注意を払う必要があるためと思われる。

機械系や一般系の企業で「相手先探し」が、それぞれ 8.5%、7.7%と高いことは、これらの分野で技術移転を仲介する者の活躍できる潜在性が高いことを示している。

なお、その他の理由としては、「共同出願先との調整」が 12 件と多かった。

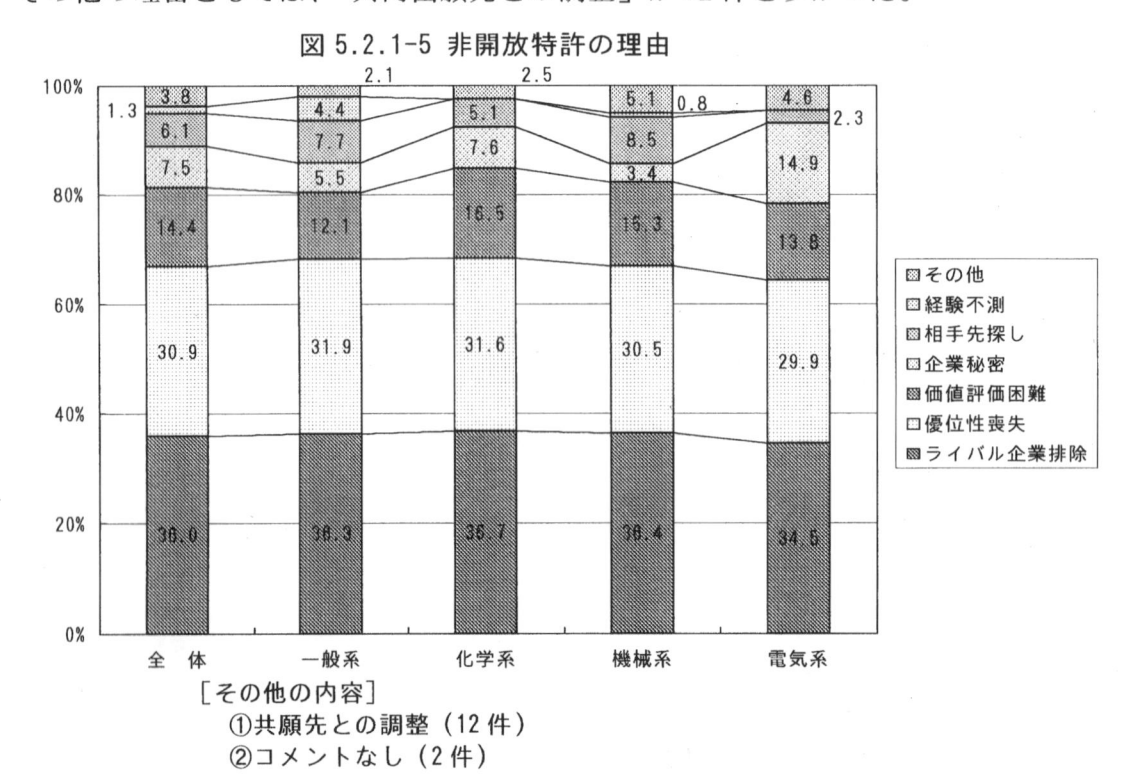

図 5.2.1-5 非開放特許の理由

[その他の内容]
①共願先との調整（12 件）
②コメントなし（2 件）

5.2.2 ライセンス供与に関して
(1) ライセンス活動

ライセンス供与の活動姿勢について質問を行った。

質問内容	一般系	化学系	機械系	電気系	全体
・特許ライセンス供与のための活動を積極的に行っている（積極的）	2.0%	15.8%	4.3%	8.9%	7.5%
・特許ライセンス供与のための活動を行っている（普通）	36.7%	15.8%	25.7%	57.7%	41.2%
・特許ライセンス供与のための活動はやや消極的である（消極的）	24.5%	13.2%	14.3%	10.4%	14.0%
・特許ライセンス供与のための活動を行っていない（しない）	36.8%	55.2%	55.7%	23.0%	37.3%

その結果を、図5.2.2-1 ライセンス活動に示す。306件中295件の回答であった（回答率96.4%）。

何らかの形で特許ライセンス活動を行っている企業は62.7%を占めた。そのうち、比較的積極的に活動を行っている企業は48.7%に上る（「積極的」＋「普通」）。これは、技術移転を仲介する者の活躍できる潜在性がかなり高いことを示唆している。

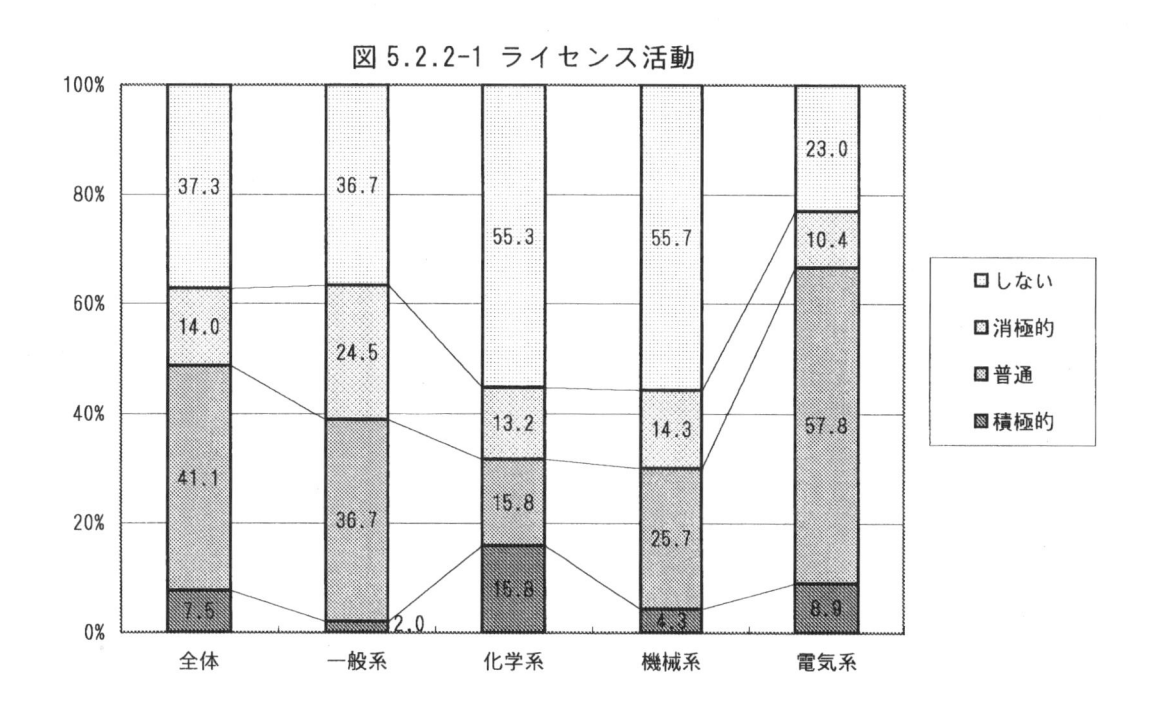

図5.2.2-1 ライセンス活動

(2) ライセンス実績

ライセンス供与の実績について質問を行った。

質問内容	一般系	化学系	機械系	電気系	全体
・供与実績はないが今後も行う方針（実績無し今後も実施）	54.5%	48.0%	43.6%	74.6%	58.3%
・供与実績があり今後も行う方針（実績有り今後も実施）	72.2%	61.5%	95.5%	67.3%	73.5%
・供与実績はなく今後は不明（実績無し今後は不明）	36.4%	24.0%	46.1%	20.3%	30.8%
・供与実績はあるが今後は不明（実績有り今後は不明）	27.8%	38.5%	4.5%	30.7%	25.5%
・供与実績はなく今後も行わない方針（実績無し今後も実施せず）	9.1%	28.0%	10.3%	5.1%	10.9%
・供与実績はあるが今後は行わない方針（実績有り今後は実施せず）	0.0%	0.0%	0.0%	2.0%	1.0%

図 5.2.2-2 に、ライセンス実績を示す。306 件中 295 件の回答があった（回答率 96.4％）。ライセンス実績有りとライセンス実績無しを分けて示す。

「供与実績があり、今後も実施」は 73.5％と非常に高い割合であり、特許ライセンスの有効性を認識した企業はさらにライセンス活動を活発化させる傾向にあるといえる。また、「供与実績はないが、今後は実施」が 58.3％あり、ライセンスに対する関心の高まりが感じられる。

機械系や一般系の企業で「実績有り今後も実施」がそれぞれ 90％、70％を越えており、他業種の企業よりもライセンスに対する関心が非常に高いことがわかる。

図 5.2.2-2 ライセンス実績

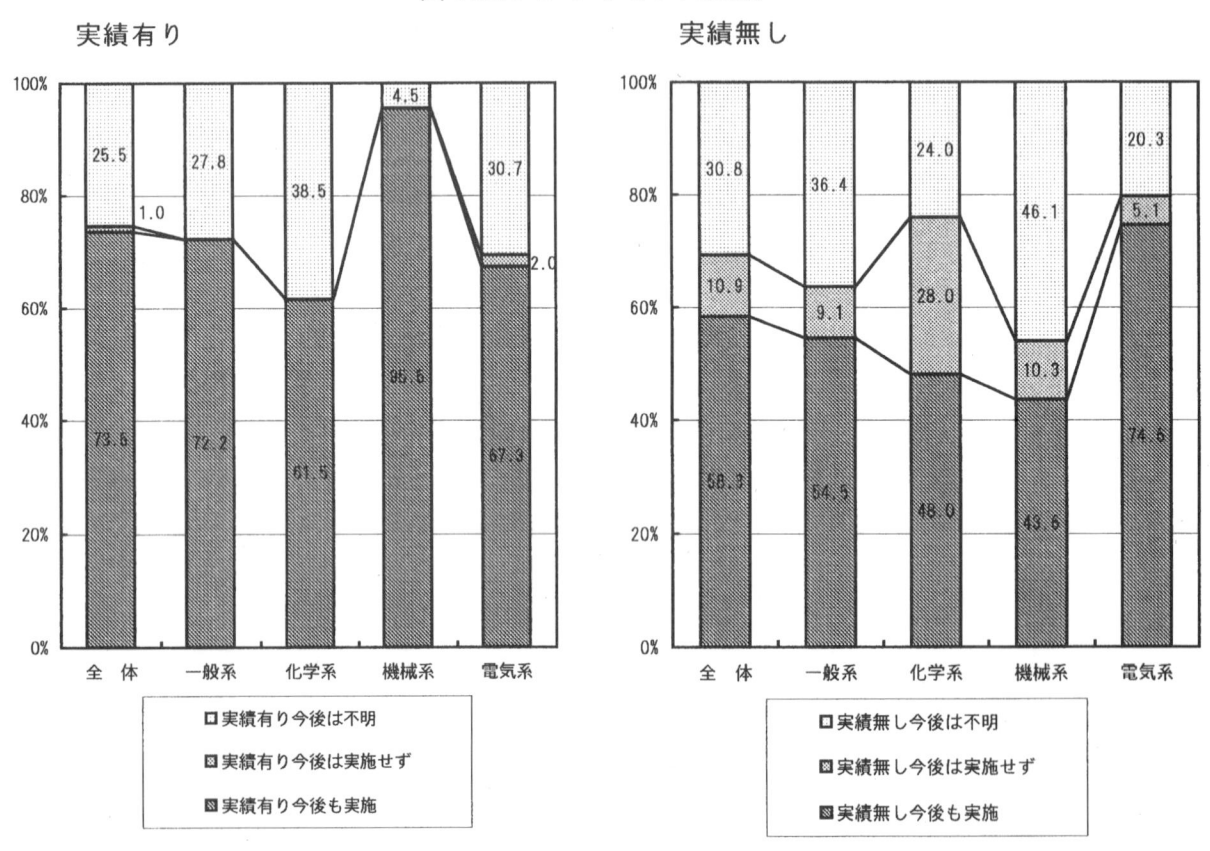

(3) ライセンス先の見つけ方

ライセンス供与の実績があると 5.2.2 項の(2)で回答したテーマ出願人にライセンス先の見つけ方について質問を行った(複数回答)。

質問内容	一般系	化学系	機械系	電気系	全体
・先方からの申し入れ(申入れ)	27.8%	43.2%	37.7%	32.0%	33.7%
・権利侵害調査の結果(侵害発)	22.2%	10.8%	17.4%	21.3%	19.3%
・系列企業の情報網（内部情報）	9.7%	10.8%	11.6%	11.5%	11.0%
・系列企業を除く取引先企業（外部情報）	2.8%	10.8%	8.7%	10.7%	8.3%
・新聞、雑誌、TV、インターネット等（メディア）	5.6%	2.7%	2.9%	12.3%	7.3%
・イベント、展示会等(展示会)	12.5%	5.4%	7.2%	3.3%	6.7%
・特許公報	5.6%	5.4%	2.9%	1.6%	3.3%
・相手先に相談できる人がいた等(人的ネットワーク)	1.4%	8.2%	7.3%	0.8%	3.3%
・学会発表、学会誌(学会)	5.6%	8.2%	1.4%	1.6%	2.7%
・データベース（DB）	6.8%	2.7%	0.0%	0.0%	1.7%
・国・公立研究機関（官公庁）	0.0%	0.0%	0.0%	3.3%	1.3%
・弁理士、特許事務所(特許事務所)	0.0%	0.0%	2.9%	0.0%	0.7%
・その他	0.0%	0.0%	0.0%	1.6%	0.7%

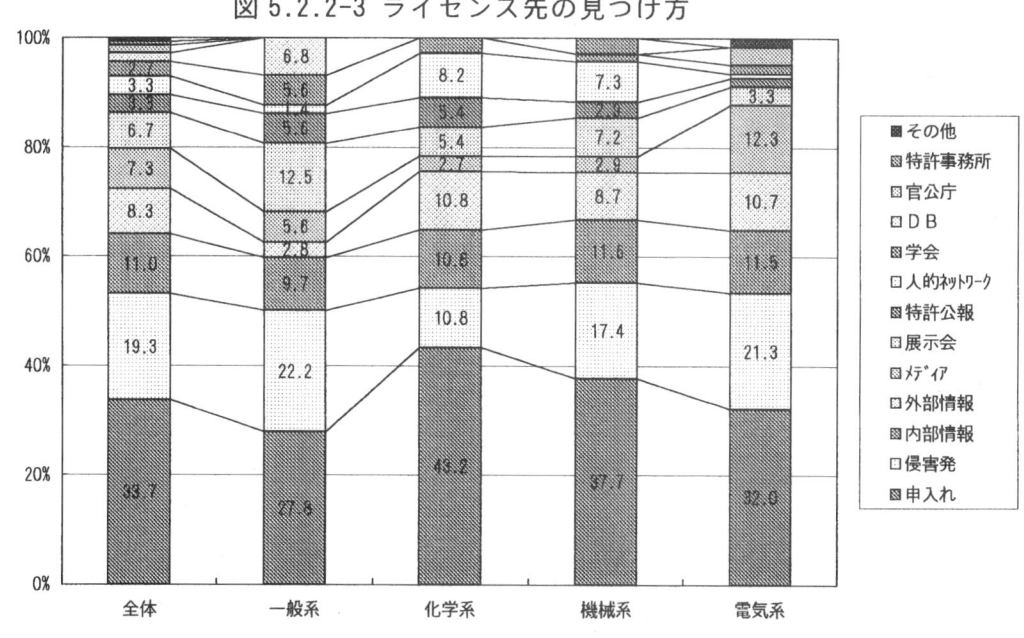

その結果を、図 5.2.2-3 ライセンス先の見つけ方に示す。「申入れ」が 33.7%と最も多く、次いで侵害警告を発した「侵害発」が 19.3%、「内部情報」によりものが 11.0%、「外部情報」によるものが 8.3%であった。特許流通データベースなどの「DB」からは 1.7%であった。化学系において、「申入れ」が 40％を越えている。

図 5.2.2-3 ライセンス先の見つけ方

〔その他の内容〕
①関係団体（2件）

(4) ライセンス供与の不成功理由

5.2.2項の(1)でライセンス活動をしていると答えて、ライセンス実績の無いテーマ出願人に、その不成功理由について質問を行った。

質問内容	一般系	化学系	機械系	電気系	全体
・相手先が見つからない（相手先探し）	58.8%	57.9%	68.0%	73.0%	66.7%
・情勢（業績・経営方針・市場など）が変化した（情勢変化）	8.8%	10.5%	16.0%	0.0%	6.4%
・ロイヤリティーの折り合いがつかなかった（ロイヤリティー）	11.8%	5.3%	4.0%	4.8%	6.4%
・当該特許だけでは、製品化が困難と思われるから（製品化困難）	3.2%	5.0%	7.7%	1.6%	3.6%
・供与に伴う技術移転（試作や実証試験等）に時間がかかっており、まだ、供与までに至らない（時間浪費）	0.0%	0.0%	0.0%	4.8%	2.1%
・ロイヤリティー以外の契約条件で折り合いがつかなかった（契約条件）	3.2%	5.0%	0.0%	0.0%	1.4%
・相手先の技術消化力が低かった（技術消化力不足）	0.0%	10.0%	0.0%	0.0%	1.4%
・新技術が出現した（新技術）	3.2%	5.3%	0.0%	0.0%	1.3%
・相手先の秘密保持に信頼が置けなかった（機密漏洩）	3.2%	0.0%	0.0%	0.0%	0.7%
・相手先がグランド・バックを認めなかった（グラントバック）	0.0%	0.0%	0.0%	0.0%	0.0%
・交渉過程で不信感が生まれた（不信感）	0.0%	0.0%	0.0%	0.0%	0.0%
・競合技術に遅れをとった（競合技術）	0.0%	0.0%	0.0%	0.0%	0.0%
・その他	9.7%	0.0%	3.9%	15.8%	10.0%

その結果を、図5.2.2-4 ライセンス供与の不成功理由に示す。約66.7%は「相手先探し」と回答している。このことから、相手先を探す仲介者および仲介を行うデータベース等のインフラの充実が必要と思われる。電気系の「相手先探し」は73.0%を占めていて他の業種より多い。

図5.2.2-4 ライセンス供与の不成功理由

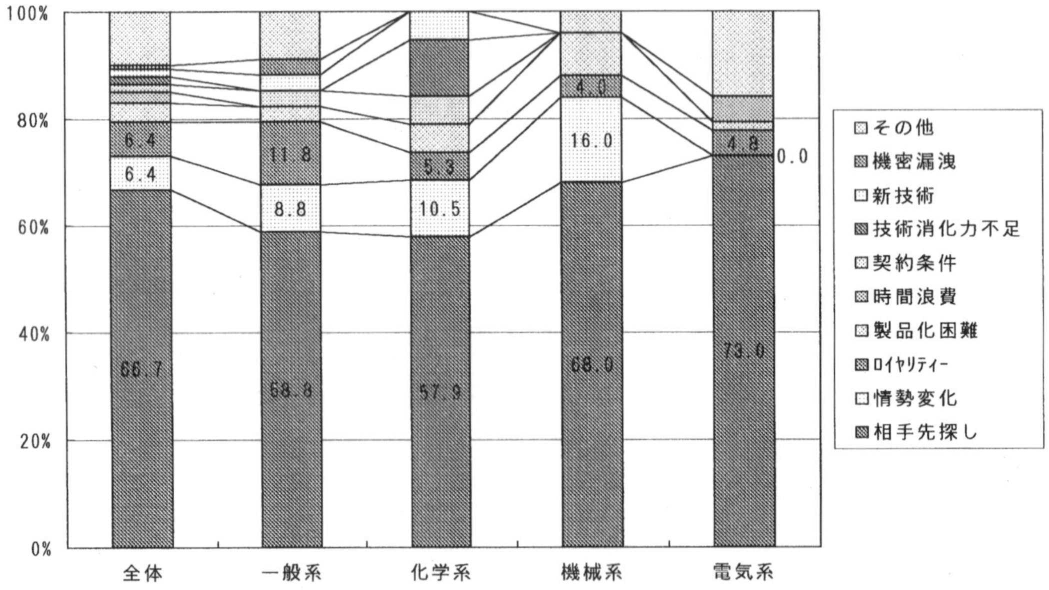

〔その他の内容〕
①単独での技術供与でない
②活動を開始してから時間が経っていない
③当該分野では未登録が多い（3件）
④市場未熟
⑤業界の動向（規格等）
⑥コメントなし（6件）

5.2.3 技術移転の対応
(1) 申し入れ対応

技術移転してもらいたいと申し入れがあった時、どのように対応するかについて質問を行った。

質問内容	一般系	化学系	機械系	電気系	全体
・とりあえず、話を聞く（話を聞く）	44.3%	70.3%	54.9%	56.8%	55.8%
・積積極的に交渉していく（積極交渉）	51.9%	27.0%	39.5%	40.7%	40.6%
・他社への特許ライセンスの供与は考えていないので、断る（断る）	3.8%	2.7%	2.8%	2.5%	2.9%
・その他	0.0%	0.0%	2.8%	0.0%	0.7%

その結果を、図5.2.3-1 ライセンス申し入れ対応に示す。「話を聞く」が55.8%であった。次いで「積極交渉」が40.6%であった。「話を聞く」と「積極交渉」で96.4%という高率であり、中小企業側からみた場合は、ライセンス供与の申し入れを積極的に行っても断られるのはわずか2.9%しかないということを示している。一般系の「積極交渉」が他の業種より高い。

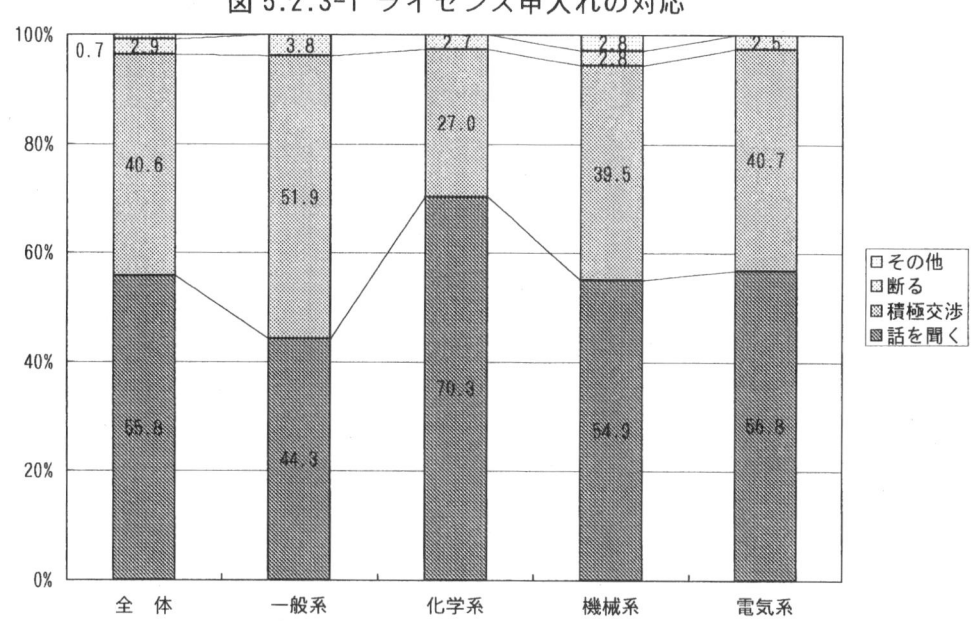

図5.2.3-1 ライセンス申入れの対応

(2) 仲介の必要性

ライセンスの仲介の必要性があるかについて質問を行った。

質問内容	一般系	化学系	機械系	電気系	全体
・自社内にそれに相当する機能があるから不要（社内機能あるから不要）	36.6%	48.7%	62.4%	53.8%	52.0%
・現在はレベルが低いので不要（低レベル仲介で不要）	1.9%	0.0%	1.4%	1.7%	1.5%
・適切な仲介者がいれば使っても良い（適切な仲介者で検討）	44.2%	45.9%	27.5%	40.2%	38.5%
・公的支援機関に仲介等を必要とする（公的仲介が必要）	17.3%	5.4%	8.7%	3.4%	7.6%
・民間仲介業者に仲介等を必要とする（民間仲介が必要）	0.0%	0.0%	0.0%	0.9%	0.4%

図 5.2.3-2 に仲介の必要性の内訳を示す。「社内機能あるから不要」が 52.0％を占め、最も多い。アンケートの配布先は大手企業が大部分であったため、自社において知財管理、技術移転機能が整備されている企業が 50％以上を占めることを意味している。

次いで「適切な仲介者で検討」が 38.5％、「公的仲介が必要」が 7.6％、「民間仲介が必要」が 0.4％となっている。これらを加えると仲介の必要を感じている企業は 46.5％に上る。

自前で知財管理や知財戦略を立てることができない中小企業や一部の大企業では、技術移転・仲介者の存在が必要であると推測される。

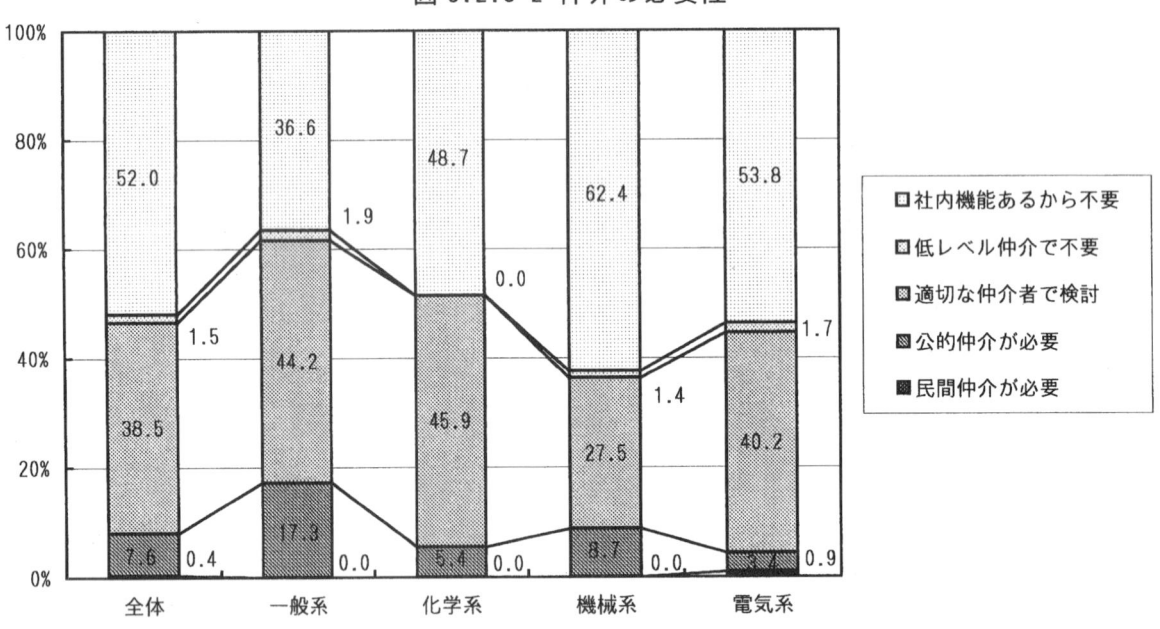

図 5.2.3-2 仲介の必要性

5.2.4 具体的事例
(1) テーマ特許の供与実績

技術テーマの分析の対象となった特許一覧表を掲載し(テーマ特許)、具体的にどの特許の供与実績があるかについて質問を行った。

質問内容	一般系	化学系	機械系	電気系	全体
・有る	12.8%	12.9%	13.6%	18.8%	15.7%
・無い	72.3%	48.4%	39.4%	34.2%	44.1%
・回答できない(回答不可)	14.9%	38.7%	47.0%	47.0%	40.2%

図5.2.4-1に、テーマ特許の供与実績を示す。

「有る」と回答した企業が15.7%であった。「無い」と回答した企業が44.1%あった。「回答不可」と回答した企業が40.2%とかなり多かった。これは個別案件ごとにアンケートを行ったためと思われる。ライセンス自体、企業秘密であり、他者に情報を漏洩しない場合が多い。

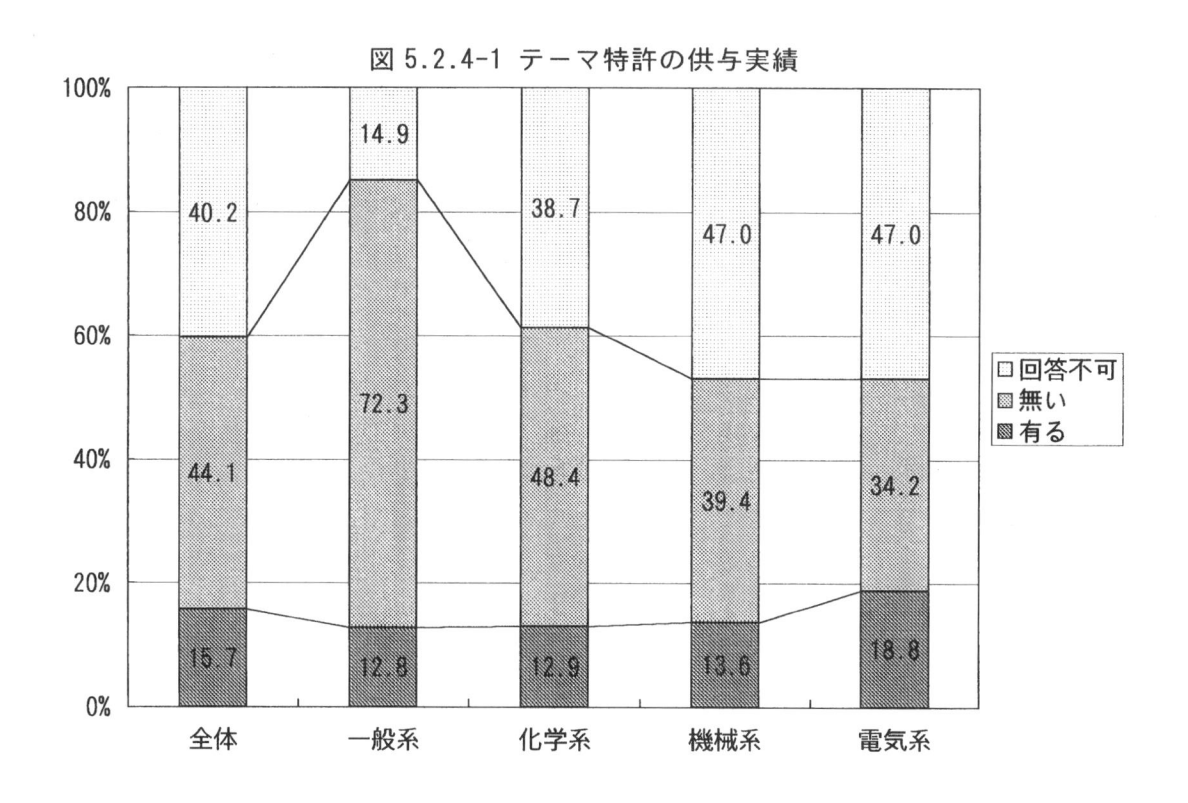

図5.2.4-1 テーマ特許の供与実績

(2) テーマ特許を適用した製品

「特許流通支援チャート」に収蔵した特許（出願）を適用した製品の有無について質問を行った。

質問内容	一般系	化学系	機械系	電気系	全体
・回答できない(回答不可)	27.9%	34.4%	44.3%	53.2%	44.6%
・有る。	51.2%	43.8%	39.3%	37.1%	40.8%
・無い。	20.9%	21.8%	16.4%	9.7%	14.6%

図 5.2.4-2 に、テーマ特許を適用した製品の有無について結果を示す。

「有る」が 40.8％、「回答不可」が 44.6％、「無い」が 14.6％であった。一般系と化学系で「有る」と回答した企業が多かった。

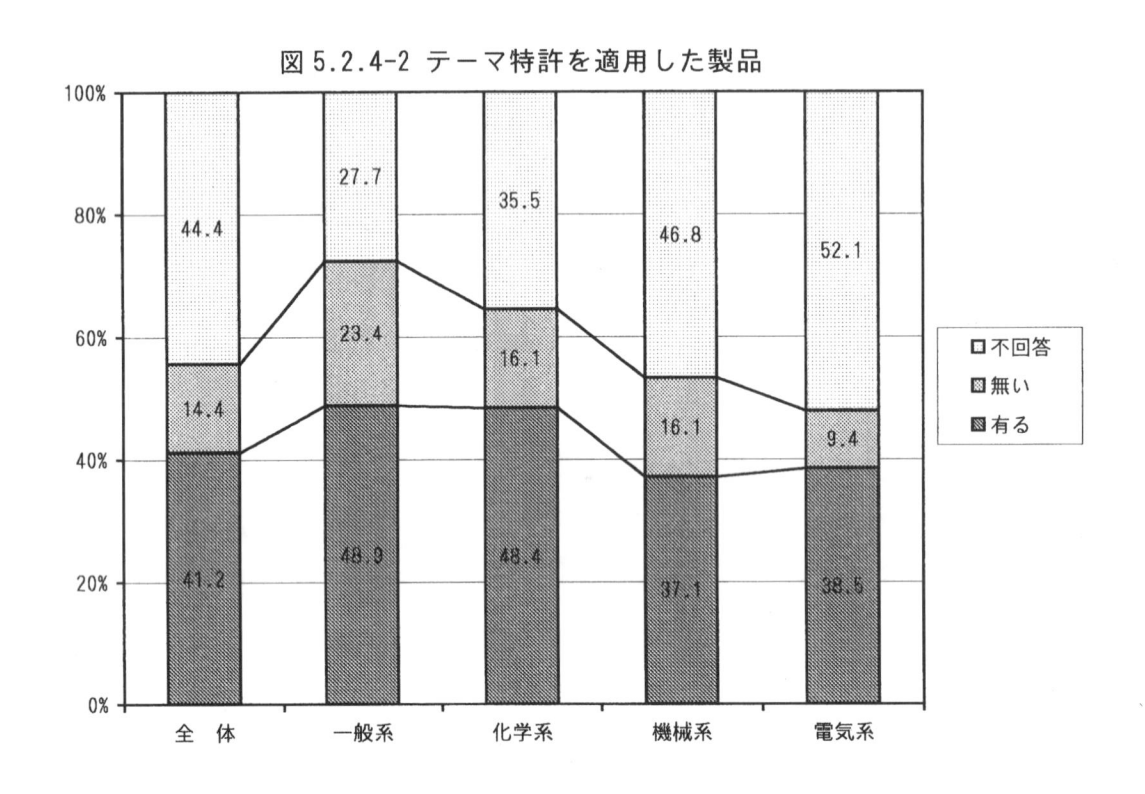

図 5.2.4-2 テーマ特許を適用した製品

5.3 ヒアリング調査

アンケートによる調査において、5.2.2 の(2)項でライセンス実績に関する質問を行った。その結果、回収数 306 件中 295 件の回答を得、そのうち「供与実績あり、今後も積極的な供与活動を実施したい」という回答が全テーマ合計で 25.4%(延べ 75 出願人)あった。これから重複を排除すると 43 出願人となった。

この 43 出願人を候補として、ライセンスの実態に関するヒアリング調査を行うこととした。ヒアリングの目的は技術移転が成功した理由をできるだけ明らかにすることにある。

表 5.3 にヒアリング出願人の件数を示す。43 出願人のうちヒアリングに応じてくれた出願人は 11 出願人(26.5%)であった。テーマ別且つ出願人別では延べ 15 出願人であった。ヒアリングは平成 14 年 2 月中旬から下旬にかけて行った。

表 5.3 ヒアリング出願人の件数

ヒアリング候補出願人数	ヒアリング出願人数	ヒアリングテーマ出願人数
43	11	15

5.3.1 ヒアリング総括

表 5.3 に示したようにヒアリングに応じてくれた出願人が 43 出願人中わずか 11 出願人（25.6%）と非常に少なかったのは、ライセンス状況およびその経緯に関する情報は企業秘密に属し、通常は外部に公表しないためであろう。さらに、11 出願人に対するヒアリング結果も、具体的なライセンス料やロイヤリティーなど核心部分については充分な回答をもらうことができなかった。

このため、今回のヒアリング調査は、対象母数が少なく、その結果も特許流通および技術移転プロセスについて全体の傾向をあらわすまでには至っておらず、いくつかのライセンス実績の事例を紹介するに留まらざるを得なかった。

5.3.2 ヒアリング結果

表 5.3.2-1 にヒアリング結果を示す。

技術移転のライセンサーはすべて大企業であった。

ライセンシーは、大企業が 8 件、中小企業が 3 件、子会社が 1 件、海外が 1 件、不明が 2 件であった。

技術移転の形態は、ライセンサーからの「申し出」によるものと、ライセンシーからの「申し入れ」によるものの 2 つに大別される。「申し出」が 3 件、「申し入れ」が 7 件、「不明」が 2 件であった。

「申し出」の理由は、3 件とも事業移管や事業中止に伴いライセンサーが技術を使わなくなったことによるものであった。このうち 1 件は、中小企業に対するライセンスであった。この中小企業は保有技術の水準が高かったため、スムーズにライセンスが行われたとのことであった。

「ノウハウを伴わない」技術移転は 3 件で、「ノウハウを伴う」技術移転は 4 件であった。

「ノウハウを伴わない」場合のライセンシーは、3 件のうち 1 件は海外の会社、1 件が中小企業、残り 1 件が同業種の大企業であった。

大手同士の技術移転だと、技術水準が似通っている場合が多いこと、特許性の評価やノウハウの要・不要、ライセンス料やロイヤリティー額の決定などについて経験に基づき判断できるため、スムーズに話が進むという意見があった。

中小企業への移転は、ライセンサーもライセンシーも同業種で技術水準も似通っていたため、ノウハウの供与の必要はなかった。中小企業と技術移転を行う場合、ノウハウ供与を伴う必要があることが、交渉の障害となるケースが多いとの意見があった。

「ノウハウを伴う」場合の4件のライセンサーはすべて大企業であった。ライセンシーは大企業が1件、中小企業が1件、不明が2件であった。

「ノウハウを伴う」ことについて、ライセンサーは、時間や人員が避けないという理由で難色を示すところが多い。このため、中小企業に技術移転を行う場合は、ライセンシー側の技術水準を重視すると回答したところが多かった。

ロイヤリティーは、イニシャルとランニングに分かれる。イニシャルだけの場合は4件、ランニングだけの場合は6件、双方とも含んでいる場合は4件であった。ロイヤリティーの形態は、双方の企業の合意に基づき決定されるため、技術移転の内容によりケースバイケースであると回答した企業がほとんどであった。

中小企業へ技術移転を行う場合には、イニシャルロイヤリティーを低く抑えており、ランニングロイヤリティーとセットしている。

ランニングロイヤリティーのみと回答した6件の企業であっても、「ノウハウを伴う」技術移転の場合にはイニシャルロイヤリティーを必ず要求するとすべての企業が回答している。中小企業への技術移転を行う際に、このイニシャルロイヤリティーの額をどうするか折り合いがつかず、不成功になった経験を持っていた。

表 5.3.2-1 ヒアリング結果

導入企業	移転の申入れ	ノウハウ込み	イニシャル	ランニング
ー	ライセンシー	○	普通	ー
ー	ー	○	普通	ー
中小	ライセンシー	×	低	普通
海外	ライセンシー	×	普通	ー
大手	ライセンシー	ー	ー	普通
大手	ライセンシー	ー	ー	普通
大手	ライセンシー	ー	ー	普通
大手	ー	ー	ー	普通
中小	ライセンサー	ー	ー	普通
大手	ー	ー	普通	低
大手	ー	○	普通	普通
大手	ライセンサー	ー	普通	ー
子会社	ライセンサー	ー	ー	ー
中小	ー	○	低	高
大手	ライセンシー	×	ー	普通

＊ 特許技術提供企業はすべて大手企業である。

（注）
ヒアリングの結果に関する個別のお問い合わせについては、回答をいただいた企業とのお約束があるため、応じることはできません。予めご了承ください。

資料6．特許番号一覧

(1) 30社の特許番号一覧

　出願件数上位50社から前述（2.1～2.20）の主要企業20社を除いた30社について、特許リストを示す。なお、これらの特許は、全て開放特許とは限らないため、個別の対応が必要である。

　注）特許番号後のカッコ内の数字は、(2)出願件数上位50社の連絡先、に示す企業名のNoに対応している。

30社の特許リスト(1/18)

技術要素	課題	概要（解決手段）	特許番号	特許番号	特許番号 特許分類
製膜	膜製造法開発	膜材質 多孔質四弗化エチレン樹脂（PTFE）チューブの内面に密着して、多孔質 PTFE シートにより形成された層が少なくとも1層配置され、多孔質 PTFE チューブと多孔質 PTFE シートとの間、または PTFE シート相互の間、あるいはその両方の少なくとも一部が、非シート状の接着性樹脂からなる接着層により接着固定化されているチューブ状多孔質複合物。			特開平7-256028(21) B01D 39/16
		膜材質 ポリエーテルスルホンと溶媒とからなる製膜原液を、温度および湿度のうち少なくとも一方を制御した雰囲気中で基体上にキャスティングした後、組成および温度の少なくとも一方が異なる少なくとも2種類の凝固液中に順次浸漬する。			特開平9-285723(45) B01D 71/68
		膜材質 金属管を出発原料にして、該金属管を焼き鈍しする工程と、焼き鈍し処理した金属管の両端を残してその中央区間のみに電気化学的酸化による多孔質金属酸化物を形成する工程と、多孔質金属酸化物の形成された区間のうちのさらに中央区間に限定して前記多孔質金属酸化物の微細な孔を貫通させる貫通処理を行なう工程からなる。			特許2934830(35) C25D 11/00 303
		膜材質 特定の式で表される特定の構造単位を有するカルド型ポリマーを所定の分離膜形状に成形して分離膜前駆体を形成し、分離膜前駆体を嫌気雰囲気下で加熱し炭化させることにより、優れた気体分離性能を発揮する。			特許3111196(35)(49) B01D 71/02 500
		膜材質 ゼオライト膜を、シリカとシリカ以外の金属酸化物との複合コロイドゾルを原料液に使用して多孔質支持体上に水熱合成で形成する。			特開平10-114516(43) C01B 39/02
		膜材質 SiO_2-B_2O_3-Na_2O 系ガラス粉末の懸濁液を多孔質セラミックス基材で濾過して該基材上にガラス粉末の堆積層を形成し、真空中で加熱して該堆積層を溶融した後室温まで急冷してガラス膜とし、このガラス膜を酸溶液で処理して多孔質ガラス膜を生成する。			特開平11-19458(21) B01D 53/22
		膜材質 高耐アルカリ性ないし低熱膨張率（$5×10^{-6}$/℃以下）であるゼオライト膜担持用基材。			特開平11-137981(43) B01D 69/10
		膜材質 平均細孔径が 0.5～50nm の範囲にある多孔質膜の微細孔に、有機液体混合物の少なくとも1つの特定成分に対して親和性を持つ液体を付与した、膜蒸留法用の有機液体混合物用分離膜、およびそれを用いた膜蒸留型分離方法。			特開平10-202072(29) B01D 69/02

30社の特許リスト(2/18)

技術要素	課題	概要（解決手段）	特許番号	特許番号	特許番号 特許分類
製膜	膜製造法開発	膜材質 基材上に形成された欠陥を含むゼオライト層（ゼオライト堆積層）が除去され、基材の細孔内部および/又は基材の表面で核発生し成長したゼオライト結晶から構成されるゼオライト膜（ゼオライト内部成長層，ゼオライト界面成長層）を有する。			特開2000-7324(43) C01B 39/02
		膜材質 (1)無機多孔体の表面に化学蒸着法によりシリカ、チタニアまたはジルコニアを堆積してなる無機多孔膜からなるアルコール蒸気阻止膜、または(2)シリコンアルコキシド、チタンアルコキシド、四塩化チタン、四塩化ケイ素および四塩化ジルコニウムからなる群より選択される少なくとも1種と酸素とを用いて、無機多孔体の表面に化学蒸着法によりシリカ、チタニアまたはジルコニアを堆積する。			特許2972876(35) B01D 71/02
		膜材質 熱分解開始温度が400℃以上の耐熱性ポリイミド樹脂を25重量％含有するポリイミド樹脂分散液に、フィラー材として平均粒子径2.5μmのアルミナ粉末が分散して成り、前記ポリイミド樹脂分散液と前記アルミナ粉末の重量比は、85：15であるゼオライト膜用耐熱性樹脂シール材。			特開2000-109690(43) C08L 79/08
		膜材質 平均細孔径0.8μmのαアルミナ多孔質基材に、実質的に欠陥のない十分に緻密なゼオライト膜を形成して、ヘリウムガス透過率が1×10^{-6}mol/s・m^2・Paであるゼオライト膜を被覆したαアルミナ多孔質基材を得る。			特開2000-126564(43) B01D 71/02 500
		膜材質 有機液体混合物を膜の片側に供給し、他の側から気相で有機液体混合物中の一部の成分を分離する膜分離法に用いられる分離膜であって、該分離膜がポリフェニレンスルフォン、ポリエチレンおよびポリプロピレンから選ばれる多孔質支持膜とポリイミドからなる。			特開2000-157843(29) B01D 61/36
		膜材質 四フッ化エチレン樹脂からなる多孔質膜の少なくとも一層とフッ素樹脂からなる非多孔質膜の少なくとも一層とが一体化してなる多層構造を含有するフッ素樹脂複合膜、その製造方法、および該フッ素樹脂複合膜を用いた分離膜モジュール。			特開2000-33245(21) B01D 71/36
		膜材質 多孔質支持体の表面に形成されたPdとPdと合金化する金属とからなる水素透過用Pd合金膜であって、該Pd合金膜が、該多孔質支持体の表面にPdを蒸発させる蒸発源とPdと合金化する金属を蒸発させる蒸発源との2つ以上の蒸発源を有する真空蒸着装置を用いて作製されたPd合金膜である。			特開2000-247605(23) C01B 3/50
		膜材質 繊維と該繊維を接続する結節とからなる四フッ化エチレン樹脂延伸多孔質体の内部を含む外表面に形成された親水性樹脂層に活物質が固定された多孔質体フィルター。			特開2001-844(21) B01D 71/36
		膜材質	特開平7-68140(37)	特開平10-57786(37)	特開平10-99665(27)
		膜材質	特開平10-85567(23)	特開平10-180179(25)	特開平11-169692(21)
		膜材質	特開平11-262642(21)	特開2000-5545(25)	特開2000-300974(29)
		膜材質	特開2001-97715(43)	特表平8-501977(9)	特許2710711(36)

30社の特許リスト (3/18)

技術要素	課題	概要（解決手段）	特許番号	特許番号	特許番号 特許分類
製膜	膜製造法開発	膜材質	特開平8-257302(41)	特許2907316(10)	特開平8-215547(33)
		膜材質	特開平8-229358(10)	特開平9-103658(33)	特許3205267(36)
		膜材質	特許3205268(36)	特開平10-212117(41)	特開2000-42386(41)
		膜材質	特開2000-42387(41)	特許2993639(32)	特開2001-97789(49)
		膜材質	特開2000-176264(32)	特開2000-325765(33)	
		膜に機能物質添加 芳香環を有する縮合系高分子等の多孔性膜の一方の表層部にイオン性官能基を有する合成高分子化合物の薄層を形成する。			特許3040129(37) B01D 71/82 500
		膜に機能物質添加 少なくともロジウムとジエン化合物を含む有機金属錯体を溶媒に溶解した溶液と、該溶液を保持するための支持体とからなる二酸化炭素分離膜およびそれに用いる少なくともロジウムとジエン化合物を含む有機金属錯体からなる二酸化炭素キャリヤーが提供される。			特公平6-93976(21)(35) B01D 69/00 500
		膜に機能物質添加 水素精製用の水素分離膜の製造にあたり、多孔質金属、セラミックス等の表面をパラジウムを含む金属等で被覆する際、その前処理として行う感受性化処理または活性化処理の工程を減圧下で行う。			特開平9-29079(25) B01D 71/02 500
		膜に機能物質添加 熱分解開始温度が400℃以上の耐熱性ポリイミド樹脂を25重量％含有するポリイミド樹脂分散液に、フィラー材として平均粒子径2.5μmのアルミナ粉末が分散して成り、前記ポリイミド樹脂分散液と前記アルミナ粉末の重量比は、85：15であるゼオライト膜用耐熱性樹脂シール材。			特開2000-109690(43) C08L 79/08
		膜に機能物質添加 多孔質支持体の表面に形成されたPdとPdと合金化する金属とからなる水素透過用Pd合金膜であって、該Pd合金膜が、該多孔質支持体の表面にPdを蒸発させる蒸発源とPdと合金化する金属を蒸発させる蒸発源との2つ以上の蒸発源を有する真空蒸着装置を用いて作製されたPd合金膜である。			特開2000-247605(23) C01B 3/50
		膜に機能物質添加 繊維と該繊維を接続する結節とからなる四フッ化エチレン樹脂延伸多孔質体の内部を含む外表面に形成された親水性樹脂層に活物質が固定された多孔質体フィルター。			特開2001-844(21) B01D 71/36
		膜に機能物質添加	特開平10-180179(25)	特開2000-5545(25)	特開平8-215547(33)
		膜に機能物質添加	特開平8-229358(10)	特開平9-103658(33)	特開2000-42386(41)
		膜に機能物質添加	特開2000-42387(41)	特許2993639(32)	特開2001-97789(49)
		製膜技術全般 四弗化エチレン樹脂ファインパウダーおよび液状潤滑剤を含有しかつ配合の異なる2種以上の組成物を、予備成型した後、ペースト押出し、次いで多孔化及焼成を行う。			特許2932611(21) B32B 5/32

30社の特許リスト(4/18)

技術要素	課題	概要（解決手段）	特許番号	特許番号	特許番号 特許分類
製膜	膜製造法開発	製膜技術全般 芳香環を有する縮合系高分子等の多孔性膜の一方の表層部にイオン性官能基を有する合成高分子化合物の薄層を形成する。			特許 3040129(37) B01D 71/82 500
		製膜技術全般 多孔質四弗化エチレン樹脂（PTFE）チューブの内面に密着して、多孔質 PTFE シートにより形成された層が少なくとも１層配置され、多孔質 PTFE チューブと多孔質 PTFE シートとの間、または PTFE シート相互の間、あるいはその両方の少なくとも一部が、非シート状の接着性樹脂からなる接着層により接着固定化されているチューブ状多孔質複合物。			特開平7-256028(21) B01D 39/16
		製膜技術全般 ポリエーテルスルホンと溶媒とからなる製膜原液を、温度および湿度のうち少なくとも一方を制御した雰囲気中で基体上にキャスティングした後、組成および温度の少なくとも一方が異なる少なくとも２種類の凝固液中に順次浸漬する。			特開平9-285723(45) B01D 71/68
		製膜技術全般 特定の式で表される特定の構造単位を有するカルド型ポリマを所定の分離膜形状に成形して分離膜前駆体を形成し、分離膜前駆体を嫌気雰囲気下で加熱し炭化させることにより、優れた気体分離性能を発揮する。			特許 3111196(35)(49) B01D 71/02 500
		製膜技術全般 ゼオライト膜を、シリカとシリカ以外の金属酸化物との複合コロイドゾルを原料液に使用して多孔質支持体上に水熱合成で形成する。			特開平10-114516(43) C01B 39/02
		製膜技術全般 SiO_2-B_2O_3-Na_2O 系ガラス粉末の懸濁液を多孔質セラミックス基材で濾過して該基材上にガラス粉末の堆積層を形成し、真空中で加熱して該堆積層を溶融した後室温まで急冷してガラス膜とし、このガラス膜を酸溶液で処理して多孔質ガラス膜を生成する。			特開平11-19458(21) B01D 53/22
		製膜技術全般 高耐アルカリ性ないし低熱膨張率（$5×10^{-6}$/℃以下）であるゼオライト膜担持用基材。			特開平11-137981(43) B01D 69/10
		製膜技術全般 平均細孔径が 0.5～50nm の範囲にある多孔質膜の微細孔に、有機液体混合物の少なくとも１つの特定成分に対して親和性を持つ液体を付与した、膜蒸留法用の有機液体混合物用分離膜、およびそれを用いた膜蒸留型分離方法。			特開平10-202072(29) B01D 69/02
		製膜技術全般 基材上に形成された欠陥を含むゼオライト層（ゼオライト堆積層）が除去され、基材１の細孔内部および/又は基材の表面で核発生し成長したゼオライト結晶から構成されるゼオライト膜（ゼオライト内部成長層，ゼオライト界面成長層）を有する。			特開 2000-7324(43) C01B 39/02
		製膜技術全般 (1)無機多孔体の表面に化学蒸着法によりシリカ、チタニアまたはジルコニアを堆積してなる無機多孔膜からなるアルコール蒸気阻止膜、または(2)シリコンアルコキシド、チタンアルコキシド、四塩化チタン、四塩化ケイ素および四塩化ジルコニウムからなる群より選択される少なくとも１種と酸素とを用いて、無機多孔体の表面に化学蒸着法によりシリカ、チタニアまたはジルコニアを堆積する。			特許 2972876(35) B01D 71/02

30社の特許リスト(5/18)

技術要素	課題	概要（解決手段）	特許番号	特許番号	特許番号 特許分類
製膜	膜製造法開発	製膜技術全般 熱分解開始温度が400℃以上の耐熱性ポリイミド樹脂を25重量%含有するポリイミド樹脂分散液に、フィラー材として平均粒子径2.5μmのアルミナ粉末が分散して成り、前記ポリイミド樹脂分散液と前記アルミナ粉末の重量比は、85：15であるゼオライト膜用耐熱性樹脂シール材。			特開2000-109690(43) C08L 79/08
		製膜技術全般 平均細孔径0.8μmのαアルミナ多孔質基材に、実質的に欠陥のない十分に緻密なゼオライト膜を形成して、ヘリウムガス透過率が1×10⁻⁶mol/s・m²・Paであるゼオライト膜を被覆したαアルミナ多孔質基材を得る。			特開2000-126564(43) B01D 71/02 500
		製膜技術全般 有機液体混合物を膜の片側に供給し、他の側から気相で有機液体混合物中の一部の成分を分離する膜分離法に用いられる分離膜であって、該分離膜がポリフェニレンスルフォン、ポリエチレンおよびポリプロピレンから選ばれる多孔質支持膜とポリイミドからなる。			特開2000-157843(29) B01D 61/36
		製膜技術全般 四フッ化エチレン樹脂からなる多孔質膜（A）の少なくとも一層とフッ素樹脂からなる非多孔質膜（B）の少なくとも一層とが一体化してなる多層構造を含有するフッ素樹脂複合膜、その製造方法、および該フッ素樹脂複合膜を用いた分離膜モジュール。			特開2000-33245(21) B01D 71/36
		製膜技術全般 多孔質支持体の表面に形成されたPdとPdと合金化する金属とからなる水素透過用Pd合金膜であって、該Pd合金膜が、該多孔質支持体の表面にPdを蒸発させる蒸発源とPdと合金化する金属を蒸発させる蒸発源との2つ以上の蒸発源を有する真空蒸着装置を用いて作製されたPd合金膜である。			特開2000-247605(23) C01B 3/50
		製膜技術全般 繊維と該繊維を接続する結節とからなる四フッ化エチレン樹脂延伸多孔質体の内部を含む外表面に形成された親水性樹脂層に活物質が固定された多孔質体フィルター。			特開2001-844(21) B01D 71/36
		製膜技術全般	特開平8-285792(19)	特許2915123(37)	特開平7-68140(37)
		製膜技術全般	特開平10-57786(37)	特開平10-85567(23)	特開平10-180179(25)
		製膜技術全般	特開平11-169692(21)	特開平11-262642(21)	特開2000-5545(25)
		製膜技術全般	特開2000-300974(29)	特開2001-97715(43)	特開平9-75692(19)
		製膜技術全般	特許2907316(10)	特開平8-84929(25)	特開平9-94446(45)
		製膜技術全般	特開平8-215547(33)	特開平8-229358(10)	特開平9-103658(33)
		製膜技術全般	特許3205267(36)	特許3205268(36)	特開平10-212117(41)
		製膜技術全般	特開2000-42386(41)	特開2000-42387(41)	特許2993639(32)
		製膜技術全般	特開2001-97789(49)	特開2000-176264(32)	特開2000-325765(33)
		モジュール構造	特開平9-103658(33)		

233

30社の特許リスト(6/18)

技術要素	課題	概要（解決手段）	特許番号	特許番号	特許番号 特許分類
製膜	膜製造法開発	モジュール製造方法	特開平9-103658(33)	特開平10-99665(27)	
	膜の耐久性向上	膜材質 熱分解開始温度が400℃以上の耐熱性ポリイミド樹脂を25重量%含有するポリイミド樹脂分散液に、フィラー材として平均粒子径2.5μmのアルミナ粉末が分散して成り、前記ポリイミド樹脂分散液と前記アルミナ粉末の重量比は、85：15であるゼオライト膜用耐熱性樹脂シール材。			特開2000-109690(43) C08L 79/08
		膜材質	特開平11-169692(21)	特開2000-42386(41)	特開2000-42387(41)
		膜に機能物質添加	特開2000-42386(41)	特開2000-42387(41)	
		膜形状	特開平5-137982(19)		
		製膜技術全般	特開平5-137982(19)	特開平11-169692(21)	特開2000-42386(41)
		製膜技術全般	特開2000-42387(41)	特開2000-109690(43)	
	小型化	膜材質	特開2001-219056(38)		
		膜に機能物質添加	特開平7-232042(37)	特開2001-219056(38)	
		膜形状	特開平7-232042(37)		
		製膜技術全般	特開平7-232042(37)	特開2001-219056(38)	
	処理能力向上	膜材質 四フッ化エチレン樹脂からなる多孔質膜（A）の少なくとも一層とフッ素樹脂からなる非多孔質膜（B）の少なくとも一層とが一体化してなる多層構造を含有するフッ素樹脂複合膜、その製造方法、および該フッ素樹脂複合膜を用いた分離膜モジュール。			特開2000-33245(21) B01D 71/36
	低コスト化	膜に機能物質添加 部分的にジチオカーバメート化したポリ塩化ビニルをアクリロニトリル-ブタジエンゴム（NBR）とブレンドし、不均質系で光臭素化を行って得られた、耐放射線性のあるトリチウム、重水素と水素の気体分離膜。			特公平7-10336(35) B01D 59/14
モジュール化	分離性能向上	結束・集束・固定・接着方法 一対の選択的水蒸気透過膜が枠部材55の両面の開口部を塞口するように取り付けられ、固体高分子電解素子が枠部材と一対の選択的水蒸気透過膜とで構成される閉空間を第1および第2の閉空間に画成するように取り付けられて単セルが構成されている。			特開平11-207132(15) B01D 53/26
		結束・集束・固定・接着方法 上下に貫通した開口を有し且つその内面の厚み方向中央部に凸部を備えた枠体中に、枠体と同じ材質の上下対称の1対の多孔質部材を枠体の上下開口から嵌挿して該1対の部材の相対する面が当接するように配置するとともに、多孔質板体内にガス通路を設ける。			特開平11-300172(23) B01D 63/00 510
		結束・集束・固定・接着方法	特開平11-210737(38)	特開平11-276867(23)	特開平8-71378(19)
		結束・集束・固定・接着方法	特開平9-122453(19)	特開平9-122454(19)	特開平9-262441(19)

30社の特許リスト(7/18)

技術要素	課題	概要（解決手段）	特許番号	特許番号	特許番号 特許分類
モジュール化	分離性能向上	結束・集束・固定・接着方法	特許3077020(30)	特開平10-180060(43)	特開平11-188243(50)
		結束・集束・固定・接着方法	特開平11-197462(50)	特開2000-203957(43)	特開2000-354746(21)
		結束・集束・固定・接着方法	実登2572411(50)	実登2560901(50)	実公平7-11764(38)
		モジュール構造	特開平11-210737(38)	特開平11-276867(23)	特開平9-122453(19)
		モジュール構造	特開平9-122454(19)	特開平9-262441(19)	特許3077020(30)
		モジュール構造	特開平9-122454(19)	特開平9-262441(19)	特許3077020(30)
		モジュール構造	特開平11-188243(50)	特開平11-197462(50)	特許2883079(40)
		モジュール構造	特開2000-203957(43)	特開2000-246064(21)	特開2000-354746(21)
		モジュール構造	実登2572411(50)	実登2560901(50)	実公平7-11764(38)
		モジュール製造方法	特開平11-210737(38)	特開平11-276867(23)	特開平7-80258(21)
		モジュール製造方法	特開平9-122453(19)	特開平9-122454(19)	特開平9-262441(19)
		モジュール製造方法	特許3077020(30)	特開平10-180060(43)	特開平11-188243(50)
		モジュール製造方法	特開平11-197462(50)	特開2000-354746(21)	実登2560901(50)
		モジュール製造方法	実公平7-11764(38)		
		多段・集積化	特開平8-173749(9)	特開平8-198606(9)	
		システム・装置化	特許3051427(9)	特許2946673(25)	特開平9-241003(25)
		システム・装置化	特開平9-187491(39)	特開平9-187492(39)	特許3153144(40)
		システム・装置化	特開平11-57424(47)	特開平11-57425(47)	特開平11-226344(10)
		システム・装置化	特開平10-339405(10)	特開2000-84342(48)	特開2001-116450(9)
		他の単位操作との組合せ 多孔質膜の片側に有機液体混合物を供給し、他の片側から気相で一部の成分を分離する分離膜であって、少なくとも分離対象の有機液体混合物の接する面の表面に非多孔質の層を設けた、膜蒸留法ないしパーベーパレーション用の有機液体混合物用分離膜、およびそれを用いた装置および方法。			特開平10-180059(29) B01D 69/12
		他の単位操作との組合せ	特開平8-198606(9)	特開平9-851(32)	特開平11-51557(10)
		他の単位操作との組合せ	特開2000-16803(28)	特開平11-236579(10)	特開2001-172013(10)
		他の単位操作との組合せ	特開2000-213719(25)	特開2000-334249(32)	特開平11-156167(41)
		他の単位操作との組合せ	特開平10-180026(9)	特開平10-328522(10)	特開平9-323027(9)

30社の特許リスト(8/18)

技術要素	課題	概要（解決手段）	特許番号	特許番号	特許番号 特許分類
モジュール化	分離性能向上	他の単位操作との組合せ	特開平9-323028(9)	特開平11-57379(34)	特開平11-319465(9)
		補助機能・構成機器の改良	特開平8-198606(9)	特開平11-236579(10)	特開2000-213719(25)
		補助機能・構成機器の改良	特開2000-334249(32)	特開平8-173749(9)	
	脱気性能向上	結束・集束・固定・接着方法	特開平9-187602(27)	特開平10-5742(38)	特開平11-268131(27)
		結束・集束・固定・接着方法	特開平11-267406(27)	実登2607174(27)	
		モジュール構造	特開平8-10765(45)	特許3180639(38)	特開平9-187602(27)
		モジュール構造	特開平11-268131(27)	特開平11-267406(27)	実登2607174(27)
		モジュール製造方法	特許3180639(38)	特開平9-187602(27)	特開平11-268131(27)
		モジュール製造方法	特開平11-267406(27)	実登2607174(27)	特開平10-5742(38)
		システム・装置化	特開平9-222375(24)	特許2969075(27)	特開平10-76106(27)
		システム・装置化	特開平10-128307(24)	特開平10-216403(27)	特開2000-15247(38)
		システム・装置化	特開2000-15005(38)		
		補助機能・構成機器の改良 揮発性有機物質を含む水を膜脱気手段のような水中の揮発性有機物質を気相へ移行させる手段で処理することによって、揮発性有機物質を含む気体と揮発性有機物質が除かれた水とに気液分離し、揮発性有機物質を含む気体を常圧低温マイクロ波プラズマ装置のような常圧低温プラズマ装置に移送して前記装置においてプラズマによって分解処理して無害化処理する。			特開2001-137837(24) C02F 1/20
		補助機能・構成機器の改良 脱気手段を用いて真空脱気する脱気方法において、真空吸引手段の吸引側における真空圧力と蒸気分圧とに基づいて、前記真空吸引手段の運転を制御する脱気方法である。			特開2000-342903(38) B01D 19/00 101
		補助機能・構成機器の改良	特許3180639(38)	特許3060935(38)	
	調湿性能向上	結束・集束・固定・接着方法 水蒸気を含有する気体の除湿処理に用いられる水蒸気分離用モジュールにおいて、少なくとも前記湿潤気体を取り入れる取入口と処理後の脱湿気体を取り出す取出口とを有する外筒内に、熱可塑性樹脂から成る結束部材によって結束した水蒸気選択透過性の中空糸膜の結束体を収納したものである。			特開平9-29049(30) B01D 53/22
		結束・集束・固定・接着方法	実登2552863(42)	特開平11-173609(15)	実開2000-17(33)
		モジュール構造	特許2936626(15)	実登2552863(42)	特開平8-206438(34)
		モジュール構造	特開平10-5525(34)	特開平11-309331(30)	
		モジュール製造方法	特開平9-29049(30)	実登2552863(42)	特開平8-206438(34)
		モジュール製造方法	特開平10-5525(34)	特開平11-309331(30)	特開平11-173609(15)

30社の特許リスト(9/18)

技術要素	課題	概要（解決手段）	特許番号	特許番号	特許番号 特許分類
モジュール化	調湿性能向上	多段・集積化	特許2872521(10)		
		システム・装置化 水蒸気選択透過性中空糸膜からなる集束体1を少なくとも1束備え、且つ、水蒸気を含有する除湿気体を前記集束体の一次側に供給するための一次側供給路と、前記集束体の一次側を通過し脱湿された脱湿気体を外部に排出するための一次側排出路とを備えた除湿装置において、一次側排出路に脱湿気体の取り出し量を調整する流量制御弁を設ける。			特開平9-29050(30) B01D 53/26
		システム・装置化 固体高分子電解質膜の電解効果によって管理空間の調湿を行う場合に水蒸気を冷却凝縮して水の形で系外に除去し、空気の気体成分比を変化させずに除湿する。			特開平10-71319(15) B01D 53/26
		システム・装置化	特許3032561(39)	特開平6-315615(28)	特許2696014(15)
		システム・装置化	特許2726769(15)	特開平7-232024(28)	特開平8-66616(28)
		システム・装置化	特開平8-155245(28)	特開平8-252422(42)	特開平9-290126(30)
		システム・装置化	特開平9-303961(30)	特許2913020(35)	特開平10-192640(34)
		システム・装置化	特開平10-235134(42)	特開平10-290916(34)	特開平10-277347(15)
		システム・装置化	特開平10-263353(30)	特開平10-244123(34)	特開平10-113531(33)
		システム・装置化	特開平11-137946(15)	特開平11-294805(25)	特開平11-300141(28)
		システム・装置化	特許2883078(40)	特開2000-5547(42)	特開2000-5548(34)
		システム・装置化	特開2000-107550(15)	特開2000-279744(48)	特開2000-279745(48)
		システム・装置化	特開2001-12775(15)	特開2001-201120(44)	特開2001-202976(44)
		システム・装置化	特開2001-202977(44)	特開2001-202978(44)	特開2001-201121(44)
		システム・装置化	特開2001-201122(44)	特開2001-202979(44)	特開2000-354730(30)
		システム・装置化	実登3057115(42)		
		他の単位操作との組合せ	特開平8-52316(10)	特開平8-290033(42)	特開2000-237318(36)
		他の単位操作との組合せ	特開2000-24445(45)	特許3124929(40)	特開平10-128036(30)
		他の単位操作との組合せ	特開平8-117545(28)	特開平8-155243(28)	特開平10-24209(9)
		他の単位操作との組合せ	特開平10-287403(36)	特開2000-15044(15)	
		補助機能・構成機器の改良	特開平8-57243(10)	特開平10-128036(30)	特開平8-206438(34)
		補助機能・構成機器の改良	特開平8-323132(34)	特開2000-117040(30)	
		保守方法全般	特開2000-117040(30)		

30社の特許リスト(10/18)

技術要素	課題	概要（解決手段）	特許番号	特許番号	特許番号 特許分類
モジュール化	蒸発・蒸留性能向上	多段・集積化	特開平10-314551(29)		
		システム・装置化 有機液体混合物から、分離膜を用いて有機液体成分を分離する方法において、分離膜の二次側に掃引ガスを、膜面における線速度が0.5～10m/秒の範囲になるように循環させ、二次側で有機液体成分をトラップを用いて捕集する。			特開平10-180046(29) B01D 61/36
		システム・装置化	特公平7-27067(35)	特許2947853(24)	特開平5-184906(9)
		システム・装置化	特開平8-141551(25)	特開平8-112592(24)	
		他の単位操作との組合せ	特開平10-314551(29)		
	製造能力向上	結束・集束・固定・接着方法	特開平8-126823(19)	特開平8-229359(19)	
		モジュール構造	特開平9-206535(28)(50)		
		モジュール製造方法	特開平9-206535(28)(50)	特開平8-126823(19)	特開平8-206465(19)
		多段・集積化	特許2789548(10)	特開平8-196853(9)	特開平10-235127(10)
		システム・装置化	特開平5-184906(9)	特許2924248(25)	特許2631244(40)
		システム・装置化	特許2947853(24)	特公平5-87295(35)	特開平9-858(10)
		システム・装置化	特許3056578(15)	特許2741153(40)	特開平6-170146(9)
		システム・装置化	特開平6-191806(9)	特開平6-219712(9)	特開平7-51532(9)
		システム・装置化	特開平11-19449(48)	特許3104203(32)	特開平11-70314(10)
		他の単位操作との組合せ 高圧側と低圧側とを隔離する水素分離壁と、高圧側の水素分離壁近傍に設置された一酸化炭素変成触媒とをヒータにより特定の温度に加熱する。			特開平8-318142(25) B01D 71/02 500
		他の単位操作との組合せ アルコール類又は炭化水素等の含水素化合物を反応原料として脱水素反応を行わせるに際し、生成した水素を選択分離膜を用いて、系外に効率よく抜き出して脱水素反応を促進させる。			特許2876194(40) C01B 3/50
		他の単位操作との組合せ ガス精製装置の構成を汚染空気の浄化に適用した空気浄化装置であって、空気構成成分以外のガス成分を透過させるガス透過膜として、多数本のポリプロピレン製中空糸膜を有する膜モジュールを備えている。			特開平10-272333(24) B01D 53/22
		他の単位操作との組合せ メンブレンリフォーマ又は高分子膜に通して得られた粗精製水素を少なくとも2基以上の水素吸蔵合金充填容器に交互に通して水素を分離精製且つ吸蔵させるようにしてなる高純度水素製造装置。該吸蔵水素を放出させて燃料電池の燃料極に供給し、また電池冷却水を吸蔵水素の放出に利用する。			特開2000-327306(23) C01B 3/38
		他の単位操作との組合せ	特開平5-105407(41)	特開平11-221420(45)	特開平11-216329(15)

30社の特許リスト(11/18)

技術要素	課題	概要（解決手段）	特許番号	特許番号	特許番号 特許分類
モジュール化	製造能力向上	他の単位操作との組合せ	特開2000-237317(36)	特開2000-237318(36)	特開平9-235101(9)
		他の単位操作との組合せ	特許3102679(32)	特開平9-323018(9)	特開平10-235133(15)
		他の単位操作との組合せ	特開平11-19459(10)		
		補助機能・構成機器の改良	特開2000-237317(36)	特開平8-196853(9)	特開平10-235127(10)
		補助機能・構成機器の改良	特開平9-206535(28)(50)	特開平11-221421(10)	特開平11-319464(10)
		補助機能・構成機器の改良	特開2000-140559(10)	特開2000-304206(10)	
	除去能力向上	結束・集束・固定・接着方法	特開平10-5742(38)		
		モジュール構造	特許3180639(38)	特許2966340(32)	特開平9-103658(33)
		モジュール製造方法	特許3180639(38)	特許2966340(32)	特開平9-103658(33)
		モジュール製造方法	特開平10-5742(38)	特開平10-99665(27)	
		多段・集積化	特開平7-204444(10)	特許2872521(10)	
		システム・装置化 固体高分子電解質膜の電解効果によって管理空間の調湿を行う場合に水蒸気を冷却凝縮して水の形で系外に除去し、空気の気体成分比を変化させずに除湿する。			特開平10-71319(15) B01D 53/26
		システム・装置化	特許2941008(41)	特許3032561(39)	特開平6-315615(28)
		システム・装置化	特許2931379(48)	特公平7-27067(35)	特許3152452(48)
		システム・装置化	特開平5-237331(33)	特許3140036(42)	特許3195852(15)
		システム・装置化	特許2965443(49)	特開平7-100325(28)	特開平8-141551(25)
		システム・装置化	特許3064859(39)	特開平8-257343(33)	特開平9-299737(48)
		システム・装置化	特開平7-232024(28)	特開平10-76106(27)	特開平8-155245(28)
		システム・装置化	特開平10-113531(33)	特開2000-279764(15)	特開2000-140078(39)
		システム・装置化	特開2001-212420(24)		
		他の単位操作との組合せ	特開2000-24445(45)	特開2000-345173(9)	特開平7-204444(10)
		他の単位操作との組合せ	特開平8-117545(28)	特開2000-354729(24)	
		補助機能・構成機器の改良	特開2000-354729(24)	特許3180639(38)	
	回収能力向上	多段・集積化	特開平10-314551(29)	特開2000-5561(45)	
		システム・装置化	特許2870977(21)	特許3151151(9)	特許2879846(35)

30社の特許リスト(12/18)

技術要素	課題	概要（解決手段）	特許番号	特許番号	特許番号 特許分類
モジュール化	回収能力向上	システム・装置化	特許2883078(40)	特開2000-87811(47)	特開2000-239007(9)
		他の単位操作との組合せ SF$_6$ガスを封入した電気機器容器から排出された混合ガスを、固体不純物除去フィルタ、分解ガス除去フィルタ、水分除去フィルタおよび非凝縮性ガス除去部を通過させることによって混合ガスに含まれる不純物を除去する。			特開2000-15039(15) B01D 53/22
		他の単位操作との組合せ	特許2977127(32)	特開平10-314551(29)	特開2000-325732(32)
		他の単位操作との組合せ	特許3102679(32)	特許2736592(40)	特開平8-117544(49)
		他の単位操作との組合せ	特開平10-235133(15)		
		補助機能・構成機器の改良	特開平11-221421(10)	特開平11-319464(10)	特開2000-51636(9)
	運転保守全般向上	結束・集束・固定・接着方法 上下に貫通した開口を有し且つその内面の厚み方向中央部に凸部を備えた枠体中に、枠体と同じ材質の上下対称の1対の多孔質部材を枠体の上下開口から嵌挿して該1対の部材の相対する面が当接するように配置するとともに、多孔質板体内にガス通路を設ける。			特開平11-300172(23) B01D 63/00 510
		結束・集束・固定・接着方法	特開平7-68136(50)	特開平8-71378(19)	特開平10-180060(43)
		結束・集束・固定・接着方法	特開平8-229359(19)	特開平11-173609(15)	
		モジュール構造	特許2939644(30)	特開平11-300172(23)	特開平9-206535(28)(50)
		モジュール製造方法	特許3077260(21)	特開平9-206535(28)(50)	特開平10-180060(43)
		モジュール製造方法	特開平11-173609(15)	特開平7-80256(21)	特開平7-80258(21)
		多段・集積化	特開平7-68136(50)		
		システム・装置化	特許3152452(48)	特開平7-185254(10)	特開平8-112592(24)
		他の単位操作との組合せ	特開平8-52316(10)	特開2000-334249(32)	特許3124929(40)
		補助機能・構成機器の改良	特開2000-334249(32)	特開平9-206535(28)(50)	特開2000-117040(30)
		補助機能・構成機器の改良	特開平7-31831(9)	特開平8-52316(10)	特許3124929(40)
		保守方法全般	特開2000-117040(30)	特開平7-185254(10)	
システム化・保守	分離性能向上	システム・装置化	特許3051427(9)	特開平7-116504(45)	特開平7-171330(9)
		システム・装置化	特開2001-116450(9)		
		他の単位操作との組合せ	特開2000-334249(32)	特開平11-319465(9)	
		保守方法全般	特開平8-38862(36)	特開平8-285792(19)	特開平11-28329(34)

30社の特許リスト(13/18)

技術要素	課題	概要（解決手段）	特許番号	特許番号	特許番号 特許分類
システム化・保守	脱気性能向上	システム・装置化	特許2877923(24)	特公平7-36907(35)	特許3009789(24)
		保守方法全般	特開平10-305(38)		
	調湿性能向上	システム・装置化	特許2788570(19)	特開平5-192530(10)	特開平10-113531(33)
		保守方法全般	特許2788570(19)		
	蒸発・蒸留性能向上	多段・集積化	特開平10-314551(29)		
		システム・装置化	特開平6-296831(41)	特開平7-251035(33)	
		他の単位操作との組合せ	特開平10-314551(29)		
		保守方法全般	特許3095496(37)		
	製造能力向上	システム・装置化	特開平7-69602(21)	特開平6-191806(9)	
	除去能力向上	モジュール製造全般	特開平11-99322(47)		
		システム・装置化	特公平7-36907(35)	特許3009789(24)	特開平7-251035(33)
		システム・装置化	特許2965443(49)	特開平10-113531(33)	
		保守方法全般	特開平11-99322(47)		
	回収能力向上	多段・集積化	特開平10-314551(29)		
		システム・装置化	特許2798493(36)	特許2780879(32)	
		他の単位操作との組合せ 排煙中に含まれる亜硫酸ガスを回収すると共に、ある工程中で生成する成分を他の工程で再利用し、工程全体としてみたときに廃物の生成のないクローズドシステム。			特開平7-101703(37) C01B 17/60
		他の単位操作との組合せ	特許2977127(32)	特開平10-314551(29)	特許2736592(40)
		他の単位操作との組合せ	特開平8-117544(49)		
	運転保守全般向上	システム・装置化	特公平7-36907(35)	特許2788570(19)	特開平7-185254(10)
		他の単位操作との組合せ	特開2000-334249(32)		
		保守方法全般 収納容器に中空糸膜を収納し、その一端若しくは両端でポッティング材を用いて中空糸膜を集束固定した中空糸膜モジュールにおいて、前記中空糸膜にろ過方向と逆の方向から熱水又は加熱蒸気を流す。			特開平9-220445(19) B01D 63/02
		保守方法全般	特許2788570(19)	特開平7-185254(10)	特公平7-22686(47)
		保守方法全般	特開平7-155567(41)	特許3095496(37)	特開平10-305(38)
		保守方法全般	特開平8-38862(36)	特開平8-285792(19)	特開平11-28329(34)

30社の特許リスト(14/18)

技術要素	課題	概要（解決手段）	特許番号	特許番号	特許番号 特許分類
酸素分離	膜製造法開発	膜材質 ポリエーテルスルホンと溶媒とからなる製膜原液を、温度および湿度のうち少なくとも一方を制御した雰囲気中で基体上にキャスティングした後、組成および温度の少なくとも一方が異なる少なくとも2種類の凝固液中に順次浸漬する。			特開平9-285723(45) B01D 71/68
		膜材質	特許2993639(32)	特開2001-97789(49)	特開2000-176264(32)
		膜に機能物質添加	特許2993639(32)	特開2001-97789(49)	
		製膜技術	特許2993639(32)	特開2001-97789(49)	特開2000-176264(32)
		複合化	特許2993639(32)	特開2001-97789(49)	
	モジュール製造法開発	膜材質	特開平8-10765(45)		
		モジュール製造全般	特開平8-10765(45)	特許2966340(32)	
		補助機能全般	特開2000-16803(28)		
	小型化	システム・装置化全般	特開平11-19449(48)		
	処理能力向上	システム・装置化全般	特開平11-300141(28)		
	低コスト化	膜材質	特許2780879(32)		
		システム・装置化全般	特許2780879(32)	特許3167794(9)	特開平11-19449(48)
窒素分離	膜製造法開発	膜材質 SiO_2-B_2O_3-Na_2O系ガラス粉末の懸濁液を多孔質セラミックス基材で濾過して該基材上にガラス粉末の堆積層を形成し、真空中で加熱して該堆積層を溶融した後室温まで急冷してガラス膜とし、このガラス膜を酸溶液で処理して多孔質ガラス膜を生成する。			特開平11-19458(21) B01D 53/22
		膜材質	特開平11-262642(21)	特開2000-176264(32)	
		製膜技術	特開平11-262642(21)	特開2000-176264(32)	
		複合化	特開平11-262642(21)		
	処理能力向上	システム・装置化全般	特開平11-300141(28)		
		補助機能全般	特開平9-851(32)		
	低コスト化	システム・装置化全般	特開平6-191806(9)	特開平7-51532(9)	
水素分離	膜製造法開発	膜材質 多孔質支持体の表面に形成されたPdとPdと合金化する金属とからなる水素透過用Pd合金膜であって、該Pd合金膜が、該多孔質支持体の表面にPdを蒸発させる蒸発源とPdと合金化する金属を蒸発させる蒸発源との2つ以上の蒸発源を有する真空蒸着装置を用いて作製されたPd合金膜である。			特開2000-247605(23) C01B 3/50

30社の特許リスト(15/18)

技術要素	課題	概要(解決手段)	特許番号	特許番号	特許番号 特許分類
水素分離	膜製造法開発	膜材質	特開平8-215547(33)		
		膜に機能物質添加 水素精製用の水素分離膜の製造にあたり、多孔質金属、セラミックス等の表面をパラジウムを含む金属等で被覆する際、その前処理として行う感受性化処理または活性化処理の工程を減圧下で行う。			特開平9-29079(25) B01D 71/02 500
		膜に機能物質添加	特開平8-215547(33)		
		製膜技術	特開平8-215547(33)		
	モジュール製造法開発	モジュール製造全般 上下に貫通した開口を有し且つその内面の厚み方向中央部に凸部を備えた枠体中に、枠体と同じ材質の上下対称の1対の多孔質部材を枠体の上下開口から嵌挿して該1対の部材の相対する面が当接するように配置するとともに、多孔質板体内にガス通路を設ける。			特開平11-300172(23) B01D 63/00 510
		モジュール製造全般	特開平11-276867(23)		
		補助機能全般	特開平8-117544(49)		
	膜の耐久性向上	モジュール製造全般 上下に貫通した開口を有し且つその内面の厚み方向中央部に凸部を備えた枠体中に、枠体と同じ材質の上下対称の1対の多孔質部材を枠体の上下開口から嵌挿して該1対の部材の相対する面が当接するように配置するとともに、多孔質板体内にガス通路を設ける。			特開平11-300172(23) B01D 63/00 510
		システム・装置化全般	特許3152452(48)		
	低コスト化	膜に機能物質添加 部分的にジチオカーバメート化したポリ塩化ビニルをアクリロニトリル-ブタジエンゴム(NBR)とブレンドし、不均質系で光臭素化を行って得られた、耐放射線性のあるトリチウム、重水素と水素の気体分離膜。			特公平7-10336(35) B01D 59/14
		システム・装置化全般	特許2901323(24)	特許3009789(24)	
		補助機能全般	特開平8-117544(49)		
水蒸気分離	膜製造法開発	膜材質	特開平7-68140(37)	特開2000-5545(25)	特開2000-176264(32)
		膜材質	特開平9-103658(33)		
		膜に機能物質添加	特開2000-5545(25)	特開平9-103658(33)	
		製膜技術	特開平9-103658(33)	特開2000-176264(32)	
		複合化	特開2000-5545(25)	特開平7-68140(37)	
		モジュール製造全般	特開平9-103658(33)		
	モジュール製造法開発	膜材質	特開平9-103658(33)		
		膜に機能物質添加	特開平9-103658(33)		

30社の特許リスト(16/18)

技術要素	課題	概要(解決手段)	特許番号	特許番号	特許番号 特許分類
水蒸気分離	モジュール製造法開発	製膜技術	特開平9-103658(33)		
		モジュール製造全般 一対の選択的水蒸気透過膜が枠部材の両面の開口部を塞口するように取り付けられ、固体高分子電解素子が枠部材と一対の選択的水蒸気透過膜とで構成される閉空間を第1および第2の閉空間に画成するように取り付けられて単セルが構成されている。			特開平11-207132(15) B01D 53/26
		モジュール製造全般	特開平9-103658(33)	特開平9-173761(34)	特開平11-173609(15)
		モジュール製造全般	実登2552863(42)	特開平10-5525(34)	実開2000-17(33)
		システム・装置化全般	特開平7-185254(10)		
		補助機能全般	特開平8-323132(34)		
	膜の耐久性向上	モジュール製造全般	特開平11-173609(15)		
	小型化	モジュール製造全般 一対の選択的水蒸気透過膜が枠部材の両面の開口部を塞口するように取り付けられ、固体高分子電解素子が枠部材と一対の選択的水蒸気透過膜とで構成される閉空間を第1および第2の閉空間に画成するように取り付けられて単セルが構成されている。			特開平11-207132(15) B01D 53/26
		モジュール製造全般	特開平9-173761(34)	実登2552863(42)	特開平10-5525(34)
		システム・装置化全般	特開平8-252422(42)	特開平10-192640(34)	特開平10-290916(34)
		システム・装置化全般	特開平10-244123(34)		
		補助機能全般 複数の固体高分子電解素子が導電性金属板を有するスペーサを介して積層され、空気流路とともに立体的な電解反応面を形成している。そして、複数の固体高分子電解素子は電気的に直列に連結され、同じ極の面が対向するように積層されている。			特許2883081(15) B01D 53/26
	大型化	システム・装置化全般	特開2000-5547(42)		
	処理能力向上	システム・装置化全般	特開平11-300141(28)		
	低コスト化	モジュール製造全般	実開2000-17(33)		
		システム・装置化全般	特開平8-112592(24)	特許2947853(24)	特許2872521(10)
		システム・装置化全般	特開2000-354730(30)		
二酸化炭素分離	膜製造法開発	膜材質 SiO_2-B_2O_3-Na_2O系ガラス粉末の懸濁液を多孔質セラミックス基材で濾過して該基材上にガラス粉末の堆積層を形成し、真空中で加熱して該堆積層を溶融した後室温まで急冷してガラス膜とし、このガラス膜を酸溶液で処理して多孔質ガラス膜を生成する。			特開平11-19458(21) B01D 53/22

30社の特許リスト(17/18)

技術要素	課題	概要（解決手段）	特許番号	特許番号	特許番号 特許分類
二酸化炭素分離	膜製造法開発	膜材質	特開平11-262642(21)	特開平10-99665(27)	
		膜に機能物質添加 少なくともロジウムとジエン化合物を含む有機金属錯体を溶媒に溶解した溶液と、該溶液を保持するための支持体とからなる二酸化炭素分離膜およびそれに用いる少なくともロジウムとジエン化合物を含む有機金属錯体からなる二酸化炭素キャリヤーが提供される。			特公平6-93976(21)(35) B01D 69/00 500
		製膜技術	特開平11-262642(21)		
		複合化	特開平11-262642(21)		
		モジュール製造全般	特開平10-99665(27)		
	モジュール製造法開発	膜材質	特開平10-99665(27)		
		モジュール製造全般	特開平10-99665(27)		
	低コスト化	システム・装置化全般	特開平5-192530(10)		
溶存ガス分離	モジュール製造法開発	モジュール製造全般	特開平11-210737(38)	特開平11-268131(27)	
		補助機能全般	特許3060935(38)		
	小型化	システム・装置化全般	特開2000-15247(38)	特開2000-15005(38)	
	低コスト化	モジュール製造全般	特開平11-210737(38)		
		システム・装置化全般	特許2877923(24)	特開平5-184906(9)	
有機ガス分離	膜製造法開発	膜材質 平均細孔径が0.5～50nmの範囲にある多孔質膜の微細孔に、有機液体混合物の少なくとも1つの特定成分に対して親和性を持つ液体を付与した、膜蒸留法用の有機液体混合物用分離膜、およびそれを用いた膜蒸留型分離方法。			特開平10-202072(29) B01D 69/02
		膜材質 有機液体混合物を膜の片側に供給し、他の側から気相で有機液体混合物中の一部の成分を分離する膜分離法に用いられる分離膜であって、該分離膜がポリフェニレンスルフォン、ポリエチレンおよびポリプロピレンから選ばれる多孔質支持膜とポリイミドからなる。			特開2000-157843(29) B01D 61/36
		膜材質	特開平10-85567(23)	特開2000-176264(32)	
		製膜技術	特開平10-85567(23)	特開2000-176264(32)	
		複合化	特開平10-85567(23)		
	モジュール製造法開発	モジュール製造全般	特開平8-168654(33)		
		補助機能全般	特開平8-168654(33)	特開平8-168655(33)	
	膜の耐久性向上	システム・装置化全般	特公平7-36907(35)		

30社の特許リスト(18/18)

技術要素	課題	概要（解決手段）	特許番号	特許番号	特許番号 特許分類
有機ガス分離	小型化	システム・装置化全般	特公平7-36907(35)		
	処理能力向上	システム・装置化全般 有機液体混合物から、分離膜を用いて有機液体成分を分離する方法において、分離膜の二次側に掃引ガスを、膜面における線速度が0.5〜10m/秒の範囲になるように循環させ、二次側で有機液体成分をトラップを用いて捕集する。			特開平10-180046(29) B01D 61/36
	低コスト化	システム・装置化全般 有機液体混合物から、分離膜を用いて有機液体成分を分離する方法において、分離膜の二次側に掃引ガスを、膜面における線速度が0.5〜10m/秒の範囲になるように循環させ、二次側で有機液体成分をトラップを用いて捕集する。			特開平10-180046(29) B01D 61/36
		補助機能全般 揮発性有機物質を含む水を膜脱気手段のような水中の揮発性有機物質を気相へ移行させる手段で処理することによって、揮発性有機物質を含む気体と揮発性有機物質が除かれた水とに気液分離し、揮発性有機物質を含む気体を常圧低温マイクロ波プラズマ装置のような常圧低温プラズマ装置に移送して前記装置においてプラズマによって分解処理して無害化処理する。			特開2001-137837(24) C02F 1/20

（2）出願件数上位 50 社の連絡先

下表に出願件数上位 50 社の連絡先を示す。

出願件数上位 50 社の連絡先(1/2)

No	企業名	出願件数	住所（本社等の代表的住所）	TEL
1	日東電工	100	大阪府茨木市下穂積1-1-2	0726-22-2981
2	三菱レイヨン	70	東京都港区港南1-6-41　品川クリスタルスクエア	03-5495-3100
3	東レ	47	東京都中央区日本橋室町2-2-1	03-3245-5111
4	宇部興産	44	（東京本社）東京都港区芝浦1-2-1シーバンスN館 （宇部本社）山口県宇部市大字小串1978-96	03-5419-6112 0836-31-1111
5	三菱重工業	42	東京都千代田区丸の内2-5-1	03-3212-3111
6	エヌオーケー	40	東京都港区芝大門1-12-15正和ビル	03-3432-4211
7	日本碍子	32	名古屋市瑞穂区須田町2-56	052-872-7176
8	ダイセル化学工業	30	（大阪本社）大阪府堺市鉄砲町1 （東京本社）東京都千代田区霞が関3-2-5霞が関ビル	072-227-3111 03-3507-3111
9	レール　リクイッド	28	フランス	
10	日立製作所	24	東京都千代田区神田駿河台4-6	03-3258-1111
11	プラクスエア　テクノロジー	24	米国	
12	ダイキン工業	23	大阪市北区中崎西2-4-12梅田センタービル	06-6373-4312
13	大日本インキ化学工業	22	東京都中央区日本橋3-7-20	03-3272-4511
14	京セラ	22	京都市伏見区竹田鳥羽殿町6	075-604-3500
15	東芝	19	東京都港区芝浦1-1-1	0120-81-1048
16	三菱電機	19	東京都千代田区丸の内2-2-3	03-3218-2111
17	旭化成	18	（東京本社）東京都千代田区有楽町1-1-2日比谷三井ビル （大阪本社）大阪市北区堂島浜1-2-6新ダイビル	03-3507-2060 06-6347-3111
18	東洋紡績	16	大阪市北区堂島浜2-2-8	06-6348-3111
19	栗田工業	16	東京都新宿区西新宿3-4-7	03-3347-3111
20	オリオン機械	16	長野県須坂市大字幸高246番地	026-245-1230
21	鐘淵化学工業	16	（大阪本社）大阪市北区中之島3-2-4朝日新聞ビル （東京本社）東京都港区赤坂1-12-32アーク森ビル	06-6226-5050 03-5574-8000
22	住友電気工業	16	大阪市中央区北浜4-5-33住友ビル	06-6220-4141
23	東京瓦斯	15	東京都港区海岸1-5-20	03-3433-2111
24	オルガノ	14	東京都江東区新砂1-2-8	03-5635-5100
25	松下電器産業	14	大阪府門真市大字門真1006	06-6908-1121
26	富士写真フイルム	13	東京都港区西麻布2-26-30	03-3406-2111
27	ジャパンゴアテックス	12	東京都世田谷区赤堤1-42-5	03-3327-0011
28	コガネイ	12	東京都千代田区丸の内3-2-3富士ビル	03-3213-6561
29	石油産業活性化センター	12		
30	テルモ	11	東京都渋谷区幡ケ谷2-44-1	03-3374-8111
31	キッツ	11	千葉市美浜区中瀬1-10-1	043-299-0111
32	エア　プロダクツ	11	米国	
33	ベンド　リサーチ	11	米国	
34	溝部　都孝	11		
35	工業技術院長	11	東京都千代田区霞ヶ関1-3-1	
36	帝人	10	（大阪本社）大阪市中央区南本町1-6-7帝人ビル （東京本社）東京都千代田区内幸町2-1-1飯野ビル	06-6268-2132 03-3506-4529
37	徳山曹達	10	東京都渋谷区渋谷3-3-1	03-3499-8710
38	三浦工業	10	松山市堀江町7	089-979-1111
39	松下電工	9	大阪府門真市門真1048	06-6908-1131

出願件数上位50社の連絡先(2/2)

No	企業名	出願件数	住所（本社等の代表的住所）	TEL
40	川崎重工業	9	(東京本社)東京都港区浜松町2-4-1世界貿易センタービル	03-3435-2111
			(神戸本社)神戸市中央区東川崎町1-1-3神戸クリスタルタワー	078-371-9530
41	三井造船	9	東京都中央区築地5-6-4	03-3544-3147
42	エスエムシー	8	東京都港区新橋1-16-4	03-3502-8271
43	ノリタケカンパニー	8	名古屋市西区則武新町3-1-36	052-561-7112
44	トキコ	7	川崎市川崎区富士見1-6-3	044-244-3126
45	本田技研工業	7	東京都港区南青山2-1-1	03-3423-1111
46	日本酸素	7	東京都港区西新橋1-16-7	03-3581-8200
47	久保田鉄工	7	大阪市浪速区敷津東1-2-47	06-6648-2111
48	三洋電機	7	大阪府守口市京阪本通2-5-5	06-6991-1181
49	新日本製鉄	7	東京都千代田区大手町2-6-3	03-3242-4111
50	テネックス	7	埼玉県川越市下赤坂591	049-266-7612

(注)表の出願件数は、出願取下げ、拒絶査定の確定、
　　権利放棄、抹消、満了したものを除いた件数である。

資料7．開放可能な特許一覧

　気体膜分離装置に関連する開放可能な特許（ライセンス提供の用意のある特許）を、出願件数上位の出願人を対象としたアンケート調査結果（前述の資料5参照）および主要20社のホームページ、特許流通データベース（独立行政法人工業所有権総合情報館のホームページ参照）、PATOLIS（（株）パトリスのデータベース）を用いた調査結果に基づいて、以下に示す。

表1　アンケート調査結果による開放可能な特許リスト

出願人	発明の名称	特許番号
日立製作所	蒸留装置	特許3107215
日立製作所	廃液の膜蒸発濃縮方法及び装置	特許3094505
日立製作所	耐放射線性多孔質高分子膜及び膜分離装置	特許2826346
日本碍子	水素ガス分離装置	特許2756071
日本碍子	水素ガス分離装置	特許3207635
日本碍子	金属被覆セラミックスと金属との接合体およびそれを用いた水素ガス分離装置	特開平7-265673
日本碍子	ガス分離体と金属との接合体および水素ガス分離装置	特許2991609
日本碍子	高純度水素製造システム、高純度水素の製造方法及び燃料電池システ	特開平7-315801
日本碍子	発電方法、発電装置及び発電装置を搭載した自動車	特開平7-320763
日本碍子	改質反応器	特開平7-315802
日本碍子	水素分離体とそれを用いた水素分離装置及び水素分離体の製造方法	特開平8-38863
日本碍子	水素製造装置	特開平8-40703
日本碍子	水素分離膜の水素ガス透過性能の回復及び安定化方法、並びにそれを用いた水素分離装置	特開平8-257376
日本碍子	ガス分離体及び支持体の接合構造、並びに、ガス分離装置	特開平8-299768
日本碍子	気体分離体、気体分離部材およびその製造方法	特開平9-24233
日本碍子	気体分離体、気体分離部材およびその製造方法	特開平9-24234
日本碍子	水素ガスの回収・精製・貯蔵装置	特開平10-203803
日本碍子	メンブレンリアクタの操作方法及びそれに用いるメンブレンリアクタ	特開平10-259002
日本碍子	積層焼結体の製造方法	特許3126939
日本碍子	膜型反応装置	特開平11-90210
日本碍子	緻密質膜の保持構造体およびその製造方法	特開平11-104468
日本碍子	水素分離装置	特開平11-116203
日本碍子	水素分離装置	特開平11-116204
日本碍子	気体分離体	特開平11-114358
日本碍子	複合材料の製造方法	特開平11-229145
日本碍子	改質反応装置	特開2000-7303
日本碍子	水素分離体	特開2000-189771
日本碍子	水素分離体	特開2000-317282
日本碍子	ハニカム型ガス分離膜構造体	特開2001-104742
日本碍子	ハニカム型ガス分離膜構造体	特開2001-104741
日本碍子	水素分離膜を用いた燃料電池システム及びその制御方法	特開2001-118594
トキコ	空気圧縮機	特開平8-42456
トキコ	乾燥空気供給装置	特開平10-85545
トキコ	気体分離装置	特開平11-333236
トキコ	気体分離装置	特開2000-84343
トキコ	気体分離装置	特開2000-84344
トキコ	気体分離装置	特開2000-102717
トキコ	気体分離装置	特開2001-96124

表2 データベース等による開放可能な特許リスト

出願人	発明の名称	特許番号	データベース
旭化成	酸素分離用の膜	特許3115885	H
日立製作所	炭酸ガスセンサ	特許2512843	T
松下電器産業	選択性気体透過膜	特許1967469	T
工業技術院長	金属－多孔質金属酸化物接合管の製造方法及び装置	特許2934830	P
工業技術院長	強化セラミックス管の製造方法およびその装置	特許2942819	P
工業技術院長	液相反応によって生成するガスの収集方法および装置	特公平5-87295	P
日本製鋼所	オートクレーブ型真空プレス装置のための不活性ガス供給システム	特公平5-69692	P
山口嘉一	微細多孔質重合体並びにその製造方法	特許2652599	P

注）H：企業ホームページ、T：特許流通データベース、P：PATOLIS

特許流通支援チャート 一般2

気体膜分離装置

2002年（平成14年）6月29日　初版発行

編　集　　独立行政法人
©2002　　工業所有権総合情報館
発　行　　社団法人　発明協会
発行所　　社団法人　発明協会

〒105-0001　東京都港区虎ノ門2-9-14
電　話　　03(3502)5433（編集）
電　話　　03(3502)5491（販売）
Fax　　　03(5512)7567（販売）

ISBN4-8271-0680-0 C3033　印刷：株式会社　丸井工文社
Printed in Japan

乱丁・落丁本はお取替えいたします。

本書の全部または一部の無断複写複製
を禁じます（著作権法上の例外を除く）。

発明協会HP：http://www.jiii.or.jp/

平成13年度「特許流通支援チャート」作成一覧

電気	技術テーマ名
1	非接触型ICカード
2	圧力センサ
3	個人照合
4	ビルドアップ多層プリント配線板
5	携帯電話表示技術
6	アクティブマトリクス液晶駆動技術
7	プログラム制御技術
8	半導体レーザの活性層
9	無線LAN

機械	技術テーマ名
1	車いす
2	金属射出成形技術
3	微細レーザ加工
4	ヒートパイプ

化学	技術テーマ名
1	プラスチックリサイクル
2	バイオセンサ
3	セラミックスの接合
4	有機EL素子
5	生分解性ポリエステル
6	有機導電性ポリマー
7	リチウムポリマー電池

一般	技術テーマ名
1	カーテンウォール
2	気体膜分離装置
3	半導体洗浄と環境適応技術
4	焼却炉排ガス処理技術
5	はんだ付け鉛フリー技術